Das Ingenieurwissen: Entwicklung, Konstruktion und Produktion

Karl-Heinrich Grote • Frank Engelmann
Wolfgang Beitz • Max Syrbe
Jürgen Beyerer • Günter Spur

Das Ingenieurwissen: Entwicklung, Konstruktion und Produktion

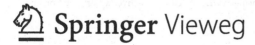

Springer Vieweg

Karl-Heinrich Grote
Universität Magdeburg
Magdeburg, Deutschland

Frank Engelmann
Fachhochschule Jena
Jena, Deutschland

Wolfgang Beitz †
TU Berlin
Berlin, Deutschland

Max Syrbe †
Frauenhofer Gesellschaft zur Förderung
    der angewandten Forschung e. V
Karlsruhe, Deutschland

Jürgen Beyerer
Fraunhofer Institut für Informations-
    und Datenverarbeitung
Karlsruhe, Deutschland

Günter Spur †
TU Berlin
Berlin, Deutschland

ISBN 978-3-662-44392-7   ISBN 978-3-662-44393-4 (eBook)
DOI 10.1007/978-3-662-44393-4

Die Deutsche Nationalbibliothek verzeichnet diese Publikation in der Deutschen Nationalbibliografie; detaillierte bibliografische Daten sind im Internet über http://dnb.d-nb.de abrufbar.

Das vorliegende Buch ist Teil des ursprünglich erschienenen Werks „HÜTTE – Das Ingenieurwissen", 34. Auflage, Heidelberg, 2012.
Springer Vieweg
© Springer-Verlag Berlin Heidelberg 2014

Springer Vieweg ist eine Marke von Springer DE. Springer DE ist Teil der Fachverlagsgruppe Springer Science+Business Media.
www.springer-vieweg.de

Vorwort

Die HÜTTE Das Ingenieurwissen ist ein Kompendium und Nachschlagewerk für unterschiedliche Aufgabenstellungen und Verwendungen. Sie enthält in einem Band mit 17 Kapiteln alle Grundlagen des Ingenieurwissens:

- Mathematisch-naturwissenschaftliche Grundlagen
- Technologische Grundlagen
- Grundlagen für Produkte und Dienstleistungen
- Ökonomisch-rechtliche Grundlagen

Je nach ihrer Spezialisierung benötigen Ingenieure im Studium und für ihre beruflichen Aufgaben nicht alle Fachgebiete zur gleichen Zeit und in gleicher Tiefe. Beispielsweise werden Studierende der Eingangssemester, Wirtschaftsingenieure oder Mechatroniker in einer jeweils eigenen Auswahl von Kapiteln nachschlagen. Die elektronische Version der Hütte lässt das Herunterladen einzelner Kapitel bereits seit einiger Zeit zu und es wird davon in beträchtlichem Umfang Gebrauch gemacht.

Als Herausgeber begrüßen wir die Initiative des Verlages, nunmehr Einzelkapitel in Buchform anzubieten und so auf den Bedarf einzugehen. Das klassische Angebot der Gesamt-Hütte wird davon nicht betroffen sein und weiterhin bestehen bleiben. Wir wünschen uns, dass die Einzelbände als individuell wählbare Bestandteile des Ingenieurwissens ein eigenständiges, nützliches Angebot werden.

Unser herzlicher Dank gilt allen Kolleginnen und Kollegen für ihre Beiträge und den Mitarbeiterinnen und Mitarbeitern des Springer-Verlages für die sachkundige redaktionelle Betreuung sowie dem Verlag für die vorzügliche Ausstattung der Bände.

Berlin, August 2013
H. Czichos, M. Hennecke

Das vorliegende Buch ist dem Standardwerk *HÜTTE Das Ingenieurwissen 34. Auflage* entnommen. Es will einen erweiterten Leserkreis von Ingenieuren und Naturwissenschaftlern ansprechen, der nur einen Teil des gesamten Werkes für seine tägliche Arbeit braucht. Das Gesamtwerk ist im sog. Wissenskreis dargestellt.

Das Ingenieurwissen
Grundlagen

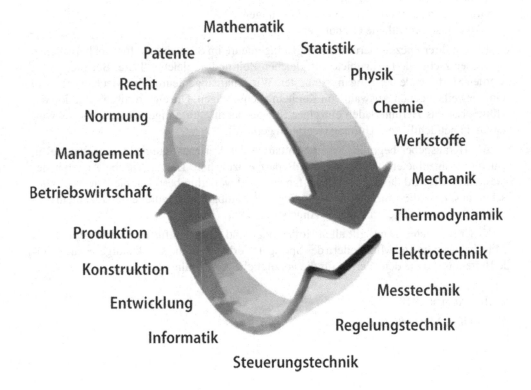

Entwicklung und Konstruktion

K.-H. Grote, F. Engelmann, W. Beitz

Mensch-Maschine-Wechselwirkungen, Anthropotechnik

M. Syrbe, J. Beyerer

Produktion

G. Spur

Erratum

Entwicklung und Konstruktion

K.-H. Grote
F. Engelmann
W. Beitz[†]
M. Syrbe[†]
J. Beyerer

1 Produktentstehung

1.1 Lebensphasen eines Produkts

1.1.1 Technischer Lebenszyklus

Ein technisches Produkt durchläuft einen Lebenszyklus, der Grundlage für Aktivitäten beim Produkthersteller und Produktanwender ist.
Bild 1-1 zeigt die wesentlichen Lebensphasen eines Produkts in der Reihenfolge des Herstellungsfortschritts und der Anwendung. Der Lebenszyklus technischer Produkte ist verknüpft mit dem allgemeinen „Materialkreislauf", siehe Bild D 1-1. Der Zyklus beginnt bei einer Produktidee, die sich aus einem Markt- oder Kundenbedürfnis ergibt und im Zuge einer Produktplanung so weit konkretisiert wird, dass sie durch eine Entwicklung und Konstruktion in ein realisierbares Produkt umgesetzt werden kann. Es folgt der Herstellungsprozess mit Teilefertigung, Montage und Qualitätsprüfung. Der Ablauf beim Produkthersteller endet beim Vertrieb und Verkauf. Diese Phase ist die Schnittstelle zur Produktanwendung, die sich als Gebrauch oder Verbrauch darstellen kann. Zur Verlängerung der Nutzungsdauer können zwischengeschaltete Instandhaltungsschritte dienen. Nach der Primärnutzung folgt das Produkt-Recycling, das zu einer weiteren Nutzung bei gleichbleibenden oder veränderten Produktfunktionen (Wieder- bzw. Weiterverwendung) oder zur Altstoffnutzung bei gleichbleibenden oder veränderten Eigenschaften der Sekundärwerkstoffe (Wieder- bzw. Weiterverwertung) führen kann. Nicht recyclingfähige Komponenten enden dann auf der Deponie oder in der Umwelt.
Dieser Lebenszyklus gilt sowohl für materielle Produkte des Maschinen-, Apparate- und Gerätebaus als auch, abgesehen von Recycling bzw. Deponierung, für Software-Produkte. Er wird in einem Unternehmen zweckmäßigerweise durch eine Produktverfolgung überwacht.

1.1.2 Wirtschaftlicher Lebenszyklus

Der Lebenszyklus eines Produkts kann nicht nur hinsichtlich der aufeinanderfolgenden Konkretisierungsstufen von Herstellung und Anwendung betrachtet werden, sondern auch hinsichtlich der wirtschaftlichen Daten, bezogen auf die jeweilige Phase des Produktlebens. Bild 1-2 zeigt den Bezug der Produktphasen auf Umsatz, Gewinn und Verlust.

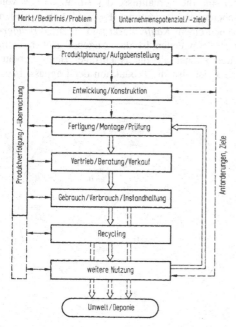

Bild 1-1. Lebensphasen eines technischen Produkts. In Anlehnung an [1, 2]

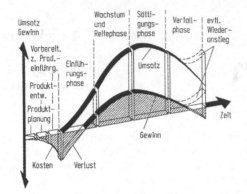

Bild 1-2. Lebenszyklus eines Produkts, gekennzeichnet durch Umsatz, Erlöse und Aufwendungen [3, 5]

Man erkennt, dass vor Umsatzbeginn Realisierungskosten vom Unternehmen aufgebracht werden müssen (Aufwendungen), die bei einsetzendem Umsatz zunächst ausgeglichen werden müssen, ehe das Produkt in die Gewinnzone kommt. Diese erlebt dann eine Wachstums- und Sättigungsphase am Markt, ehe ein Verfall durch Umsatz- und Gewinnrückgang erfolgt. Eine Wiederbelebung von Umsatz und Gewinn, z. B. durch besondere Vertriebs- und Werbemaßnahmen, ist meistens nur von kurzer Dauer, sodass es erfolgversprechender ist, rechtzeitig durch Entwicklung neuer Produkte einen Ausgleich abfallender Lebenskurven alter Produkte durch ansteigende Lebenskurven neuer Produkte zu erreichen.

1.2 Produktplanung

1.2.1 Bedeutung

Die Planung und Entwicklung marktfähiger Produkte gehören zu den wichtigsten Aufgaben der Industrie. Wegen der unvermeidbaren Abstiegsphasen der vorhandenen Produkte oder Produktgruppen (siehe 1.1) muss eine systematische Planung neuer Produkte erfolgen, was auch als innovative Produktpolitik bezeichnet wird [5]. Strategien zur Produktplanung dürfen dabei gute Ideen von Erfindern und phantasiereichen Unternehmern nicht abblocken, vielmehr sollen diese durch methodische Hilfsmittel unterstützt und in einen notwendigen Zeitrahmen eingeordnet werden.

1.2.2 Grundlagen

Grundlage einer Produktplanung sind die Verhältnisse am Absatzmarkt, im Umfeld des Unternehmens und innerhalb des Unternehmens. Diese können gemäß Bild 1-3 als externe und interne Einflüsse auf ein Unternehmen und insbesondere auf seine Produktplanung definiert werden.

Externe Einflüsse: Sie kommen

– aus der Weltwirtschaft (z. B. Wechselkurse),
– aus der Volkswirtschaft (z. B. Inflationsrate, Arbeitsmarktsituation),
– aus Gesetzgebung und Verwaltung (z. B. Umweltschutz),
– aus dem Beschaffungsmarkt (z. B. Zuliefer- und Rohstoffmarkt),
– aus der Forschung (z. B. staatlich geförderte Forschungsschwerpunkte),
– aus der Technik (z. B. Entwicklungen der Informationstechnik oder Lasertechnik) sowie
– aus dem Absatzmarkt.

Dabei sind die Verhältnisse des Absatzmarktes von entscheidender Bedeutung. Es wird unterschieden zwischen einem *Käufermarkt* und einem *Verkäufermarkt*. Beim ersten ist das Angebot größer, beim zweiten kleiner als die Nachfrage. Beim Verkäufermarkt ist also die Produktion der Engpass, beim

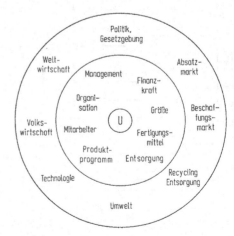

Bild 1-3. Externe und interne Einflüsse auf ein Unternehmen. In Anlehnung an [4]

Käufermarkt müssen dagegen Produkte geplant und entwickelt werden, die sich im Wettbewerb behaupten können.
Weitere Merkmale zur Kennzeichnung von Märkten sind:

- Wirtschaftsgebiete: Binnenmarkt, Exportmärkte.
- Neuheit für das Unternehmen: Derzeitiger Markt, neuer Markt.
- Marktposition: Marktanteil, strategische Freiräume des Unternehmens, technische Wertigkeit seiner Produkte.

Interne Einflüsse: Sie kommen, vgl. Bild 1-3,

- aus der Organisation des Unternehmens (z. B. produktorientierte Vertikal- oder aufgabenorientierte Horizontalorganisation),
- aus dem Personalbestand (z. B. Vorhandensein qualifizierten Entwicklungs- und Fertigungspersonals),
- aus der Finanzkraft (z. B. den Investitionsmöglichkeiten),
- aus der Unternehmensgröße (z. B. hinsichtlich des verkraftbaren Umsatzes),
- aus dem Fertigungsmittelpark (z. B. hinsichtlich bestimmter Fertigungstechnologien),
- aus dem Produktprogramm (z. B. hinsichtlich übernehmbarer Komponenten und Vorentwicklungen),
- aus dem Know-how (z. B. Entwicklungs-, Vertriebs- und Fertigungserfahrungen) sowie
- aus dem Management (z. B. als Projektmanagement).

Die aufgeführten Einflüsse werden auch als Unternehmenspotenzial bezeichnet.

1.2.3 Vorgehensschritte

Eine systematische Produktplanung ist durch einen Ablaufplan gekennzeichnet, dessen Inhalt die in 1.2.2 genannten internen und externen Einflüsse berücksichtigen muss. Der in Bild 1-4 vorgeschlagene Ablauf fasst Vorschläge mehrerer Autoren zusammen [6, 7].
Der Markt, das Umfeld (externe Einflüsse) und das Unternehmen (interne Einflüsse) bilden die Eingangsinformationen für eine Produktplanung.

Diese müssen zunächst nach mehreren Gesichtspunkten analysiert werden (Bild 1-4). Von besonderer Bedeutung ist dabei das Aufstellen einer Produkt-Markt-Matrix, aus der hervorgeht, in welche Märkte das Unternehmen seine derzeitigen Produkte mit welchem Umsatz, Gewinn und Marktanteil absetzt. Hieraus ergeben sich schon Stärken und Schwächen einzelner Produkte. Ergebnis dieses 1. Arbeitsschrittes ist die *Situationsanalyse*, die Grundlage zum Aufstellen von Suchstrategien ist. Diese sollen zum Erkennen strategischer Freiräume sowie von Bedürfnissen und Trends bei Berücksichtigung von Zielen, Fähigkeiten und Potenzialen des Unternehmens führen. So liefert z. B. die Produkt-Markt-Matrix nicht nur den Istzustand des Unternehmens, sondern zeigt auch Möglichkeiten auf, mit vorhandenen Produkten in neue Märkte, mit neuen Produkten in vorhandene Märkte und mit neuen Produkten in neue Märkte zu gehen. Die letztgenannte Strategie ist die am weitesten gehende, daher auch risikoreichste, aber in vielen Fällen auch die lohnendste. Ergebnis dieses 2. Arbeitsschrittes ist ein *Suchfeldvorschlag*, der denjenigen Bereich abgrenzt, in dem das Suchen nach neuen Produktideen lohnt und unter den einschränkenden Bedingungen möglich ist.
Der 3. Arbeitsschritt umfasst folgerichtig das Suchen und Finden von Produktideen. Dabei können neue Produktfunktionen (Aufgaben) und/oder neue Lösungsprinzipien gesucht werden (siehe 1.3 und 3). Es gibt zwei Vorgehensrichtungen bei der Innovation: Einmal eine neue Aufgabenstellung als neues Marktbedürfnis (Produktfunktion), die mit einem bekannten oder neuen Lösungsprinzip realisiert wird, oder ein bekanntes oder neues Lösungsprinzip, mit dem eine neue oder bekannte Aufgabenstellung (Produktfunktion) gelöst wird. Bei jeder Variante handelt es sich um eine Neuentwicklung oder Innovation. Ergebnisse dieser Phase sind neue *Produktideen*.
Diese müssen nun nach technisch-wirtschaftlichen Kriterien beurteilt werden, um die entwicklungswürdigen Ideen zu erkennen. Auswahlkriterien sind dabei die Unternehmensziele, die Unternehmensstärken und das Umfeld.
Die ausgewählten Produktideen werden schließlich in einem letzten Arbeitsschritt präzisiert, möglicherweise danach nochmals selektiert und als *Produktvorschläge* definiert.

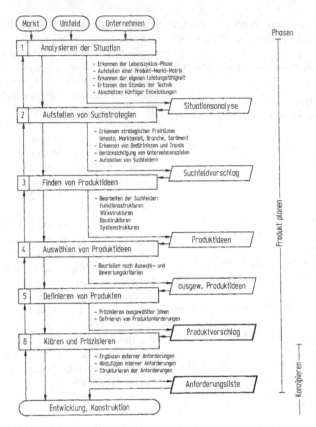

Bild 1-4. Vorgehensschritte einer Produktplanung [5–7]

Ein Produktvorschlag als Ergebnis der Produktplanung ist dann die Grundlage für die eigentliche Produktentwicklung und Konstruktion.

1.3 Produktentwicklung

1.3.1 Generelles Vorgehen

Auch für die Produktentwicklung haben sich Ablaufpläne mit aufeinanderfolgenden Arbeitsschritten eingeführt, die auf allgemeinen Lösungsmethoden bzw. arbeitsmethodischen Ansätzen (siehe 3.1) sowie den generellen Zusammenhängen beim Aufbau technischer Produkte (siehe 2) aufbauen. Trotz der Unterschiedlichkeit der Produktentwicklungen ist es möglich, einen einheitlichen branchenunabhängigen Ablaufplan aufzustellen, dessen Arbeitsschritte

natürlich für die speziellen Bedingungen jeder Aufgabenstellung modifiziert werden müssen, Bild 1-5.

Das Vorgehen beginnt mit dem Klären und Präzisieren der Aufgabenstellung, was insbesondere bei neuen Konstruktionsaufgaben von großer Bedeutung ist. Der Konstrukteur muss aus der Fülle der vorgegebenen Anforderungen die wesentlichen zu lösenden Probleme erkennen und diese in der Sprache seines Konstruktionsbereiches formulieren. Ergebnis: *Anforderungsliste*.

Die lösungsneutralste, d.h. Lösungen mit nicht vorfixierender Definition von Aufgaben, erfolgt zweckmäßigerweise in Form von Funktionen, deren Verknüpfung zu Funktionsstrukturen führt (siehe 2.1). Solche Funktionsstrukturen stellen bereits eine abstrakte Form eines Lösungskonzepts dar und müssen anschließend schrittweise realisiert werden. Ergebnis: *Funktionsstruktur*.

Die Erarbeitung von Wirkprinzipien für die einzelnen Teilfunktionen der Funktionsstruktur ist die Grundlage für die Generierung einer für die Lösung der Aufgabenstellung geeigneten Wirkstruktur. Bei mechanischen Produkten beruhen die einzelnen Wirkprinzipien im Wesentlichen auf der Nutzung physikalischer Effekte und deren prinzipieller Realisierung mithilfe der Festlegung geeigneter geometrischer und stofflicher Merkmale. Bei Software-Produkten dagegen sind es im Wesentlichen Algorithmen und Datenstrukturen. Die Beantwortung der Frage, welche physikalischen Effekte als Grundlage für die einzelnen benötigten Wirkprinzipien geeignet sind, kann mithilfe von z. B. intuitiv- oder diskursivbetonten Lösungsfindungsmethoden unterstützt werden. Die erarbeiteten Wirkprinzipien, i. d. R. 3 bis 4 für jede zu realisierende Teilfunktion, werden dann mithilfe des Ordnungsschemata *morphologischer Kasten* zu Wirkstrukturen verknüpft. Unter der Nutzung von Bewertungsverfahren erfolgt die Festlegung, welche Wirkstruktur für die weitere Bearbeitung freigegeben wird (siehe 2.2, 3.2, 3.6.2). Ergebnis: Prinzipielle Lösung, Konzept.

Das Aufgliedern der prinzipiellen Lösung in realisierbare Module soll zu einer Baustruktur führen (siehe 2.3), die zweckmäßige Entwurfs- oder Gestaltungsschwerpunkte vor der arbeitsaufwändigen Konkretisierung erkennen lässt sowie eine fertigungs- und montagegünstige, instandhaltungs- und recyclingfreundliche und/oder baukastenartige Struktur erleichtert. Ergebnis: *Modulare Struktur*.

Das Gestalten maßgebender Module der Baustruktur, d. h. zum Beispiel bei mechanischen Systemen das Festlegen der Gruppen, Teile und Verbindungen zum Erfüllen der für das Produkt wesentlichen Hauptfunktionen bzw. zum Konkretisieren der für diese gefundenen prinzipiellen Lösungen, umfasst vor allem folgende Tätigkeiten: Verfahrenstechnische Durchrechnungen, Spannungs- und Verformungsanalysen, Anordnungs- und Designüberlegungen, Fertigungs- und Montagebetrachtungen u. dgl. (siehe 3.3). Diese Arbeiten dienen in der Regel noch nicht fertigungs- und werkstofftechnischen Detailfestlegungen, sondern zunächst der Festlegung der wesentlichen Merkmale der Baustruktur, um diese

nach technisch wirtschaftlichen Gesichtspunkten optimieren zu können. Ergebnis: *Vorentwürfe*.

Der nächste Arbeitsschritt umfasst das Gestalten weiterer, in der Regel abhängiger Funktionsträger, das Feingestalten aller Gruppen und Teile sowie deren Kombination zum Gesamtentwurf. Hierzu werden eine Vielzahl von Berechnungs- und Auswahlmethoden, Kataloge für Werkstoffe, Maschinenelemente, Norm- und Zukaufteile sowie Kalkulationsverfahren zur Kostenerkennung eingesetzt (siehe 4). Ergebnis: *Gesamtentwurf*.

Der letzte Arbeitsschritt dient dem Ausarbeiten der Ausführungs- und Nutzungsangaben, d. h. der Werkstattzeichnungen, Stücklisten oder sonstigen Datenträger zur Fertigung und Montage sowie von Bedienungsanleitungen, Wartungsvorschriften u. dgl. (siehe 5). Ergebnis: *Produktdokumentation*.

In der Praxis werden häufig mehrere Arbeitsschritte zu Entwicklungs- bzw. Konstruktionsphasen zusammengefasst, z. B. aus organisatorischen oder tätigkeitsorientierten Gründen. So werden im Maschinenbau die ersten drei Abschnitte als *Konzeptphase*, die nächsten drei Abschnitte als *Entwurfsphase* und der letzte Abschnitt als *Ausarbeitungsphase* bezeichnet.

1.3.2 Produktspezifisches Vorgehen

Das generelle Vorgehen nach 1.3.1 muss bei Aufgabenstellungen bzw. Produkten modifiziert werden, bei denen *mehrere Fachgebiete* so beteiligt sind, dass die entsprechenden Fachaufgaben weitgehend unabhängig voneinander, aber koordiniert durchgeführt werden. Solche Verhältnisse liegen z. B. bei Anlagen der Energie- und Verfahrenstechnik vor, bei denen der Maschinenbau, das Bauingenieurwesen, die Technische Chemie und die Elektrotechnik beteiligt sind, z. B. Geräte für die Medizin oder Biomedizin, bei denen die Konstruktion des mechanischen Teils, die Entwicklung des elektrischen und elektronischen Schaltungs- und Steuerungsteils und die Entwicklung von Software zunächst weitgehend unabhängig von unterschiedlichen Spezialisten durchgeführt werden. Bei derartig interdisziplinär geprägten Projekten ist es aber erforderlich, genaue Schnittstellen zu definieren und festzulegen. Während das Aufstellen der Anforderungsliste und der Funktionsstruktur zweckmäßigerweise für das Gesamtprodukt erfolgt,

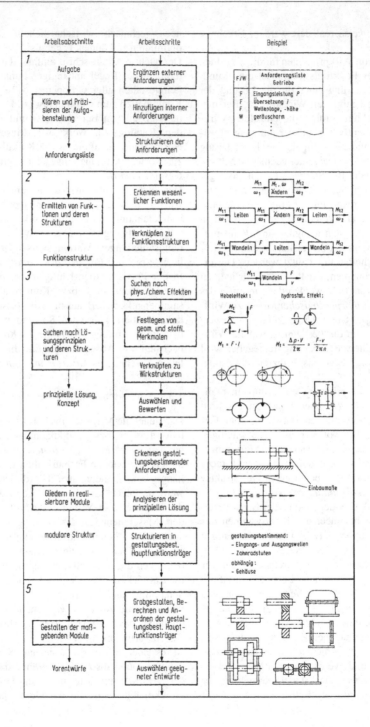

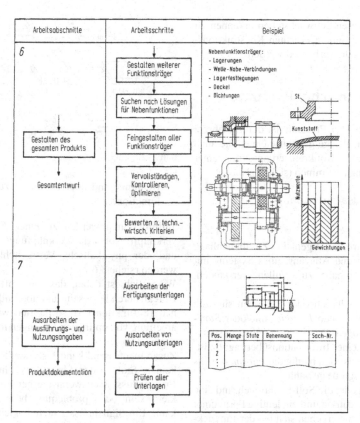

Bild 1-5. Vorgehensschritte einer Produktentwicklung: Arbeitsabschnitte nach VDI2221 [1], Arbeitsschritte nach [6]

verzweigen sich die weiteren Arbeitsschritte auf die parallelen Entwicklungspfade, natürlich in enger Abstimmung miteinander. Hierzu ist es hilfreich, nach größeren Konkretisierungssprüngen, z. B. nach Festlegen der modularen Baustruktur und nach Vorliegen der einzelnen Feinentwürfe, die Arbeitsergebnisse zusammengefasst zu dokumentieren (System-Baustruktur, Systementwurf), um fehlende Abstimmungen zu erkennen und ein homogenes Gesamtprodukt zu erhalten. Die Produktdokumentation erfolgt dann für das Gesamtprodukt.

Während bei *Neuentwicklungen* alle Arbeitsabschnitte durchlaufen werden müssen, fallen bei *Weiterentwicklungen* oft die Abschnitte 2 und 3 (Bild 1-5) oder bei *Anpassungskonstruktionen* zusätzlich die Abschnitte 4 und 5 weg. In vielen Fällen hat es sich aber als zweckmäßig erwiesen, auch diese Entwick-

lungsschritte nochmals zu kontrollieren bzw. nachzuvollziehen, um sie mit dem aktuellen Wissensstand zu vergleichen. Der dargestellte Entwicklungsablauf erfolgt bei Produkten in *Einzelfertigung* in der Regel nur einmal, wobei einzelne Arbeitsabschnitte bei unbefriedigendem Arbeitsergebnis erneut durchlaufen werden. Hierbei ist zu bemerken, dass der gesamte Produktentwicklungsprozess stark von einer iterativen Vorgehensweise geprägt ist (siehe auch 3.1.1. Bei Produkten mit *Serienfertigung*, z. B. Kraftfahrzeugen oder Haushaltsgeräten, wäre eine direkte Realisierung als Endprodukt zu risikoreich. Bei solchen Produkten ist es üblich, den Entwicklungs- und Fertigungsdurchlauf mehrmals durchzuführen, um nach Fertigung zunächst von Funktions- bzw. Labormustern und gegebenenfalls von zusätzlichen Prototypen bzw. Nullserien in zwischengeschalteten Versuchs-

und Erprobungsphasen Schwachstellen erkennen zu können, die dann in einem erneuten Konstruktions- und Fertigungsvorgang verbessert werden.

2 Aufbau technischer Produkte

Der Aufbau technischer Produkte ist durch mehrere generelle Zusammenhänge gekennzeichnet, die auch die unterschiedlichen Konkretisierungsstufen einer Produktentwicklung bestimmen (siehe 1.3).

2.1 Funktionszusammenhang

2.1.1 Allgemeines

Unter *Funktion* wird der allgemeine Zusammenhang zwischen Eingang und Ausgang eines Systems mit dem Ziel, eine Aufgabe zu erfüllen, verstanden: Bild 2-1.
Bei technischen Produkten oder Systemen sind die Ein- und Ausgangsgrößen *Energie-* und/oder *Stoff-* und/oder *Signalgrößen*. Da ein Signal die physikalische Realisierung einer Informationsübertragung ist, wird statt des Signals auch häufig die *Information* als Ein- und Ausgangsgröße gewählt.
Die Soll-Funktion oder die Soll-Funktionen sind eine abstrakte, lösungsneutrale und eindeutige Form einer Aufgabenstellung. Sie ergeben sich bei der Entwicklung neuer Produkte aus der Anforderungsliste. Entsprechend Bild 2-2 unterscheidet man zwischen

– der Gesamtfunktion zur Beschreibung einer zu lösenden Gesamtaufgabe eines Produkts oder Systems und
– Teilfunktionen, die durch Aufgliederung einer Gesamtfunktion mit dem Ziel einfacher zu lösender Teilaufgaben entstehen. Dabei ist der zweckmäßigste Aufgliederungsgrad abhängig vom Neuheitsgrad einer Aufgabenstellung, von der Komplexität des zu entwickelnden Produkts sowie vom

Bild 2-1. Definition einer Funktion in Black-box-Darstellung [1]

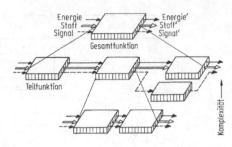

Bild 2-2. Funktionsstruktur eines technischen Produkts [1]

Kenntnisstand über Lösungen zur Erfüllung der Funktionen.

Teilfunktionen werden zu einer *Funktionsstruktur* verknüpft, wobei die Verknüpfungen durch logische und/oder physikalische Verträglichkeiten bestimmt werden (siehe 3.6.2).
Wesentlich ist dabei, dass eine oft sehr komplexe zu realisierende Gesamtfunktion mithilfe von einzelnen Teilfunktionen so strukturiert wird, dass die Erarbeitung von optimalen Lösungen möglich ist (siehe auch 3.1.3).
Zusammenfassend kann festgestellt werden: Es gibt keinen Stoff- oder Signalfluss ohne begleitenden Energiefluss, auch wenn die benötigte Energie sehr klein sein oder problemlos bereitgestellt werden kann. Ein Signalumsatz ohne begleitenden Stoffumsatz ist aber, z. B. bei Messgeräten, möglich. Auch ein Energieumsatz zur Gewinnung z. B. elektrischer Energie ist mit einem Stoffumsatz verbunden, wobei der begleitende Signalfluss zur Steuerung ein wichtiger Nebenfluss ist.

2.1.2 Spezielle Funktionen

Logische Funktion:
Beim Entwurf und bei der Beschreibung technischer Systeme spielen häufig zweiwertige oder „binäre" Größen eine Rolle: Bedingungen (erfüllt – nicht erfüllt), Aussagen (wahr – falsch) und z. B. Schalterstellungen (ein – aus).
Der Entwurf von Systemen, die geforderte Abhängigkeiten zwischen binären Größen realisieren, heißt logischer Entwurf. Er bedient sich der mathematischen Aussagenlogik in Form der Boole'schen Algebra (A 1.3) mit den Grundverknüpfungen UND und ODER und der Negation.

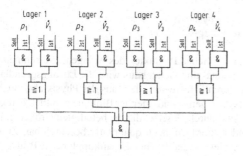

Bild 2-3. Logische Funktionen zur Überwachung einer Lagerölversorgung [1]. Druckwächter überwachen p, Strömungswächter überwachen $\dot{V}$

Mit Boole'schen Verknüpfungsgliedern können komplexe Schaltungen aufgebaut werden, die z. B. die Sicherheit von Steuerungs- und Meldesystemen erhöhen.

Bild 2-3 zeigt als Beispiel die Überwachung einer Lagerölversorgung, bei der die Soll- und Istwerte jeweils der Druckwächter und der Strömungswächter durch eine UND-Funktion verknüpft sind, während die Ausgangssignale der Druck- und Strömungswächter miteinander durch eine ODER-Funktion verknüpft sind. Alle Lager sind untereinander wieder durch eine

UND-Verknüpfung verknüpft, d. h. alle Lager müssen mindestens eine wirksame Ölüberwachung haben, damit die Maschine betriebsbereit ist.

Allgemein anwendbare Funktionen: Diese sind in technischen Produkten immer wiederkehrende Funktionen, die als Ordnungsmerkmale für Lösungskataloge, als Grundlage für Funktionsstruktur-Variationen und als Abstraktionshilfe bei der Analyse vorhandener Produkte nach ihren grundlegenden Funktionszusammenhängen dienen können.

In Bild 2-4 sind fünf derartige Funktionen zusammengestellt, die mithilfe einer Zuordnungsvariation von Eingang und Ausgang einer Funktion hinsichtlich Art, Größe, Anzahl, Ort und Zeit abgeleitet wurden. Weitere Vorschläge für allgemeine Funktionen siehe [1].

2.2 Wirkzusammenhang

Die Teilfunktionen und die Funktionsstruktur des Funktionszusammenhanges eines technischen Produkts müssen durch einen Wirkzusammenhang erfüllt werden. Dieser besteht dementsprechend aus *Wirkprinzipien* zur Erfüllung der Teilfunktionen und aus einer *Wirkstruktur* zur Erfüllung der

Merkmal Eingang E/Ausgang A	Allgemein anwendbare Funktionen		Symbole	Erläuterungen	Beispiele	
Art	Wandeln			Art und Erscheinungsform von E und A unterschiedlich	Elektromotoren versch. Bauart	Hebel
Größe	Ändern	Vergrößern		$E < A$	Rädergetriebe	Hebel
		Verkleinern		$E > A$		
Anzahl	Verknüpfen	Verknüpfen		Anzahl von E $>$ Anzahl von A		Rohrleitungen
		Verzweigen		Anzahl von E $<$ Anzahl von A		Mehrweggetriebe
Ort	Leiten	Leiten		Ort von E $\neq$ Ort von A		Rohrleitungen
		Sperren		Ort von E $=$ Ort von A		Sperrventil
Zeit	Speichern			Zeitpunkt von E $\neq$ A	Schwungrad (Rot.)	potenzielle Energie

Bild 2-4. Allgemein anwendbare Funktionen [2]

Funktionsstruktur. Die Wirkstruktur besteht also aus einer Verknüpfung mehrerer Wirkprinzipien. Ein Wirkprinzip wird durch einen physikalischen oder chemischen oder biologischen Effekt oder eine Kombination mehrerer Effekte sowie durch deren prinzipielle Realisierung mit geometrischen und stofflichen Merkmalen (wirkstrukturelle Merkmale) bestimmt.

Zur Realisierung von Funktions- und Datenstrukturen bei DV-Programmen (Software-Entwicklungen (siehe 1.3.2)) beinhalten Wirkprinzipien bzw. Wirkstrukturen Algorithmen zum Datentransfer zu und von Datenbasen, zum Erzeugen von Ausgangsdaten aus Eingangsdaten einer Funktion durch arithmetische und/oder logische Operationen sowie zur Kommunikation mit dem Programmbenutzer. Wirkstrukturelle Merkmale sind Strukturmerkmale, Leistungsmerkmale und Realisierungsmerkmale.

2.2.1 Physikalische, chemische und biologische Effekte

Bei stofflichen Produkten des Anlagen-, Maschinen-, Apparate- und Gerätebaus wird die Lösungsgrundlage durch Effekte vor allem aus der Physik aber auch aus der Chemie und/oder der Biologie gebildet. Effekte sind durch Gesetze, die die beteiligten Größen einander zuordnen, auch quantitativ beschreibbar. Zum Beispiel werden bei der Schaltkupplung in Bild 2-5 die Teilfunktion „Schaltkraft F_S in Normalkraft F_N ändern" durch den physikalischen Hebeleffekt und die Teilfunktion „Umfangskraft F_U erzeugen" durch den Reibungseffekt realisiert. Vor allem Rodenacker [3], Koller [4] und Roth [5] haben physikalische Effekte für Konstruktionen zusammengestellt.

Die Erfüllung einer Teilfunktion kann oft erst durch Verknüpfen mehrerer Effekte erzielt werden, wie

Zusammenhänge	Elemente	Struktur	Beispiel
Funktions-zusammenhang	Funktionen	Funktions-struktur	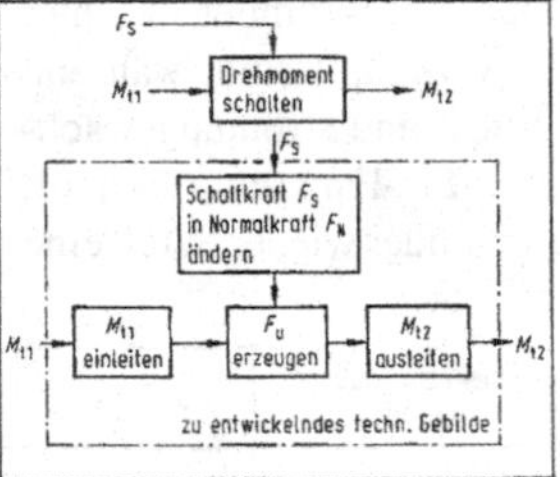
Wirk-zusammenhang	physikalische Effekte sowie geometrische und stoffliche Merkmale → Wirkprinzipien	Wirk-struktur	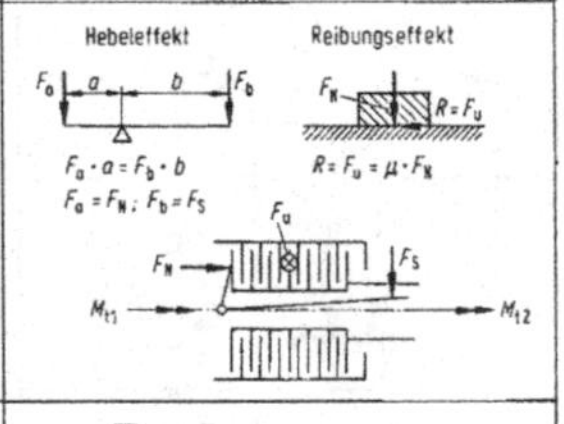
Bau-zusammenhang	Bauteile Verbindungen Baugruppen	Bau-struktur	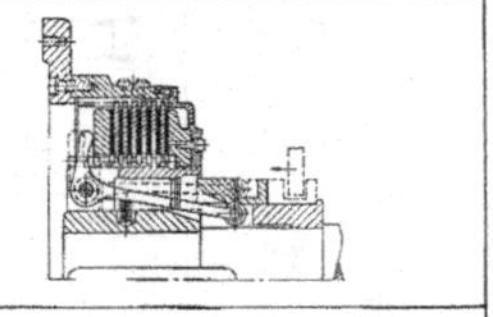
System-zusammenhang	techn. Gebilde Mensch Umgebung	System-struktur	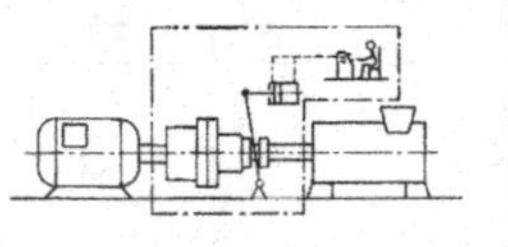

Bild 2-5. Zusammenhänge in technischen Systemen [1]

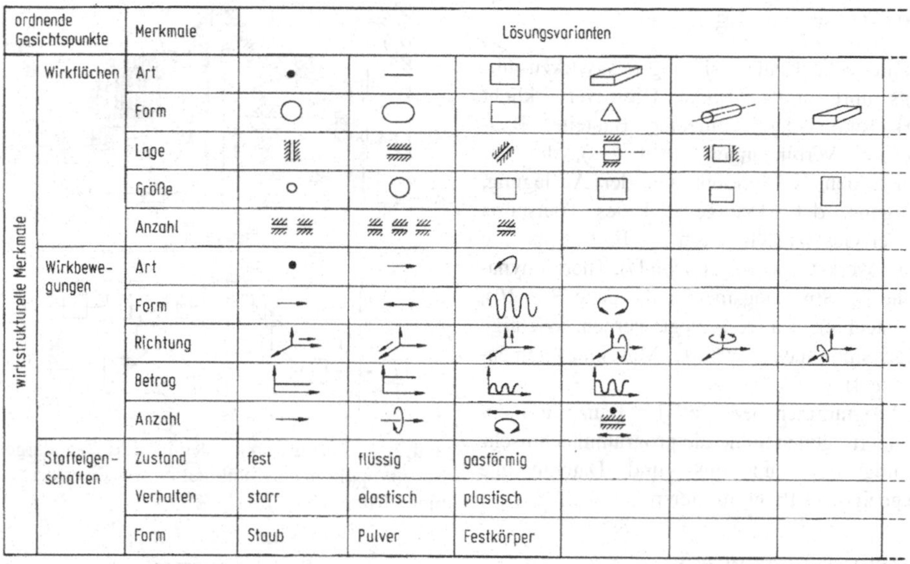

ordnende Gesichtspunkte		Merkmale	Lösungsvarianten					
wirkstrukturelle Merkmale	Wirkflächen	Art	•	—	□	▱		
		Form	○	◯	□	△	▱	▱
		Lage	⫴	⛌	⫽	⊟	⫴□⫴	
		Größe	○	◯	□	▭	▭	▯
		Anzahl	⫽⫽	⫽⫽⫽	⫽			
	Wirkbewe-gungen	Art	•	→	⌒			
		Form	→	↔	⩗⩗⩗	⌯		
		Richtung	↰	↱	↥	↻	↺	⤳
		Betrag	⌐	⌐	⌁	⌁		
		Anzahl	→	↺	◯	⫽		
	Stoffeigen-schaften	Zustand	fest	flüssig	gasförmig			
		Verhalten	starr	elastisch	plastisch			
		Form	Staub	Pulver	Festkörper			

Bild 2-6. Variation von wirkstrukturellen Merkmalen

z. B. bei der Wirkungsweise eines Bimetalls, die sich aus dem Effekt der thermischen Ausdehnung und dem des Hooke'schen Gesetzes (Spannungs-Dehnungs-Zusammenhang) aufbaut, vgl. D 12.

In der Regel kann eine Teilfunktion durch verschiedene Effekte erfüllt werden, z. B. die in Bild 2-5 aufgeführte „Kraftänderungsfunktion" durch den Hebeleffekt, Keileffekt, elektromagnetischen Effekt oder hydraulisch/pneumatischen Effekt. Hieraus können sich bereits für eine Aufgabenstellung unterschiedliche Lösungen und damit Produkte mit unterschiedlichen Eigenschaften ergeben.

2.2.2 Geometrische und stoffliche Merkmale

Die Stelle, an der ein Effekt oder eine Effektkombination zur Wirkung kommt, ist der *Wirkort*. Hier wird die Erfüllung der Funktion bei Anwendung des betreffenden Effekts durch die *Wirkgeometrie*, d. h. durch die Anordnung von Wirkflächen oder Wirkräumen und durch die Wahl von *Wirkbewegungen* (bei bewegten Systemen), erzwungen.

Mit der Wirkgeometrie müssen bereits Werkstoffeigenschaften festgelegt werden, damit der Wirkzusammenhang erkennbar wird, Bild D 12-1. Nur die Verbindung von Effekt und geometrischen

Bild 2-7. Variation der Wirkflächen einer fremdgeschalteten Reibungskupplung [6]

sowie stofflichen Merkmalen (Wirkgeometrie, Wirkbewegung und Werkstoff) bildet das Prinzip der Lösung. Dieser Zusammenhang wird als Wirkprinzip bezeichnet. Die Kombination mehrerer Wirkprinzipien führt zur Wirkstruktur einer Lösung (auch Lösungsprinzip genannt).

In Bild 2-5 sind die beteiligten Wirkflächen, z. B. in Form der Kupplungslamellen (Reibscheiben), und die rotatorische Wirkbewegung des Hebels zur Erzeugung der Anpresskraft erkennbar. Auch die geometrischen und stofflichen Merkmale bieten eine Grundlage zur Lösungsvariation. So lässt sich die Gestalt der Wirkfläche, die Wirkbewegung und die Art des Werkstoffs gemäß Bild 2-6 variieren.

Als Beispiel für eine solche Variation kann Bild 2-7 dienen, auf dem die Reibflächen einer Schaltkupplung gemäß Bild 2-5 nach ihrer Anzahl, Form und Lage variiert sind. Entsprechende Kupplungsbauformen sind in der Konstruktionspraxis bekannt (siehe 4.3).

2.3 Bauzusammenhang

Die gestalterische Konkretisierung des Wirkzusammenhangs führt zur *Baustruktur*. Diese verwirklicht die Wirkstruktur durch einzelne Bauteile, Baugruppen und Verbindungen (Bild 2-5), die vor allem nach den Notwendigkeiten der Auslegung, der Fertigung, der Montage und des Transports mithilfe der Gesetzmäßigkeiten der Festigkeitslehre (siehe E5), Werkstofftechnik (siehe D), Thermodynamik (siehe F), Strömungsmechanik (siehe E 7–10), Fertigungstechnik u. a. festgelegt werden. Wichtige Grundlage sind auch bewährte Maschinenelemente [7] (siehe 4).

Bei DV-Programmen bedeutet der Bauzusammenhang im übertragenen Sinne die programmtechnische Realisierung der Funktions- und Datenmodule mithilfe geeigneter Programmiersprachen.

2.4 Systemzusammenhang

Technische Produkte sind Bestandteile übergeordneter Systeme, die von Menschen, anderen technischen Systemen und der Umgebung gebildet sein können (Bild 2-5). Dabei ist ein *System* durch Systemelemente und Teilsysteme bestimmt, die von einer Systemgrenze umgeben und mit Energie-, Stoff- und/oder Signalgrößen untereinander und mit der Umgebung verknüpft sind, Bild 2-8. Ein System bzw. Produkt ist zunächst durch seine eigene *Systemstruktur* gekennzeichnet. (Bild 2-9 zeigt eine solche für die Schaltkupplung in Bild 2-5 in Kombination mit einer drehnachgiebigen Kupplung.) In einem übergeordneten System bildet diese die Zweckwirkung (Soll-Funktion). Hinzu kommen Störwirkungen aus der Umgebung, Nebenwirkungen nach außen und innerhalb des Systems sowie Einwirkungen vom Menschen und Rückwirkungen zum Menschen,

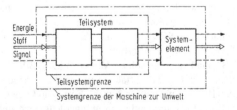

Bild 2-8. Genereller Aufbau eines technischen Systems

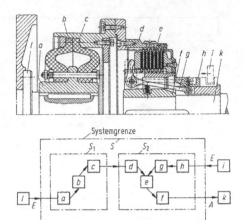

Bild 2-9. Systemstruktur der in Bild **2-5** dargestellten Schaltkupplung in Kombination mit einer drehnachgiebigen Kupplung [1]

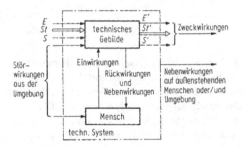

Bild 2-10. Wirkungen in technischen Systemen unter Beteiligung des Menschen [1]

Bild 2-10. Alle Wirkungen müssen im Zusammenhang gesehen werden (Systemzusammenhang).

2.5 Generelle Zielsetzungen für technische Produkte

Zielsetzungen und Restriktionen für technische Produkte sind zunächst als Forderungen und Wünsche in der Anforderungsliste (Aufgabenstellung) als Grundlage einer speziellen Produktentwicklung enthalten. Es können aber darüber hinaus generelle Zielsetzungen genannt werden, die zwar mit unterschiedlicher Gewichtung im Einzelfall, im Wesentlichen allgemeine Gültigkeit besitzen. Solche Zielsetzungen dienen als Leitlinie für die Aufstellung von Anforderungslis-

Tabelle 2-1. Generelle Zielsetzungen für materielle Produkte

Funktion erfüllen
Sicherheit gewährleisten
Ergonomie beachten
Fertigung vereinfachen
Montage erleichtern
Qualität sicherstellen
Transport ermöglichen
Gebrauch verbessern
Instandhaltung unterstützen
Recycling anstreben
Kosten minimieren

Tabelle 2-2. Generelle Zielsetzungen für Software-Produkte

Anwenderfunktionen erfüllen
Fehlerfreiheit sicherstellen
Modularität anstreben
Laufzeit reduzieren
Speicherbedarf minimieren
Anwendbarkeit verbreitern
Anlagenunabhängigkeit ermöglichen
Schnittstellen definieren
Dokumentation sicherstellen

ten sowie zur Lösungsauswahl in den verschiedenen Konkretisierungsstufen des Konstruktionsprozesses. Tabelle 2-1 enthält solche generellen Zielsetzungen für materielle Produkte, die sich an den Lebensphasen eines Produkts orientieren (siehe Bild 1-1).

Bei DV-Programmen sind entsprechende Zielsetzungen formulierbar, Tabelle 2-2.

2.6 Anwendungen

Die generellen Zusammenhänge, die den Aufbau technischer Produkte bestimmen, sind für mehrere Anwendungen wichtige Grundlage.

Bei der Produktentwicklung ermöglichen sie ein schrittweises Vorgehen, bei dem von den geforderten Soll-Funktionen ausgehend zunächst die prinzipiellen Lösungen gesucht werden, die dann durch Gestalt- und Werkstofffestlegungen konkretisiert werden. In jeder Konkretisierungsstufe kann eine Lösungsvielfalt als Grundlage einer Lösungsopti-

mierung durch Variation von Lösungsmerkmalen bzw. Merkmalen des jeweiligen Zusammenhangs aufgebaut werden. Solche Variationen können auch mithilfe von CAD-Systemen durchgeführt werden (siehe 5.2).

Ein weiteres wichtiges Anwendungsgebiet ist die Analyse vorhandener technischer Produkte mit dem Ziel einer Verbesserung, Weiterentwicklung oder Anpassung an spezielle Bedingungen [8]. Für solche Systemanalysen sind Vorgehensschritte und Merkmale erforderlich, die sich aus den generellen Zusammenhängen ableiten lassen. Als wichtiges Beispiel ist die Wertanalyse zu nennen, die die Funktionskosten technischer Produkte zu minimieren sucht [9].

Kennzeichnende Produktmerkmale, auch *Sachmerkmale* genannt [10, 11], sind für die Ordnung von Konstruktionskatalogen und Datenbanken sowie als Suchhilfen für gespeicherte Lösungen und Daten aus solchen Informationsspeichern hilfreich [12]. Für die Ableitung von Sachmerkmalen haben sich ebenfalls die generellen Zusammenhänge und generellen Zielsetzungen bewährt [13].

3 Konstruktionsmethoden

3.1 Allgemeine Lösungsmethoden

Unabhängig vom Konkretisierungsgrad im Laufe einer Lösungssuche haben sich mehrere allgemeine Methoden eingeführt, die auch als allgemeine Arbeitsmethodik angesehen werden können [1–3]. Voraussetzungen für methodisches Vorgehen sind:

– Ziele definieren,
– Bedingungen aufzeigen,
– Vorurteile auflösen,
– Varianten suchen,
– Beurteilen,
– Entscheidungen fällen.

3.1.1 Allgemeiner Lösungsprozess

Das Lösen von Aufgaben besteht aus einer Analyse und einer anschließenden Synthese und läuft in abwechselnden Arbeits- und Entscheidungsschritten ab. Dabei wird in der Regel vom Qualitativen immer

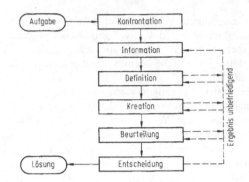

Bild 3-1. Allgemeiner Lösungsprozess [6]

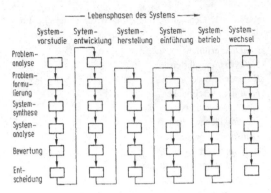

Bild 3-2. Systemtechnisches Vorgehensmodell [8, 9]

konkreter werdend zum Quantitativen fortgeschritten. Die Gliederung in Arbeits- und Entscheidungsschritte stellt sicher, dass die notwendige Einheitlichkeit von Zielsetzung, Planung, Durchführung und Kontrolle gewahrt bleibt.

In Anlehnung an [4, 5] zeigt Bild 3-1 ein Grundschema eines allgemeinen Lösungsprozesses. Jede Aufgabenstellung bewirkt zunächst eine Konfrontation mit zunächst Unbekanntem, die durch Beschaffung zusätzlicher Informationen mehr oder weniger aufgelöst werden kann. Eine anschließende Definition der wesentlichen zu lösenden Probleme präzisiert die Aufgabenstellung ohne Vorfixierung von Lösungen und öffnet damit die denkbaren Lösungswege. Die anschließende schöpferische Phase der Kreation umfasst die eigentliche Lösungssuche. Bei Vorliegen mehrerer geeigneter Lösungsmöglichkeiten müssen diese beurteilt werden, um eine Entscheidung für die beste Lösung treffen zu können. Bei unbefriedigendem Ergebnis eines Arbeitsschrittes muss dieser – oder müssen mehrere – wiederholt werden, wobei das dann vorhandene höhere Informationsniveau beim erneuten Durchlaufen des Arbeitsprozesses auch bessere Arbeitsergebnisse erwarten lässt. Dieser iterative Prozess kann deshalb auch als Lernprozess aufgefasst werden.

3.1.2 Systemtechnisches Vorgehen

Die Systemtechnik als interdisziplinäre Wissenschaft hat Methoden zur Analyse, Planung, Auswahl und optimalen Gestaltung komplexer Systeme entwickelt [7]. Aufbauend auf der Systemdefinition (siehe 2.4) hat sich ein Vorgehensmodell eingeführt,

das für die unterschiedlichen Lebensphasen eines Systems (siehe Bild 1-1) einsetzbar ist, Bild 3-2. Es kann entnommen werden, dass die Arbeitsschritte praktisch mit denen in Bild 3-1 identisch sind und dass der zeitliche Werdegang eines Systems vom Abstrakten zum Konkreten verläuft.

3.1.3 Problem- und Systemstrukturierung

Neue und komplexe Aufgabenstellungen werden in der Regel leichter lösbar, wenn man das zu lösende Gesamtproblem zunächst in Teilprobleme und Einzelprobleme aufgliedert, um für diese dann nach Teil- oder Einzellösungen zu suchen, Bild 3-3. Methodi-

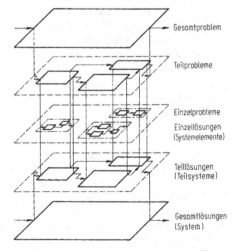

Bild 3-3. Problem- und Systemstrukturierung [10]

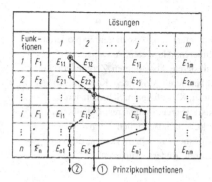

Bild 3-4. Kombinationsschema „Morphologischer Kasten" [6]

sche Grundlage für dieses Vorgehen ist eine Strukturierung von Systemen in Teilsysteme und Systemelemente zum besseren Erkennen von Zusammenhängen und Wirkungen innerhalb des Systems und nach außen zur Umgebung (siehe 2.4). Der Aufgliederungsgrad richtet sich nach Zweckmäßigkeitsüberlegungen und hängt vom Neuheitsgrad des Problems und dem Kenntnisstand des Bearbeiters ab.

Eine solche Strukturierung fördert auch die Übernahme bekannter und bewährter Teillösungen, das Erarbeiten alternativer Lösungen. Eine Systematisierung zur Nutzung von Lösungskatalogen und Datenbanken, das Erkennen ganzheitlicher Zusammenhänge sowie das Einführen rationeller Arbeitsteilungen.

Während das Aufgliedern von Gesamtproblemen in Einzelprobleme das Finden von Teillösungen erleichtert, kann der anschließende Kombinationsprozess, der die Teillösungen zur Gesamtlösung verknüpfen muss, Probleme hinsichtlich der Verträglichkeit der Teillösungen untereinander mit sich bringen. Als wichtiges Hilfsmittel hat sich das von Zwicky [11] als Morphologischer Kasten bezeichnete Kombinationsschema nach Bild 3-4 erwiesen, das die Teillösungen den zu erfüllenden Teilfunktionen in einem zweidimensionalen Ordnungsschema zuordnet.

In Bild 3-5 ist dieses Vorgehensprinzip der Problemaufgliederung und Lösungskombination auf den Ablauf einer Produktentwicklung übertragen (siehe 1-3). Dieses Vorgehen ist auch Grundlage für den Rechnereinsatz beim Entwicklungsprozess, bei dem aus Datenbanken Einzel- oder Teillösungen abgerufen, bewertet und anschließend nach Verträglichkeitsregeln verknüpft werden.

Es gibt aber auch Aufgabenstellungen, bei denen eine Problemaufgliederung zu Beginn des Lösungsprozesses nicht hilfreich wäre, sondern zunächst die Erarbeitung eines ganzheitlichen Lösungskonzepts notwendig ist. Typisch hierfür sind Produkte, bei denen das *Industrial Design* eine besondere Bedeutung hat, z. B. Kraftfahrzeuge oder Haushaltsgeräte. Bei diesen hat die Konzeption des Gesamterscheinungsbildes einschließlich seiner ergonomischen Merkmale eine höhere Priorität als konstruktive Einzelheiten [12]. Industrial Design und methodische Problemlösung be-

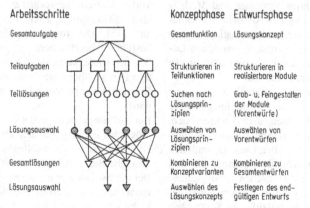

Bild 3-5. Arbeitsschritte des Aufgliederns, Kombinierens und Auswählens in der Konzept- und Entwurfsphase einer Produktentwicklung

deuten keinen Gegensatz. Vielmehr setzt in diesem Fall eine methodische Problemaufgliederung und Lösungssuche erst nach Festlegung eines Gesamtentwurfs für das äußere Erscheinungsbild des Produkts ein.

3.1.4 Allgemeine Hilfsmittel

Literaturrecherchen in Fachbüchern, Fachzeitschriften, Patenten und Firmenunterlagen geben einen Überblick über den Stand der Technik und der Wettbewerber. Sie bieten darüber hinaus dem lösungssuchenden Konstrukteur neue Anregungen.

Durch *Analyse natürlicher Systeme* (Bionik, Biomechanik) kann man Formen, Strukturen, Organismen und Vorgänge der Natur erkennen und deren Prinzipien für technische Lösungen nutzen. Für die schöpferische Phantasie des Konstrukteurs kann die Natur viele Anregungen geben [13,14].

Durch *Analyse bekannter technischer Systeme*, sei es des eigenen Unternehmens, sei es der Wettbewerber, kann man bewährte Lösungen auf neue Aufgabenstellungen übertragen sowie auch lohnende Weiterentwicklungen oder Lösungsvarianten erkennen [6].

Analogiebetrachtungen ermöglichen die Übertragung eines zu lösenden Problems oder zu realisierenden Systems auf ein analoges, gelöstes Problem bzw. realisiertes System. Insbesondere wird hiermit die Ermittlung oder Abschätzung der Systemeigenschaften sowie eine Simulation oder Modellierung erleichtert [6].

Messungen an ausgeführten Systemen und *Modellversuche* unter Ausnutzung der Ähnlichkeitsmechanik gehören zu den wichtigsten Informationsquellen des Konstrukteurs, um insbesondere von neuen Lösungen Eigenschaften zu ermitteln und schrittweise Weiterentwicklungen durchzuführen.

Heuristische Operationen nach Tabelle 3-1 erhöhen die Kreativität bei der Lösungssuche, insbesondere beim konventionellen Vorgehen durch den Menschen. Sie sind aber auch als Strategien bei der rechnerunterstützten Lösungssuche einsetzbar. Diese Operationen werden auch Kreativitätstechniken genannt und sind als Handwerkzeug zur methodischen Lösungssuche und zur Anleitung für ein Denken und Arbeiten in geordneter und effektiver Form aufzufassen. Sie tauchen deshalb auch bei speziellen Lösungs- und Vorgehensmethoden immer wieder auf [3].

Tabelle 3-1. Heuristische Operationen

- Verallgemeinern, Assoziieren, Explorieren
- Definieren, Aktivieren, Aktualisieren
- Analysieren, Abstrahieren, Zergliedern
- Synthetisieren, Verbinden, Kombinieren
- Ordnen, Klassifizieren, Schematisieren
- Konkretisieren, Realisieren, Detaillieren
- Kontrollieren, Beurteilen, Vergleichen
- Aufnehmen, Speichern, Lernen, Erfassen
- Negieren, Ändern, Anpassen

3.2 Methoden des Konzipierens

Wenn man unter Konzipieren das Erarbeiten eines grundlegenden Lösungsprinzips oder Lösungskonzepts für eine Aufgabenstellung (Funktion) versteht (siehe 1.3, Bild 1-5), so sind die folgenden Methoden insbesondere zum Suchen prinzipieller Lösungen geeignet. Sie sind natürlich im Einzelfall auch für konkretere Gestaltungsaufgaben einsetzbar.

3.2.1 Intuitiv-betonte Methoden

Intuitiv-betonte Methoden nutzen gruppendynamische Effekte aus, mit denen die Intuition des Menschen durch gegenseitige Assoziationen zwischen den Partnern angeregt werden soll. Dabei wird unter Intuition ein einfallsbetontes, kaum beeinflussbares oder nachvollziehbares Vorgehen verstanden, das Lösungsideen aus dem Unterbewusstsein oder Vorbewusstsein hervorbringt und bewusst werden lässt: Man spricht auch von „primärer Kreativität" [15]. Die folgenden Methoden sind in [6] ausführlich beschrieben:

Bei der *Dialogmethode* diskutieren zwei gleichwertige Partner über eine Problemlösung, wobei in der Regel von einem ersten Lösungsansatz ausgegangen wird.

Beim *Brainstorming* findet eine Gruppensitzung mit möglichst interdisziplinärer Zusammensetzung ohne Hilfsmittel statt. Ideen sollen ohne Kritik und Bewertung geäußert werden, „Quantität geht vor Qualität".

Bei der *Synetik* werden während der Gruppensitzung zusätzlich Analogien aus nichttechnischen oder halbtechnischen Bereichen zur Ideenfindung genutzt.

Methode 635 ist eine Brainwriting-Methode, bei der 6 Teilnehmer in schriftlicher Form in 5 Runden je

3 Lösungsideen äußern, wobei die Vorschläge der vorangehenden Suchrunde den Teilnehmern bekannt sind und so ständig das Informationsniveau gesteigert wird.

Die *Galeriemethode* verbindet Einzelarbeit mit Gruppenarbeit derart, dass einzeln erarbeitete Lösungsvorschläge in Form von Skizzen der Gruppe in einer Art Galerie vorgelegt werden, um durch Diskussion dieser Lösungsvorschläge mit entsprechenden Assoziationen zu weiteren Lösungen oder Verbesserungen zu kommen, die dann aber wieder von den Gruppenmitgliedern einzeln erarbeitet werden sollen. Die Beurteilung und Selektion findet dann wieder in einer Gruppensitzung statt.

3.2.2 Diskursiv-betonte Methoden

Diskursiv betonte Methoden suchen Lösungen durch bewusst schrittweises, beeinflussbares und dokumentierbares Vorgehen („Sekundäre Kreativität" [15]).

Bei der *systematischen Untersuchung des physikalischen Geschehens* werden aus einer bekannten physikalischen Beziehung (einem physikalischen Effekt) mit mehreren physikalischen Größen verschiedene Lösungen dadurch abgeleitet, dass die Beziehung zwischen einer abhängigen und einer unabhängigen Veränderlichen analysiert wird, wobei alle übrigen Einflussgrößen konstant gehalten werden. Eine weitere Möglichkeit besteht darin, bekannte physikalische Wirkungen in Einzeleffekte zu zerlegen und für diese nach einer Realisierung zu suchen [16].

Eine *systematische Suche mithilfe von Ordnungsschemata* geht davon aus, dass ein Ordnungsschema (z. B. als zweidimensionale Tabelle) zum Suchen nach weiteren Lösungen in bestimmten Richtungen anregt, andererseits das Erkennen wesentlicher Lösungsmerkmale und entsprechender Verknüpfungsmöglichkeiten erleichtert. Ausgangspunkt sind eine oder mehrere bekannte Lösungen, die nach ordnenden Gesichtspunkten oder unterscheidenden Merkmalen gekennzeichnet werden. Solche Ordnungsgesichtspunkte bzw. Variationsmerkmale sind z. B. die Energiearten sowie die wirkstrukturellen Merkmale Wirkgeometrie, Wirkbewegung und Stoffart (siehe Bild 2-6). Ein solches Ordnungsschema ist auch der Morphologische Kasten nach Zwicky (siehe Bild 3-4).

Gliederungsgesichtspunkte			Lösungen oder Elemente		Auswahlmerkmale		
1	2	3 usw.			1	2	3 usw.
1	1.1	1.1.1	Anordnungsbeispiele, Gleichungen, Schaubilder	1	Beurteilung oder Beschreibung der Lösungen oder Elemente		
		1.1.2		2			
	1.2	1.2.1		3			
		1.2.2		4			
		1.2.3		5			
		1.2.4		6			
2	2.1	2.1.1		7			
		2.1.2		8			
		2.1.3		9			
	usw.	usw.		10			

Bild 3-6. Aufbau von Konstruktionskatalogen [17]

Durch *Verwendung von Konstruktionskatalogen* als Sammlungen bekannter und bewährter Lösungen unterschiedlicher Konkretisierungs- und Komplexitätsgrade kommt der Konstrukteur schnell zu Lösungsvorschlägen, die aber häufig noch weiterentwickelt oder angepasst werden müssen [17]. Wichtig ist die Zuordnung von Auswahlmerkmalen im Zugriffsteil eines Katalogs, um die Eignung einer Lösung zur Realisierung einer geforderten Funktion (Aufgabe) zu erkennen, Bild 3-6. Kataloge und Datenbanken sind naturgemäß auch bei der Suche nach Gestaltungsmöglichkeiten in der Entwurfsphase einer Produktentwicklung wichtige Arbeitsmittel.

3.3 Methoden der Gestaltung

Das Gestalten (Grobgestalten, Feingestalten) beim Entwurf eines Produktes (siehe 1.3) erfordert zunächst die Anwendung von Mechanik und Festigkeitslehre (E 5–E 6), Strömungsmechanik (E 7–E 10) und weiterer Fachgebiete.

Die folgenden Methoden und Regeln sind dagegen Empfehlungen und Strategien für den Konstrukteur, mit denen er ohne aufwändige Berechnungs- und Optimierungsverfahren die Voraussetzungen für eine gute Konstruktion legen kann [6].

3.3.1 Grundregeln der Gestaltung

Die Beachtung der Grundregeln

– eindeutig,
– einfach und
– sicher

führt zur eindeutigen Erfüllung der technischen Funktion, zu ihrer wirtschaftlichen Realisierung und zu Sicherheit für Mensch und Umwelt.

Die Beachtung der Grundregel *eindeutig* hilft, Wirkung und Verhalten von Strukturen zuverlässig vorauszusagen. Bild 3-7 zeigt als Beispiel das bekannte Lagerungsprinzip „Festlager – Loslager", das die thermische Wellenausdehnung beherrscht und eine eindeutige axiale Fixierung der Welle ergibt.

Die Beachtung der Grundregel *einfach* ergibt normalerweise eine wirtschaftliche Lösung.

Die Forderung nach *Sicherheit* zwingt zur konsequenten Gestaltung hinsichtlich Haltbarkeit, Zuverlässigkeit, Unfallfreiheit und Umweltschutz. Dem Konstrukteur stehen hierbei die Prinzipien der unmittelbaren Sicherheitstechnik („Sicheres Bestehen", „Beschränktes Versagen", „Redundante Anordnungen") und der mittelbaren Sicherheitstechnik (Schutzsysteme, Schutzeinrichtungen) zur Verfügung [6]. Bild 3-8 zeigt die wesentlichen Bereiche der Sicherheit.

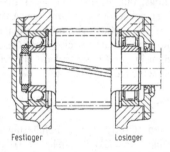

Festlager   Loslager

Bild 3-7. Eindeutige Lagerung einer Welle durch Fest- und Loslager

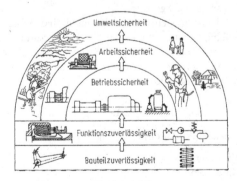

Bild 3-8. Bereiche der Sicherheit [6]

Das *Prinzip des sicheren Bestehens* (Safe-life-Verhalten) stellt sicher, dass alle Bauteile und ihr Zusammenhang im Produkt die vorgesehene Beanspruchung und Einsatzzeit ohne ein Versagen oder eine Störung überstehen.

Das *Prinzip des beschränkten Versagens* (Fail-safe-Verhalten) lässt während der Einsatzzeit eine Funktionsstörung oder einen Schaden zu, ohne dass es dabei zu schweren Folgeschäden kommen darf.

Das *Prinzip der redundanten Anordnung* erhöht die Sicherheit, indem Reserveelemente bei Ausfall des regulären Elements die volle oder eingeschränkte Funktion übernehmen. Bei aktiver Redundanz beteiligen sich Normalelemente und Reserveelemente aktiv an der Funktionserfüllung, bei passiver Redundanz steht das Reserveelement im Normalbetrieb nur in Reserve. Prinzipredundanz liegt vor, wenn Normalelement und Reserveelement auf unterschiedlichen Wirkprinzipien beruhen. Redundante Elemente können in Parallel-, Serien-, Quartett-, Quartett-Kreuz-, 2-aus-3- und Vergleichsredundanz geschaltet werden.

3.3.2 Gestaltungsprinzipien

Allgemein anwendbare Gestaltungsprinzipien stellen Strategien zur optimalen Auslegung und Anordnung von Baustrukturen dar. Sie sind aber nicht in jedem Fall zweckmäßig, sondern müssen auf die speziellen Anforderungen einer Gestaltungsaufgabe abgestimmt werden [6].

Prinzipien der Kraftleitung dienen einer gleichen Gestaltfestigkeit, der wirtschaftlichen und beanspruchungsgünstigen Führung des Kraft- oder Leistungsflusses, der Abstimmung der Bauteilverformungen sowie einem Kraftausgleich:

- *Gleiche Gestaltfestigkeit* strebt über die geeignete Wahl von Werkstoff und Gestalt von Bauteilen eine überall gleich hohe Ausnutzung der Festigkeit an.
- Das *Prinzip der direkten und kurzen Kraftleitung* wählt den direkten und kürzesten Kraft-(Momenten)leitungsweg mit vorzugsweise Zug-/Druckbeanspruchung, um die Verformung klein zu halten und den Werkstoffaufwand durch gleichmäßige Spannungsverteilung zu senken.
- Das *Prinzip der gewollten großen Verformung* wählt dagegen einen langen Kraftleitungsweg und eine bewusst ungleichmäßige Spannungsverteilung

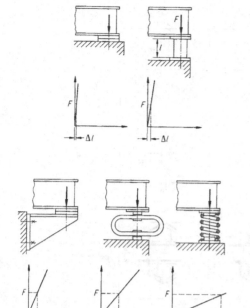

Bild 3-9. Abstützung eines Maschinenrahmens mit unterschiedlichen Steifigkeiten [6]

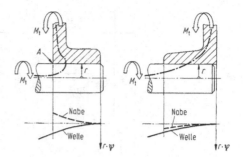

Bild 3-10. Welle-Nabe-Verbindungen mit unterschiedlicher Kraftflussumlenkung [6]

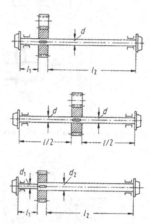

Bild 3-11. Verformungsabstimmung beim Antrieb von Kranlaufwerken [6]

über den Querschnitt, damit also vorzugsweise Biege- und Torsionsbeanspruchung. Bild 3-9 erläutert diese Verhältnisse bei der Abstützung eines Maschinenrahmens anhand der Federkennlinien der Varianten.

– Das *Prinzip der abgestimmten Verformungen* gestaltet bei Fügeverbindungen die beteiligten Bauteile so, dass unter Last eine weitgehende Anpassung ihrer Verformungen erfolgt, was durch gleichgerichtete und gleich große Verformungen erreicht wird. Bild 3-10 zeigt als Beispiel eine drehmomentbelastete Welle-Nabe-Verbindung in günstiger und ungünstiger Gestaltung, Bild 3-11 die Möglichkeiten einer Verformungsabstimmung bei Kranlaufwerken, ohne die ein Schieflauf der Laufwerke eintreten würde.

– Das *Prinzip des Kraftausgleichs* sucht mit Ausgleichselementen oder durch eine symmetrische Anordnung die die Funktionshauptgrößen begleitenden Nebengrößen auf möglichst kleine Zonen zu beschränken, damit Bauaufwand und Energieverluste möglichst gering bleiben. Beispiel: Bild 3-12.

Das *Prinzip der Aufgabenteilung* ermöglicht durch Zuordnung von Bauteilen oder Baugruppen, Werkstoffen oder sonstigen Konstruktionselementen zu einzelnen Teilfunktionen eines Lösungskonzepts ein eindeutiges und sicheres Verhalten dieser Funktionsträger, eine bessere Materialausnutzung und eine höhere Leistungsfähigkeit. Dieses Prinzip einer „Differenzialbauweise" steht damit im Gegensatz zur in der Regel kostengünstigeren „Integralbauweise". Die Zweckmäßigkeit der Anwendung ist im Einzelfall zu überprüfen. Bild 3-13 zeigt als Beispiel eine Festlageranordnung, bei der die Radialkräfte durch ein Rollenlager und die Axialkräfte durch ein Rillenkugellager übertragen werden. Diese Anord-

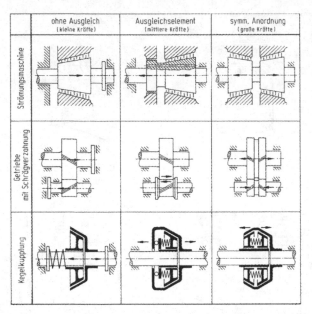

	ohne Ausgleich (kleine Kräfte)	Ausgleichselement (mittlere Kräfte)	symm. Anordnung (große Kräfte)
Strömungsmaschine			
Getriebe mit Schrägverzahnung			
Kegelkupplung			

Bild 3-12. Möglichkeiten des Kraftausgleichs bei unterschiedlichen Maschinen [6]

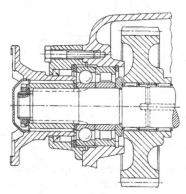

Bild 3-13. Festlager mit Trennung der Radial- und Axialkraftübernahme [6]

nung ist bei hohen Belastungen der sonst üblichen Ausführung mit nur einem Rillenkugellager, das gleichzeitig die Radial- und Axialkräfte überträgt, überlegen.

Das Prinzip der Aufgabenteilung wird auch zur Aufteilung von Belastungen auf mehrere gleiche Übertragungselemente angewendet, wenn bei nur einem Übertragungselement die Grenzbelastung überschrit-

ten würde. Beispiele hierfür sind leistungsverzweigte Mehrweggetriebe und Keilriemengetriebe mit mehreren parallelen Keilriemen.

Das *Prinzip der Selbsthilfe* führt durch geeignete Wahl und Anordnung von Komponenten in einer Baustruktur zu einer wirksamen gegenseitigen Unterstützung, die hilft, eine Funktion besser, sicherer und wirtschaftlicher zu erfüllen [18]. Dabei kann eine selbstverstärkende und selbstausgleichende Wirkung bei Normallast und eine selbstschützende Wirkung bei Überlast ausgenutzt werden. Bild 3-14

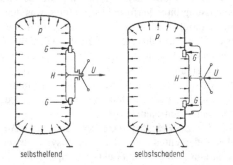

Bild 3-14. Selbstverstärkender Verschluss eines Druckbehälters [18]

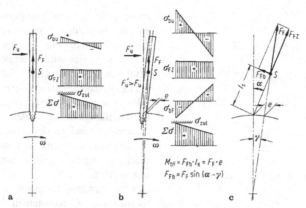

$$M_{bF} = F_{Fb} \cdot l_s = F_F \cdot e$$
$$F_{Fb} = F_F \sin(\alpha - \gamma)$$

Bild 3-15. Selbstausgleichende Schaufeleinspannung bei Strömungsmaschinen [6]; **a** konventionelle, **b** selbstausgleichende Lösung, **c** Kräftediagramm

zeigt die *selbstverstärkende* Lösung eines Verschlusses bei Druckbehältern, bei der die Dichtkraft des Deckels durch den Innendruck des Behälters proportional erhöht wird. Eine *selbstausgleichende* Lösung liegt vor bei der schief eingespannten Schaufel eines Strömungsmaschinenläufers, bei der das Fliehkraftmoment das von der Umfangskraft herrührende Biegemoment ausgleicht, Bild 3-15. Eine *selbstschützende* Lösung schützt ein Element vor Überbeanspruchung durch Änderung der Beanspruchungsart bei Einschränkung der Funkti-

onsfähigkeit, wie Bild 3-16 am Beispiel von Federn zeigt.

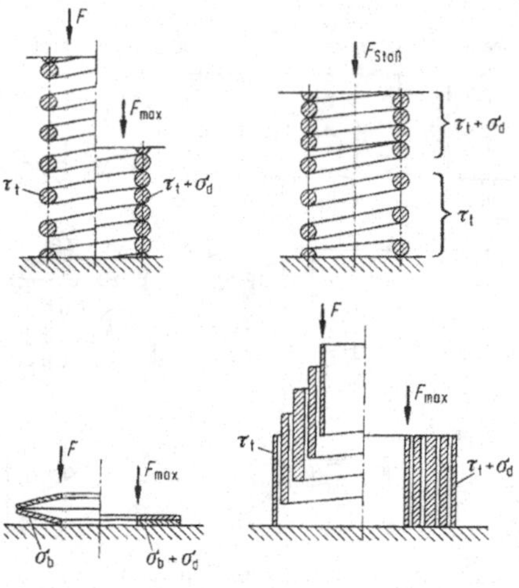

Das *Prinzip der Stabilität* hat zum Ziel, dass Störungen eine sie selbst aufhebende kompensierende oder mindestens abschwächende Wirkung hervorrufen. Bild 3-17 zeigt dieses Prinzip an einer Ausgleichskolbendichtung, die bei Erwärmung (Störung) entweder anschleift (labile Lösung) oder sich von der Gegenwirkfläche abhebt (stabile Lösung).

Mit dem *Prinzip der Bistabilität* erzielt man durch eine gewollte Störung Wirkungen, die die Störung so unterstützen und verstärken, dass bei Erreichen eines Grenzzustandes ein neuer deutlich unterschiedlicher Zustand ohne unerwünschte Zwischenzustände erreicht wird. Das Prinzip dient damit auch der Eindeutigkeit einer Wirkstruktur. Bild 3-18 zeigt dieses Prinzip an einem Sicherheitsventil, das schnell von dem geschlossenen Grenzzustand in den geöffneten Grenzzustand kommen soll (durch schlagartige Ver-

Bild 3-16. Selbstschützende Federn [6]

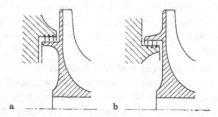

Bild 3-17. Ausgleichskolbendichtung an einem Turboladerrad [19]; **a** wärmelabil, **b** wärmestabil

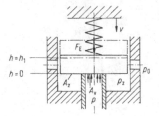

Bild 3-18. Bistabil öffnendes Ventil [6]

größerung der Druckfläche A_v zu A_z nach Anheben des Ventiltellers).

3.3.3 Gestaltungsrichtlinien

Die folgenden Gestaltungsrichtlinien sind Empfehlungen für den Konstrukteur, die er beachten sollte, um den allgemeinen und speziellen Zielsetzungen einer Aufgabenstellung gerecht zu werden (siehe 2.5). Eine ausführliche Beschreibung dieser Gestaltungsrichtlinien ist in [6] zu finden.

Beanspruchungsgerecht gestalten bedeutet, zunächst für die äußeren Belastungen, die am Bauteil angreifen, vgl. D 8, die Längs- und Querkräfte, Biege- und Drehmomente, die durch diese entstehenden Normalspannungen als Zug- und Druckspannungen sowie Schubspannungen als Scher- und Torsionsspannungen (Spannungsanalyse) und die elastischen und/oder plastischen Verformungen (Verformungsanalyse) zu berechnen. Diesen Beanspruchungen werden die für den Belastungsfall gültigen Werkstoffgrenzwerte unter Beachten von Kerbwirkungen, Oberflächen- und Größeneinflüssen mithilfe von Festigkeitshypothesen gegenübergestellt, um die Sicherheit gegen Versagen ermitteln oder Lebensdauervorhersagen machen zu können. Dabei ist nach dem Prinzip der *gleichen Gestaltfestigkeit* anzustreben, dass alle Gestaltungszonen etwa gleich hoch ausgenutzt werden (siehe 3.3.2).

Schwingungsgerecht gestalten bedeutet, auftretende Eigenfrequenzen (Resonanzgebiete) zu beachten bzw. durch konstruktive Maßnahmen hinsichtlich Steifigkeiten und Massenanordnung so zu verändern, dass Maschinenschwingungen und Geräusche beim Betrieb minimiert werden (vgl. E 4).

Ausdehnungsgerecht gestalten heißt, thermisch und spannungsbedingte Bauteilausdehnungen, insbesondere Relativausdehnungen zwischen Bauteilen, so durch Führungen aufzunehmen und durch Werkstoffwahl auszugleichen (siehe Bild D 9-11 und Tabelle D 9-7), dass keine Eigenspannungen, Klemmungen oder sonstige Zwangszustände entstehen, wodurch die Tragfähigkeit der Strukturen herabgesetzt würde. Führungen sind in der Ausdehnungsrichtung oder in der Symmetrielinie des thermisch oder mechanisch bedingten Verzerrungszustandes des Bauteils anzuordnen.

Bei instationären Temperaturveränderungen sind die thermischen Zeitkonstanten benachbarter Bauteile anzugleichen, um Relativbewegungen zwischen diesen zu vermeiden [6].

Kriechgerecht gestalten heißt, die zeitabhängige plastische Verformung einzelner Werkstoffe, insbesondere bei höheren Temperaturen oder von Kunststoffen, durch Werkstoffauswahl und Gestaltung zu berücksichtigen, z. B. einen Spannungsabbau (Relaxation) bei verspannten Systemen (Schraubenverbindungen, Pressverbindungen) durch elastische Nachgiebigkeitsreserven weitgehend zu vermeiden (vgl. D 9.2.4). Durch Belastungs- und Temperaturhöhe, Werkstoffwahl und Beanspruchungszeit ist der Bereich des tertiären Kriechens zu vermeiden [6].

Korrosionsgerecht gestalten heißt, die Ursachen bzw. Voraussetzungen für die einzelnen Korrosionsarten

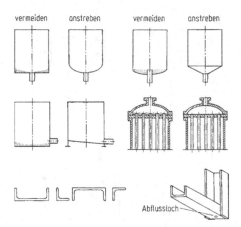

Bild 3-19. Flüssigkeitsabfluss bei korrosionsbeanspruchten Bauteilen [20]

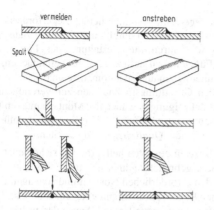

Bild 3-20. Beispiele für hinsichtlich Spaltkorrosion ungünstig und günstig gestaltete Schweißverbindungen [20]

zu vermeiden (Primärmaßnahmen) oder durch Werkstoffauswahl, Beschichtungen oder sonstige Schutzbzw. Instandhaltungsmaßnahmen (Sekundärmaßnahmen) die Korrosionserscheinungen in zulässigen Grenzen zu halten (vgl. D 10.4) [21]. Bild 3-19 zeigt konstruktive Möglichkeiten zum Vermeiden

von Feuchtigkeitssammelstellen, Bild 3-20 von Spaltkorrosionsstellen.

Verschleißgerecht gestalten heißt, durch tribologische Maßnahmen im System Werkstoff, Oberfläche, Schmierstoff die für den Betrieb erforderlichen Relativbewegungen zwischen Bauteilen möglichst verschleißarm aufzunehmen. Dabei können Verbundkonstruktionen mit hochfesten Randschichten und gestaltgebenden Basiswerkstoffen eine wirtschaftliche Lösung sein (vgl. D 10.6) [22].

Ergonomiegerecht gestalten heißt, die für den Produktgebrauch wesentlichen Eigenschaften, Fähigkeiten und Bedürfnisse des Menschen zu berücksichtigen. Dabei spielen biomechanische, physiologische und psychologische Aspekte eine Rolle. Man muss ferner zwischen einem aktiven Beitrag des Menschen (z. B. bei der Produktbedienung) und einem passiven Betroffensein (Rück- und Nebenwirkungen durch das Produkt) unterscheiden [23].

Formgebungsgerecht (Industrial Design [12, 24]) gestalten heißt, zu berücksichtigen, dass insbesondere Gebrauchsgegenstände nicht nur einer reinen Zweckerfüllung dienen, sondern auch ästhetisch ansprechen

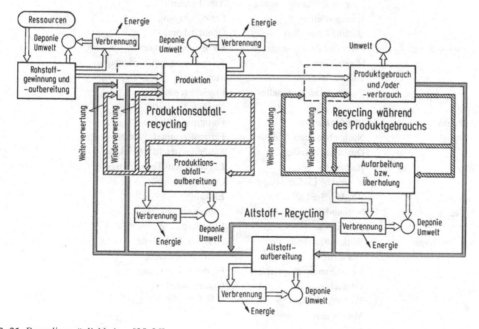

Bild 3-21. Recyclingmöglichkeiten [25, 26]

sollen. Das gilt vor allem für das Aussehen (Form, Farbe und Beschriftung).

Fertigungsgerecht gestalten heißt, den bedeutenden Einfluss konstruktiver Entscheidungen auf Fertigungskosten, Fertigungszeiten und Fertigungsqualitäten zu erkennen und bei der Bauteiloptimierung zu berücksichtigen [6]. Zur fertigungsgünstigen Gestaltung von Teilen (Werkstücken) müssen dem Konstrukteur die Eigenschaften der Fertigungsverfahren und die speziellen Gegebenheiten der jeweiligen Fertigungsstätte (Eigen- oder Fremdfertigung) bekannt sein. Tabelle 3-2 zeigt das Beziehungsfeld zwischen Konstruktion und Fertigung, aus dem die Einflussmöglichkeiten des Konstrukteurs auf die Fertigung erkennbar sind.

Montagegerecht gestalten heißt, die erforderlichen Montageoperationen durch eine geeignete Baustruktur sowie durch die Gestaltung der Fügestellen und Fügeteile zu reduzieren, zu vereinfachen, zu vereinheitlichen und zu automatisieren [6].

Bei den Gestaltungsmaßnahmen zur Vereinfachung der Teilefertigung wie auch der Montage müssen Gesichtspunkte der Prüfung und Fertigungskontrolle beachtet werden: *Qualitätsgerecht* gestalten.

Normgerecht gestalten heißt, die aus sicherheitstechnischen, gebrauchstechnischen und wirtschaftlichen Gründen erforderlichen Normen und sonstigen technischen Regeln als anerkannte Regeln der Technik im Interesse von Hersteller und Anwender zu beachten (siehe 5.3).

Tabelle 3-2. Beziehungsfeld zwischen Konstruktions- und Fertigungsbereich nach [6]

	Konstruktionsbereich	Fertigungsbereich
Baustruktur:	Baugruppengliederung	Fertigungsablauf
	Werkstücke	Montage- und
	Zukaufteile	Transportmöglichkeiten
	Normteile	Losgröße der Gleichteile
	Füge- und Montagestellen	Anteil Eigen-/
	Transporthilfen	Fremdfertigung
	Qualitätskontrollen	Qualitätskontrolle
Werkstückgestaltung:	Form und Abmessungen	Fertigungsverfahren
	Oberflächen	Fertigungsmittel, Werkzeuge
	Toleranzen	Messzeuge
	Passungen an Fügestellen	Eigen-/Fremdfertigung
		Qualitätskontrolle
Werkstoffwahl:	Werkstoffart	Fertigungsverfahren
	Nachbehandlung	Fertigungsmittel, Werkzeuge
	Qualitätskontrollen	Materialwirtschaft (Einkauf,
	Halbzeuge	Lager) Eigen-/Fremdfertigung
	technische Lieferbedingungen	Qualitätskontrolle
Standard- und Fremdteile:	Wiederholteile	Einkauf
	Normteile	Lagerhaltung
	Zukaufteile	Lagerfertigung
Fertigungsunterlagen:	Werkstattzeichnungen	Auftragsabwicklung
	Stücklisten	Fertigungsplanung
	Rechnerintern gespeicherte	Fertigungssteuerung
	Geometrie- und	Qualitätskontrolle
	Technologiedaten	CAM, CAP/CAQ, CIM
	Montageanweisungen	
	Prüfanweisungen	

Transport- und verpackungsgerecht gestalten heißt, bei Großmaschinen die Transportmöglichkeiten, bei Serienprodukten die genormten Verpackungs- und Ladeeinheiten (Container, Paletten) zu berücksichtigen [6].

Recyclinggerecht gestalten heißt, die Eigenschaften von Aufbereitungs- und Aufarbeitungsverfahren zu kennen und ihren Einsatz durch die Baugruppen- und Bauteilgestaltung (Form, Fügestellen, Werkstoffe) zu unterstützen. Dabei dienen aufarbeitungsfreundliche konstruktive Maßnahmen (erleichterte Demontage und Remontage, Reinigung, Prüfung sowie Nachbearbeitungs- oder Austauschfreundlichkeit) zugleich einer *instandhaltungsgerechten* Gestaltung (Inspektion, Wartung, Instandsetzung). Bild 3-21 zeigt die Recyclingmöglichkeiten für materielle Produkte, an denen sichkonstruktive Maßnahmen zur Recycling-Erleichterung orientieren müssen [25–28].

3.4 Baustrukturen

3.4.1 Baureihen

Unter einer Baureihe versteht man eine Gruppe technischer Produkte, die *dieselbe* Funktion mit der *gleichen* Lösung in *mehreren* Größenstufen mit weitgehend *gleicher* Fertigung erfüllen. Das Prinzip der Baureihe dient der wirtschaftlichen Realisierung eines Bereichs von Abmessungen und Eigenschaften eines Produkts.

Die Baureihenentwicklung geht vom „Grundentwurf" aus und leitet von diesem für die gewünschten Baugrößen „Folgeentwürfe" ab. Bild 3-22 zeigt als

Tabelle 3-3. Normzahlreihen, DIN 323

Hauptwerte Grundreihen			
R 5	R 10	R 20	R 40
1,00	1,00	1,00	1,00
			1,06
		1,12	1,12
			1,18
	1,25	1,25	1,25
			1,32
		1,40	1,40
			1,50
1,60	1,60	1,60	1,60
			1,70
		1,80	1,80
			1,90
	2,00	2,00	2,00
			2,12
		2,24	2,24
			2,36
2,50	2,50	2,50	2,50
			2,65
		2,80	2,80
			3,00
	3,15	3,15	3,15
			3,35
		3,55	3,55
			3,75
4,00	4,00	4,00	4,00
			4,25
		4,50	4,50
			4,75
	5,00	5,00	5,00
			5,30
		5,60	5,60
			6,00
6,30	6,30	6,30	6,30
			6,70
		7,10	7,10
			7,50
	8,00	8,00	8,00
			8,50
		9,00	9,00
			9,50

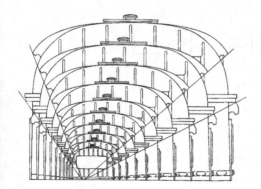

Bild 3-22. Getriebebaureihe

Beispiel eine Getriebebaureihe in der Darstellung als Strahlenfigur, aus der die geometrische Ähnlichkeit hervorgeht.

Hilfsmittel:

– Dezimalgeometrische Normzahlenreihen, Tabelle 3-3.
– Ähnlichkeitsgesetze zur Ableitung von Kenngrößen der Folgeentwürfe aus dem Grundentwurf [6]. Man unterscheidet geometrisch *ähnliche* Baureihen (alle drei Koordinaten verändern sich mit dem gleichen Stufensprung) und geometrisch *halbähnliche* Baureihen (die drei Koordinaten weichen in ihren Stufensprüngen voneinander ab). Letztere werden häufig wegen des Wirksamwerdens mehrerer Ähnlichkeitsgesetze, wegen übergeordneter Forderungen aus der Aufgabenstellung und aus wirtschaftlichen Erfordernissen der Fertigung notwendig.

3.4.2 Baukästen

Unter einem Baukasten versteht man technische Produkte (Maschinen und Baugruppen), die mit *Bausteinen* oft unterschiedlicher Art durch deren Kombination *verschiedene Gesamtfunktionen* bzw. Funktionsstrukturen ermöglichen.

Die wirtschaftliche Realisierung von Funktionsvarianten erfolgt durch Auflösung der Funktionsstruktur in Grund-, Hilfs-, Sonder-, Anpass- und auftragsspezifische Funktionen bzw. der Baustruktur in Grund-, Hilfs-, Sonder-, Anpass- und Nichtbausteine sowie deren unterschiedliche Kombination, Bild 3-23.
Tabelle 3-4 enthält weitere Begriffe der Baukastensystematik. Bild 3-24 zeigt als typisches Beispiel für ein geschlossenes Baukastensystem einen Getriebebaukasten, Bild 3-25, als Beispiel für offene Systeme einen Baukasten aus der Fördertechnik.
Die Baukastentechnik ist in allen Branchen ein weitverbreitetes Konstruktionsprinzip, das eine vom Markt erwartete Variantenfülle rationell bereitstellt. Für den Entwurf eines wirtschaftlichen Baukastensystems müssen jedoch die Marktanforderungen genau bekannt sein.

3.4.3 Differenzialbauweise

Unter Differenzialbauweise versteht man die Auflösung eines Einzelteils (Träger eines oder mehrerer Funktionen) in mehrere fertigungstechnisch und

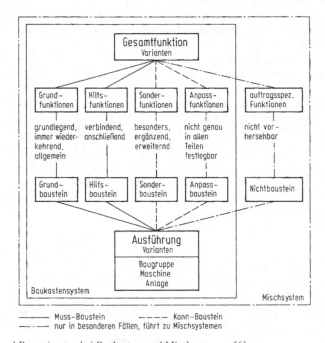

Bild 3-23. Funktions- und Bausteinarten bei Baukasten- und Mischsystemen [6]

Tabelle 3–4. Begriffe der Baukastensystematik nach [6]

Ordnende Gesichtspunkte	Unterscheidende Merkmale
Bausteinarten:	Funktionsbausteine
	– Grundbausteine
	– Hilfsbausteine
	– Sonderbausteine
	– Anpassbausteine
	– Nichtbausteine
	Fertigungsbausteine
Bausteinbedeutung:	Muss-Bausteine
	Kann-Bausteine
Bausteinkomplexität:	Großbausteine
	Kleinbausteine
Bausteinkombination:	nur gleiche Bausteine
	nur verschiedene Bausteine
	gleiche und verschiedene Bausteine
	Bausteine und Nichtbausteine
Baustein- und Baukastenauflösungsgrad:	Anzahl der Einzelteile je Baustein
	Anzahl der Bausteine und ihre Kombinationsmöglichkeit
Baukastenkonkretisierungsgrad:	nur als gegliederter Datensatz vorhanden unterschiedliche
	Konkretisierung einzelner Teile voll konkretisiert
Baukastenabgrenzung:	geschlossenes System mit Bauprogramm
	offenes System mit Baumusterplan

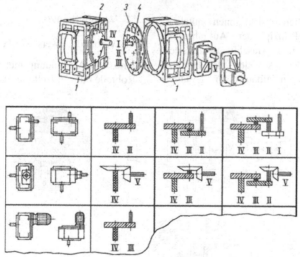

Bild 3–24. Getriebebaukasten „Hansen-Patent" [6]

kostenmäßig günstigere Werkstücke (Prinzip der fertigungsgerechten Teilung). Sie kann damit als fertigungsorientierte Ausprägung der Baustein- oder Baukastentechnik betrachtet werden und unterstützt somit auch die wirtschaftliche Realisierung von funktionsorientierten Baukastensystemen. Sie

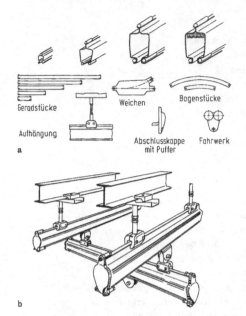

Geradstücke   Weichen   Bogenstücke

Aufhängung   Abschlusskappe mit Puffer   Fahrwerk

a

b

Bild 3-25. Offene Baukastensysteme der Fördertechnik (nach Werkbild Demag, Duisburg), **a** Bausteine, **b** Kombinationsbeispiel

ist ferner bei Baureihenkonstruktionen nützlich und entspricht dem Prinzip der Aufgabenteilung. Bild 3-26 zeigt einen Maschinenläufer, der entweder als Schmiedestück oder als Plattenkonstruktion (in Differenzialbauweise) gestaltet

werden kann. Letztere erlaubt nicht nur eine rationelle Fertigung aus handelsüblichen Platten, sondern auch die Realisierung unterschiedlicher Läuferlängen durch Zwischenschalten weiterer Platten.

3.4.4 Integralbauweise

Unter Integralbauweise wird das Vereinigen mehrerer Einzelteile zu einem komplexeren Werkstück verstanden (z. B. Guss- und Schmiedekonstruktionen statt Schweißkonstruktionen, Strangpressprofile statt gefügter Normprofile). Bild 3-27 zeigt eine Radlagerung eines Kraftfahrzeugs, bei dar das bisher übliche zweireihige Schrägkugellager durch ein zweireihiges Rillenkugellager ersetzt wurde, dessen Innen- und Außenringe in die Radnabe bzw. Felge integriert wurden.

Wann die Differenzial- oder die Integralbauweise günstiger ist, hängt im Einzelfall von der Stückzahl, den Instandhaltungsanforderungen, den Volumenerwartungen, den verwendeten Werkstoffen, den Fertigungsgegebenheiten und den Montagemöglichkeiten ab.

3.4.5 Verbundbauweise

Unter Verbundbauweise wird die

– *unlösbare* Verbindung mehrerer unterschiedlicher Rohteile oder Einzelteile aus gegebenenfalls unter-

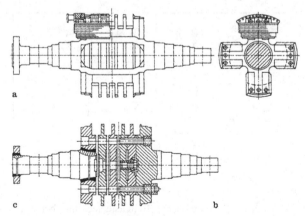

a

b

c

Bild 3-26. Maschinenläufer in Kammbauart, **a** als Schmiedeteil, **b** als Plattenkonstruktion, **c** mit angeschweißten Flanschplatten

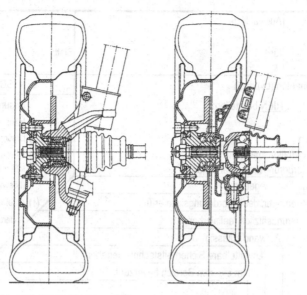

Bild 3-27. Radlagerung in Differenzial und Integralbauweise (nach Werkbild SKF)

schiedlichen Werkstoffen zu einem Werkstück bzw. Bauteil *oder* die

– *gleichzeitige* Anwendung mehrerer Fügeverfahren an einem Fügeflächenpaar (z. B. Kombination von Verschraubung oder Punktschweißung mit Klebung) verstanden.

Verbundbauweisen haben ihre große Bedeutung z. B. bei Kunststoffbauteilen, in die Metallteile aus Funktions- und Festigkeitsgründen integriert sind, oder bei verschleiß- und korrosionsbeanspruchten Bauteilen, bei denen nach dem Prinzip der Aufgabenteilung die Tragstruktur und die Oberflächenschicht aus unterschiedlichen Werkstoffen gefertigt sind.

3.5 Methoden der Auswahl

Auswahlmethoden dienen in jeder Konstruktionsphase oder Konkretisierungsstufe des Entwicklungs- bzw. Konstruktionsprozesses zur Beurteilung und Selektion von Lösungsvarianten mit dem Ziel, aus der Menge der Lösungsmöglichkeiten diejenigen zu erkennen, für die sich eine weitere Realisierung lohnt. Beispielhaft kann die Bewertung einzelner

erarbeiteter Wirkstrukturen aufgeführt werden. Es ist erforderlich festzulegen, welche Wirkstruktur zur Baustruktur ausgearbeitet wird. Je nach dem Kenntnisstand über die Eigenschaften einer zu beurteilenden Lösung werden Verfahren zur Grobauswahl oder zur genaueren Feinauswahl eingesetzt.

Eine Grobauswahl ist durch die Tätigkeiten *Ausscheiden* (–) und *Bevorzugen* (+) gekennzeichnet.

Mithilfe einer Auswahlliste (Bild 3-28) können zunächst die absolut ungeeigneten Lösungen ausgeschieden werden. Bleiben mehrere Lösungen übrig, sind die offenbar besseren zu bevorzugen. Die Auswahlkriterien sind den Zielen der Produktentwicklung und des Unternehmens anzupassen. Eine weitere Möglichkeit zur Grobauswahl bietet die relative Beurteilung nach Bild 3-29.

Für eine genauere Auswahl haben sich Bewertungsverfahren eingeführt, insbesondere die VDI-Richtlinie 2225 [30] und die Nutzwertanalyse Verfahren arbeiten mit etwa gleichen Vorgehensschritten:

– Formulieren von Bewertungskriterien aufgrund der Wünsche der Anforderungsliste und weiterer Zielsetzungen.

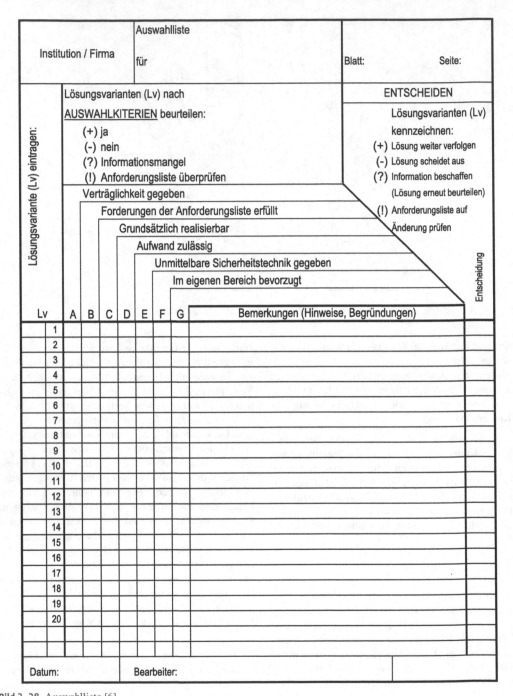

Bild 3-28. Auswahlliste [6]

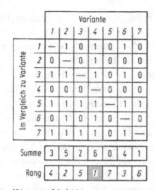

1 ≙ besser   0 ≙ nicht besser

Bild 3-29. Relative Bewertung von Lösungsvarianten nach [29]

– Gewichten der Bewertungskriterien mithilfe von Gewichtungsfaktoren $g_i(\sum g_i = 1)$.
– Zusammenstellen der Lösungseigenschaften bezogen auf die Bewertungskriterien.
– Beurteilen dieser Eigenschaften hinsichtlich des Erfüllungsgrades der Bewertungskriterien nach den Wertvorstellungen des Beurteilers (0 bis 4 oder 0 bis 10 Punkte): w_{ij}.
– Bestimmen der Teilwerte $wg_{ij} = g_i \cdot w_{ij}$ und des Gesamtwertes $Gw_j = \sum\limits_{i=1}^{n} g_i \cdot w_{ij}$ der einzelnen Lösungsvarianten. Bild 3-30 zeigt für dieses Vorgehen ein Formblatt.

– Ermitteln der besten Lösung durch Vergleichen der Gesamtwerte der Lösungsvarianten oder durch Bestimmen von Wertigkeiten Wg_j

$$= \frac{G_{w_j}}{w_{\max} \sum\limits_{i=1}^{n} g_i} \text{ für jede Lösungsvariante}.$$

Die Wertigkeit bezieht den Gesamtwert auf eine gedachte Ideallösung (maximale Punktzahl) und zeigt damit die absolute Güte einer Lösung. Man unterscheidet auch zwischen *technischer Wertigkeit* W_t (berücksichtigt nur die technischen Bewertungskriterien) und *wirtschaftlicher Wertigkeit* W_w (berücksichtigt nur die wirtschaftlichen Bewertungskriterien, insbesondere die Herstellkosten). Bild 3-31 zeigt ein Wertigkeitsdiagramm, aus dem die generelle Zielsetzung einer Produktentwicklung erkennbar wird, möglichst ausgeglichene Lösungen zu bevorzugen.

– Erkennen der Schwachstellen einer Lösung, insbesondere der besten Lösung, durch Auswertung des Bewertungsergebnisses als Wertprofil, bei dem die Teilwerte aller Bewertungskriterien den Idealwerten gegenübergestellt werden.
– Abschätzen der Beurteilungsunsicherheiten des Bewertungsverfahrens, die sich durch die Subjektivität der Bewertung und durch die Toleranzen der Eigenschaftsgrößen der Lösungsvarianten ergeben.

Nr.	Bewertungskriterien	Gew.	Eigenschaftsgrößen	Einh.	Variante V_1 (z.B. M_I) Eigensch. e_{i1}	Wert w_{i1}	gew. Wert wg_{i1}	Variante V_2 (z.B. M_{II}) Eigensch. e_{i2}	Wert w_{i2}	gew. Wert wg_{i2}	...	Variante V_j Eigensch. e_{ij}	Wert w_{1j}	gew. Wert wg_{1j}	...
1	geringer Kraftstoffverbr.	0,3	Kraftstoffverbrauch	$\frac{g}{kWh}$	240	8	2,4	300	5	1,5	...	e_{1j}	w_{1j}	wg_{1j}	...
2	leichte Bauart	0,15	Leistungsgewicht	$\frac{kg}{kW}$	1,7	9	1,35	2,7	4	0,6	...	e_{2j}	w_{2j}	wg_{2j}	
3	einfache Fertigung	0,1	Einfachheit der Gussteile	—	kompliziert	2	0,2	mittel	5	0,5	...	e_{3j}	w_{3j}	wg_{3j}	...
4	hohe Lebensdauer	0,2	Lebensdauer	$\frac{Fahr-}{km}$	80 000	4	0,8	150 000	7	1,4	...	e_{4j}	w_{4j}	wg_{4j}	...
⋮	⋮	⋮	⋮	⋮	⋮	⋮	⋮	⋮	⋮	⋮		⋮	⋮	⋮	
i		g_i			e_{i1}	w_{i1}	wg_{i1}	e_{i2}	w_{i2}	wg_{i2}	...	e_{ij}	w_{ij}	wg_{ij}	...
		$\sum\limits_{i=1}^{1} g_i = 1$				Gw_1 W_1	Gwg_1 Wg_1		Gw_2 W_2	Gwg_2 Wg_2			Gw_j W_j	Gwg_j Wg_j	

Bild 3-30. Bewertungsliste (Beispiel) [6]

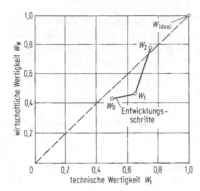

Bild 3-31. Wertigkeitsdiagramm in Anlehnung an [30] nach [6]

3.6 Praxisbeispiel

Das methodische Vorgehen bei der Entwicklung und Konstruktion von technischen Systemen hat sich nahezu in allen Konstruktionsabteilungen etabliert. Auch in der Lehre der Ingenieurwissenschaften an Universitäten und Fachhochschulen ist die Vermittlung von Fachwissen über das methodische Konstruieren ein fester Bestandteil.
Basierend auf den zuvor dargestellten theoretischen Grundlagen, soll in diesem Kapitel anhand eines praktischen Beispiels aus dem interdisziplinären Fachgebiet Biomedizinische Technik das methodische Vorgehen bei der Entwicklung eines technischen Systems verdeutlicht werden.
Da es sich um ein interdisziplinäres Entwicklungsprojekt handelt, ist es insbesondere vordergründig wichtig, nur wenige, aber zugleich alle für eine ausreichende Strukturierung der Aufgabenstellung notwendigen problem-/aufgabenbezogenen (Teil-)Funktionen zu erarbeiten und in einer Funktionsstruktur darzustellen (Kapitel 2.1). Dabei ist es erforderlich, ein allgemein verständliches Vokabular zu verwenden. Dadurch kann eine erfolgreiche Integration der Mitarbeiter der einzelnen beteiligten Fachgebiete gewährleistet werden.

3.6.1 Präzisierung der Aufgabenstellung

3.6.1.1 Aufgabenstellung
Es handelt sich bei dem zu entwickelnden technischen System um einen Versuchsaufbau für Experi-

mente mit lebenden menschlichen Zellen. Die Aufgabenstellung für den Konstrukteur wurde von den verantwortlichen Medizinern erarbeitet. Im Folgenden ist ein Auszug daraus dargestellt.
Seit Jahrzehnten ist bekannt, dass bestimmte Zellen des menschlichen Immunsystems in der Schwerelosigkeit praktisch funktionsunfähig werden. Das kann bei Langzeitaufenthalten im Weltraum auf der ISS, oder bei Flügen zum Mars, ein schwerwiegendes Problem darstellen. Mittels Experimenten in Schwerelosigkeit mithilfe von Parabelflügen soll dem zugrunde liegenden Mechanismus nachgegangen werden. Dazu ist eine Experimentiervorrichtung zu konstruieren, mit der an Bord von Parabelflügen und in Schwerelosigkeit Versuche mit lebenden Zellen durchgeführt werden können. Diese Experimente sollen auch die Frage beantworten, ob Menschen überhaupt in der Lage sind, längere Zeit in Schwerelosigkeit zu leben. Weiterhin können die Befunde für die Therapie von Krankheiten des Immunsystems auf der Erde nutzbar gemacht werden. Dabei ist es notwendig, die lebenden menschlichen Zellen mit einer Aktivatorflüssigkeit und nach einer gewissen Zeit mit einer Stoppflüssigkeit zu vermischen. Es sind alle erforderlichen sicherheitstechnischen Anforderungen zu beachten. Die Aufgabe des Konstrukteurs besteht darin, diese Aufgabenstellung zu präzisieren. Das bedeutet, es muss zu Beginn eine technische Funktionsbeschreibung erarbeitet werden. Ziel ist es, die Gesamtfunktion und alle Ein- und Ausgangsgrößen für das zu entwickelnde technische System zu erarbeiten (Kapitel 2.2.1).

3.6.1.2 Funktionsbeschreibung
Die technische Funktionsbeschreibung erfolgt durch den verantwortlichen Konstrukteur. Sie dient der Verdeutlichung der ihm übergebenen Aufgabenstellung. Gleichzeitig ist sie eine Diskussionsgrundlage mit den anderen Teammitgliedern. So kann frühzeitig erkannt werden, ob Verständigungsprobleme existieren. Bei interdisziplinären Projekten ist es besonders wichtig, die Informationen der nichtingenieurwissenschaftlichen Teammitglieder in die technischen Ausarbeitungen zu integrieren und somit eine Basis für weiteres methodisches Vorgehen zu schaffen. Die Funktionsbeschreibung erfolgt in der Regel verbal. Häufig werden aber auch Diagramme oder sogar erste Skizzen angefertigt, um die zu

erfüllende Gesamtfunktion transparent darzustellen. Im Bild 3-32 ist die Grobtechnologie für den zu entwickelnden Versuchsaufbau dargestellt.

Basis für diese grobe Strukturierung waren Gesprächsnotizen aus Teamgesprächen und eine von den medizinisch-biologischen Teammitgliedern erstellte Funktionsstruktur (Bild 3-33).

Diese ist bereits sehr fein strukturiert. Die Darstellung entspricht aber nicht der in der Konstruktionsmethodik üblichen Form [6]. Weiterhin werden durch eine derartig präzisierte Beschreibung einer fokussierten möglichen Lösung des Problems schon im Vorfeld andere Lösungsansätze ausgeschlossen. Die technische Funktionsbeschreibung bzw. die zu erfüllende Gesamtfunktion für den Versuchsaufbau kann wie folgt dargestellt werden:

Es soll ein Versuchsaufbau entwickelt werden, der es ermöglicht, drei unterschiedliche Zelllinien zu Beginn der Phase der Schwerelosigkeit mit bestimmten Aktivatorflüssigkeiten weitgehend homogen zu vermischen. Kurz vor dem Ende der Phase der Schwerelosigkeit sollen den mit einer Zellart und einer Aktivatorflüssigkeit befüllten Zellgefäßen eine Stoppflüssigkeit zugeführt werden.

Um die geforderten medizinischen Anforderungen zu erfüllen, müssen Kombinationen aus drei unterschiedlichen Zellflüssigkeiten, drei unterschiedlichen Aktivatorflüssigkeiten und zwei Stoppflüssigkeiten (Bild 3-32) realisiert werden.

Der Zustand der Schwerelosigkeit wurde mithilfe von Parabelflügen realisiert. Das bedeutet, dass ein Flugzeug eine genau definierte Parabel fliegt und sich dabei für ca. 22 bis 25 Sekunden der Zustand der Schwerelosigkeit (Mikrogravitation) einstellt (Bild 3-34).

Eine Hauptforderung ist die Erfüllung aller sicherheitstechnischen Anforderungen an den Versuchsaufbau. Primär ist zu realisieren, dass unter keinen Umständen während der Parabelflüge Flüssigkeiten aus dem Versuchsaufbau austreten dürfen. Es handelt sich bei den eingesetzten Zelllinien zum Teil um genetisch veränderte Tumorzellen und von Blutspendern isolierte Immunzellen, sowie toxische Flüssigkeiten, wie Formaldehyd. Diese könnten in der Phase der Schwerelosigkeit eine Gefährdung des mitfliegenden Personals bedeuten. Das hat zur Folge, dass alle Medien bzw. Zell-, Aktivator- oder Stoppflüssigkeiten berührende Teile, doppelwandig ausgelegt sein müssen.

Eine weitere Forderung ist, dass die Temperatur der Zell- und Aktivatorflüssigkeiten 37 °C und die der Stoppflüssigkeiten 4 °C betragen muss (Bild 3-32). Weitere Punkte einer ersten technischen Funktionsbeschreibung sind:

▸ schnelles und einfaches Bestücken mit Flüssigkeiten ermöglichen,
▸ Realisierung der Stufe der unmittelbaren Sicherheitstechnik [6], d. h. Dichtheit unter den Bedingungen im Flugzeug,
▸ eindeutige Funktionsabläufe,
▸ gute Durchmischbarkeit der Flüssigkeiten während des Experimentes im Zellkulturbeutel,
▸ Füllen unter Ausschluss von Luft,
▸ weitgehend transparente Ausführung zur Beobachtung, ob Lufteinschlüsse vorhanden sind,
▸ geringe Masse,
▸ geringer Bauraum und
▸ gutes Preis-/Leistungsverhältnis.

Diese erste Funktionsbeschreibung ist die Grundlage für die Erarbeitung einer Anforderungsliste.

3.6.1.3 Anforderungsliste

Im Zuge der Präzisierung der Aufgabenstellung werden weitere individuelle Kennwerte und spezielle Anforderungen ermittelt. Dabei ist es notwendig, alle gestellten Forderungen qualitativ und quantitativ hinreichend zu beschreiben (Kapitel 1.3.1). Das erfolgte in diesem Projekt

▸ durch Gespräche mit den anderen Teammitgliedern (Biologen, Mediziner),
▸ durch Literatur- und Patentrecherchen und
▸ die Analyse und Auswertung aller zutreffenden Regularien (technische Forderungen des Flugzeugbetreibers).

Die Ergebnisse der Präzisierung der Aufgabenstellung werden in der Anforderungsliste dokumentiert. Diese enthält alle zu realisierenden Ziele und die vorherrschenden Bedingungen in Form von Forderungen und Wünschen [6]. Dabei sind die Forderungen immer zu erfüllen. Die aufgeführten Wünsche sind nach Möglichkeit zu realisieren. Die Grenze zwischen Forderungen und Wünschen ist insbesondere bei interdis-

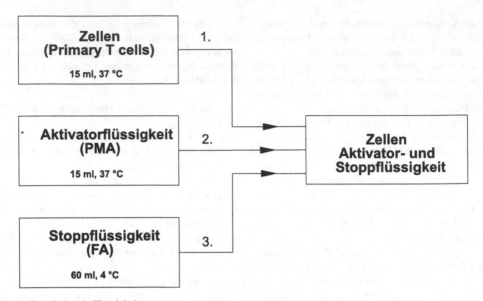

Bild 3-32. Zu mischende Flüssigkeiten

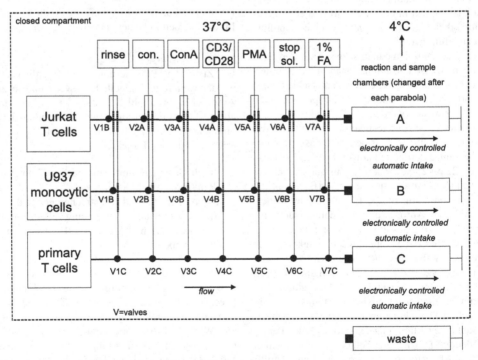

Bild 3-33. Funktionsbeschreibung aus medizinischer Sicht

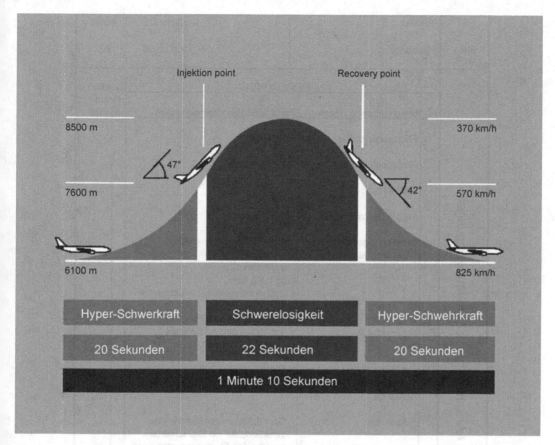

Bild 3-34. Flugparabel zur Generierung von Schwerelosigkeit (Mikrogravitation) [32]

ziplinären Projekten oft nicht eindeutig bestimmbar. Aus diesem Grund wurde bei der Bearbeitung dieses Projektes auf eine derartige Unterscheidung verzichtet. Ein Auszug aus der erarbeiteten Anforderungsliste ist im Bild 3-35 dargestellt. Gleichzeitig stellt auch bei diesem Projekt die Anforderungsliste die rechtliche Grundlage für alle weiteren Tätigkeiten dar.

3.6.2 Konzipieren

Im Arbeitsschritt Konzipieren wurde die erarbeitete Gesamtfunktion strukturiert. Als Ergebnis liegt eine Funktionsstruktur vor (Bild 3-36). Das bedeutet, dass das Gesamtsystem in seine Teilfunktionen und deren Verknüpfungen gegliedert wird (Kapitel 2.1).

Diese Vorgehensweise ermöglicht die optimale Analyse des Gesamtsystems. Im Anschluss wurden den Teilfunktionen Wirkprinzipien zugeordnet.
Die Grundlage von Wirkprinzipien sind wie im Kapitel 2.2 erläutert, physikalische Effekte, welche die Funktionserfüllung ermöglichen. Diese werden mit geometrischen und stofflichen Merkmalen kombiniert. Für die Erarbeitung geeigneter Wirkprinzipien kamen in diesem Projekt konventionelle, intuitive und diskursive Lösungsfindungsmethoden [6] zum Einsatz. Im Einzelnen:

► konventionell, z. B. Literatur- oder Patentrecherchen,
► intuitiv, z. B. Brainstorming und

Produkt: *Parabelflug*			Datum 06.02.06	Blatt 03
		ANFORDERUNGEN		Quelle verant- wortlich
	Nr. Beschreibende Angaben	Zahlenangaben/Bemerkungen		
Bauraum / Anschlussmaße / Einbaubedingungen	Flugzeugtürbreite	- 1,07 m		
	Flugzeugtürhöhe	- 1,93 m		
	Kabinenlänge	- 20 m		
	maximale Rackhöhe	- 1.500 mm		
	Befestigungspunkte für experimentellen Aufbau	- mittlerer Schienenabstand (y-Achse) a) 503 mm b) 1006 mm - Lochdurchmesser für Schraube M10 = 12 mm - Lochabstand in x-Richtung = n * 25,4 mm > 20 inches (1 inch = 25,4 mm)		
	maximale Flächenlast auf 1 m Befestigungsschienenlänge	- 100 kg		
	Rackaufbau	- Grundplatte oder Rahmenkonstruktion, die mit Sitzschienensystem des Flugzeugsverbunden ist - es dürfen keine Teile in Richtung Fussboden unter der Grundplatte hervorstehen		

Bild 3-35. Auszug aus der Anforderungsliste

▶ diskursiv, z. B. die Nutzung von Konstruktionskatalogen.

Wenn für die Funktionserfüllung geeignete Wirkprinzipien ermittelt sind, werden diese in einem Ordnungsschema den Teilfunktionen zugeordnet. Dafür wurde bei diesem Projekt der morphologische Kasten (Bild 3-37) genutzt.
Die erarbeiteten Wirkprinzipien zur Erfüllung der einzelnen Teilfunktionen müssen im Anschluss sinn-voll miteinander verknüpft werden. Dabei war es bei der Konzipierung des Versuchsaufbaus vordergründig wichtig, dass mit allen ausgewählten Wirkprinzipien die hohen Sicherheitsanforderungen erfüllt werden können. Somit ergeben sich unterschiedliche Wirkstrukturen. In der Praxis ist es üblich, maximal 3 Wirkstrukturen zu erarbeiten. Im Bild 3-38 ist der Gang durch den morphologischen Kasten dargestellt. Die generierten Wirkstrukturen werden weiter konkretisiert und zu prinzipiellen Lösungen weiterentwi-

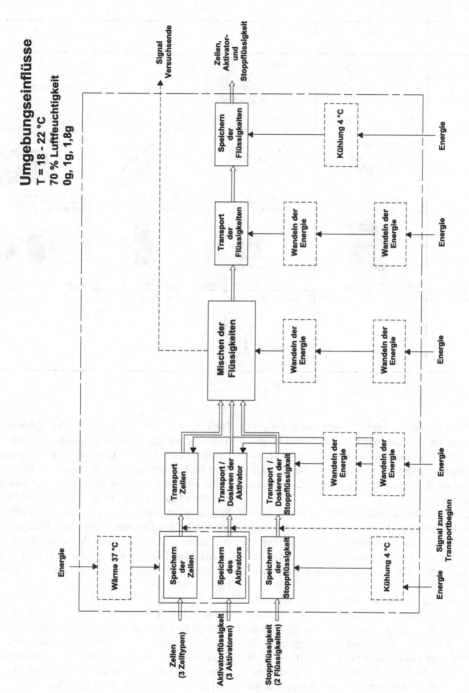

Bild 3-36. Vereinfachte Funktionsstruktur

Variante / Funktion	1.	2.	3.	4.
Kühlen	Kälteakkus Quelle: Katalog novedirekt S. 133	Peltiekühler  Quelle: Rübsamen & Herr GmbH	Kryotechnik	Kühlschrankprinzip (Kompressor + Wärmetauscher)
Erwärmen	Flächenheizelemente (Silikonheizmatten)  Quelle: Hewid GmbH	Heizpatronen  Quelle: Hewid GmbH	Infrarotstrahler  Quelle: Hewid GmbH	Chemische Reaktion (Wärmeakkus)  Quelle:www.riedborn-apotheke.de
Transport / Dosieren	Schlauchpumpe  Quelle: www.ismatec.com	Kolbenpumpe  Quelle: Katalog novedirekt S. 338	Membranpumpe  Quelle: Katalog novedirekt S. 349	Zahnradpumpe  Quelle: Katalog novedirekt S. 346
Mischen	Nutzung des Druckstoßes der Pumpen	Prinzip Magnetrührer 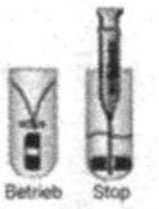 Betrieb Stop Quelle: Katalog novedirekt S. 793	Schwenkbewegung der Gefäße (Schüttler, Rüttler)	

Bild 3-37. Morphologischer Kasten

ckelt. Im Anschluss erfolgt die Bewertung der einzelnen prinzipiellen Lösungen. Die in diesem Projekt vorgenommene Bewertung ist im Bild 3-39 auszugsweise dargestellt. Die Erarbeitung der Bewertungskriterien und die Bewertung erfolgten durch das gesamte Projektteam.

Als Ergebnis wurde eine prinzipielle Lösung zur Ausarbeitung freigegeben. In der Regel, wie auch in diesem Projekt, ist das die Wirkstruktur mit der besten Bewertung. Sie bildet die Grundlage für den Arbeitsschritt Entwerfen. Diese kann dem Bild 3-40 entnommen werden.

Die prinzipielle Lösung besteht aus zwei separaten Modulen. Das erste Modul ist das eigentliche Arbeitsmodul, in dem die Zellen, die Aktivator- und Stoppflüssigkeiten sowie alle notwendigen Aggregate zu deren Förderung installiert sind. Dieses Modul ist in drei übereinander liegende Ebenen/Untermodule geteilt. In Ebene 1 befinden sich die Pumpe für die

Stoppflüssigkeiten und durch eine Wand davon abgetrennt die für das Befüllen gespeicherten Zellgefäße. Darüber liegend ist die Ebene für die Energieversorgung und Steuerungstechnik. Im oberen Bereich befindet sich die Pumpe für die Aktivatoren und durch eine Wand davon getrennt werden die aktuell zu befüllenden Zellgefäße angeschlossen. Nach Rücksprache mit den Medizinern erfolgte die Information, dass drei einzelne Zellgefäße parallel befüllt werden. Das zweite Modul ist das Kühlmodul, in dem alle befüllten Zellgefäße nach dem Experiment bei 4 °C eingelagert werden.

Eine wesentliche Grundlage für diesen Entwurf ist die gemeinsam getroffene Festlegung zwischen Medizinern und Ingenieuren des Projektteams, dass sich die Zellflüssigkeit bereits in einer vorher genau festgelegten Menge in speziellen Zellgefäßen befindet. In diese Zellgefäße werden anschließend die Aktivator- und Stoppflüssigkeiten gepumpt. Das Ergebnis stellt

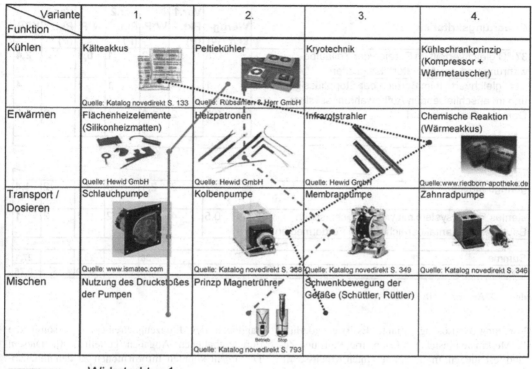

Variante / Funktion	1.	2.	3.	4.
Kühlen	Kälteakkus Quelle: Katalog novedirekt S. 133	Peltiekühler Quelle: Rübsamen & Herr GmbH	Kryotechnik	Kühlschrankprinzip (Kompressor + Wärmetauscher)
Erwärmen	Flächenheizelemente (Silikonheizmatten) Quelle: Hewid GmbH	Heizpatronen Quelle: Hewid GmbH	Infrarotstrahler Quelle: Hewid GmbH	Chemische Reaktion (Wärmeakkus) Quelle:www.riedborn-apotheke.de
Transport / Dosieren	Schlauchpumpe Quelle: www.ismatec.com	Kolbenpumpe Quelle: Katalog novedirekt S. 368	Membranpumpe Quelle: Katalog novedirekt S. 349	Zahnradpumpe Quelle: Katalog novedirekt S. 346
Mischen	Nutzung des Druckstoßes der Pumpen	Prinzp Magnetrührer Betrieb Stop Quelle: Katalog novedirekt S. 793	Schwenkbewegung der Gefäße (Schüttler, Rüttler)	

———— Wirkstruktur 1
·············· Wirkstruktur 2
— · — · — Wirkstruktur 3

Bild 3-38. Gang durch den morphologischen Kasten

eine einfachere und bessere Lösung, als die der zuvor in Bild 3-33 von den Medizinern vorgeschlagene Lösung dar. In dem neuen Lösungsansatz wird vermieden, dass die Zellen selbst durch eine Pumpe in den installierten Zellgefäßen dosiert werden. Dadurch würden sich negativ auf die Zellen auswirkende Scherkräfte erzeugt und die Zellen wären erheblichem „Stress" ausgesetzt. Zudem werden vermehrte Spülungen der Leitungen für den Flüssigkeitstransport vermieden. Dieser Sachverhalt hat somit eine Minimierung der Bauteilanzahl (Pumpen, Ventile, Leitungen) und somit der anfallenden Kosten zur Folge. Zusätzlich werden die Kosten für die zu fördernden Flüssigkeiten (weniger spülen → weniger Abfall) minimiert. Das war ein wesentlicher Aspekt, die konstruktive Grundregel „einfach" zu erfüllen.

3.6.3 Entwerfen

Der Arbeitsschritt Entwerfen untergliedert sich in:

- Grobgestalten
- Feingestalten
- Vervollständigen und Kontrollieren.

Die Lösung wird während des Entwerfens weiter präzisiert bzw. (aus-) gestaltet, bis eine vollständige Baustruktur vorliegt [6]. Es müssen alle technischen und wirtschaftlichen Anforderungen eindeutig und vollständig erarbeitet sein. Das Ergebnis ist die

Bewertungskriterien	Wertig-keit (W)	Var.1 Pkt. (P)	W*P	Var.2 Pkt. (P)	W*P	Var.3 Pkt. (P)	W*P
37 °C gleichverteilt im Bereich der Zellaufbewahrung und der Aktivatorflüssigkeiten	0,8	4	3,2	1	0,8	3	2,4
4 °C gleichverteilt im Bereich der Stoppflüssigkeiten und im anschließenden Aufbewahrungssystem	1	4	4	1	1	4	4
Geringer Energiebedarf	0,6	2	1,2	4	2,4	2	1,2
⋮							
geringe Masse	0,7	3	2,1	3	2,1	2	1,4
steriles Fördersystem mit wenig mechnischen Bauteilen im Kantakbereich zu den Fördermedien	0,5	4	2	2	1	2	1
Summe			30		25,3		27,1
Prozent			0,83		0,70		0,75

Bild 3-39. Auszug der Bewertungsliste

Gestaltung der Lösungsvariante. Es ist erforderlich, alle Merkmale hinsichtlich Geometrie, Stoff und Zustand festzulegen. In diesem gesamten Arbeitsschritt sind die 3 konstruktiven Grundregeln „einfach", „eindeutig" und „sicher" (Kapitel 3.3.1) zu beachten. Im Bild 3-41 sind auszugsweise die Hauptarbeitsschritte beim Entwerfen dargestellt.

Im Folgenden werden die einzelnen Arbeitsschritte bezüglich der Entwicklung des Versuchsaufbaus für Experimente mit menschlichen Zellen erläutert.

3.6.3.1 Erkennen gestaltungsbestimmender Anforderungen und Klären der räumlichen Bedingungen

Die maßgeblichen Anforderungen werden wesentlich durch

▶ die Umgebungsbedingungen, wie z. B. Bauraum,
▶ wirkende und zulässige Beanspruchungen und Belastungen sowie
▶ die Vorgaben durch den Arbeitsablauf,

gestellt.

Die Hauptanforderungen wurden für den zu entwickelnden Versuchsaufbau durch das Benutzerhandbuch des Flugzeugbetreibers und somit die dort enthaltenen Angaben gestellt [33]. Diesem Dokument konnten Informationen zu den Innenabmessungen der Flugzeughülle und somit maximale Bauhöhen und Breiten, Art und Lage der Befestigungspunkte, Türabmessungen für die Beladung, zu den maximal zulässigen Flächenlasten, Angaben zur Energieversorgung usw. entnommen werden (Bild 3-42).

Anordnungsbestimmte Anforderungen wie Flussrichtungen und Handhabungsabläufe wurden durch die biomedizinische Experimentbeschreibung festgelegt.

3.6.3.2 Strukturieren und Grobgestalten gestaltungsbestimmender Hauptfunktionsträger, sowie Auswählen geeigneter Entwürfe

In diesem Arbeitsschritt wurde ein grob strukturiertes Diagramm für den Hauptstofffluss erstellt. In diesem sind die vorläufig gewählten Hauptkomponenten benannt. Der Hauptstofffluss ist das Fördern der Aktivator- und Stoppflüssigkeiten von ihrem Speicher zum Zellgefäß. Für diese Aufgabe wurden Schlauchpumpen und entsprechend geeignete Ventile und Schläuche gewählt. Die Auswahl der Pumpen- und Ventilgröße erfolgte aufgrund der Zeit- und

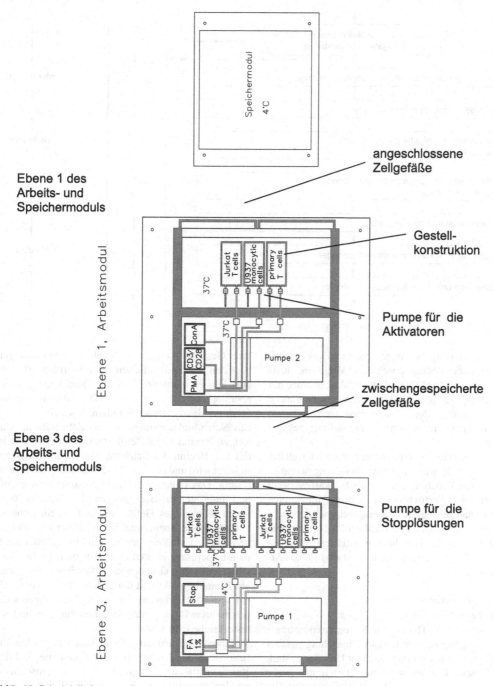

Bild 3-40. Prinzipielle Lösung, die zur Ausarbeitung freigegeben wurde

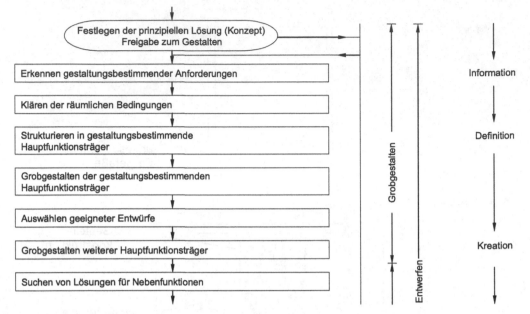

Bild 3-41. Auszug der Hauptarbeitsschritte beim Entwerfen [6]

Fördermengenvorgaben durch die biomedizinischen Prozessgrößen. Bedingt durch diese Vorgaben, mussten für die ursprünglich geplante Schlauchpumpe mit Dreifachkopf für je alle Aktivatoren und die gleiche Pumpe für alle Stoppflüssigkeiten sechs separate Pumpen für das Erreichen der Zielstellung gewählt werden.

Ein weiterer Hauptfunktionsträger ist das Gestell der Module. Hierfür wurden Aluminiumstranggussprofile und deren Zubehör, welches als Baukastensystem (Kapitel 3.4.2) verfügbar ist und häufig im Bereich der Automatisierungstechnik eingesetzt wird, bei der Gestaltung verwendet. Die Wahl der Profilgröße richtete sich nach der berechneten auftretenden Belastung. Das Bild 3-44 zeigt den Erstentwurf für das Arbeitsmodul.

3.6.3.3 Feingestalten der Haupt- und Nebenfunktionsträger

Die Gestaltung der Haupt- und Nebenfunktionsträger ist ein Vorgang der im Konstruktionsalltag parallel abläuft, da sich beide Gruppen unter Umständen stark beeinflussen. Die Pumpe-Ventil-Baugruppe (siehe Bild 3-45) ist eine der Hauptfunktionsträger. Bei

ihrer Gestaltung gingen maßgeblich die Forderungen aus den biomedizinischen Prozessgrößen (Größe des Dosiervolumens) und die Randbedingungen, resultierend aus den technischen Anforderungen (geringe Masse, kleiner Bauraum, usw.) ein.

Ein Nebenfunktionsträger ist das Zellgefäß, in dem sich zu Beginn 15 ml Zellflüssigkeit befinden und in das vor Beginn der Schwerelosigkeit der Aktivator injiziert wird und nach ca. 22–25 Sekunden die Stopplösung. Das Füllen muss unter Ausschluss von Luft und unter sterilen Bedingungen möglich sein. Weiterhin muss dieses Gefäß aufgrund der Sicherheitsanforderungen doppelwandig ausgeführt sein und eine schnelle Entnahme der inneren Flüssigkeiten nach dem Experiment ermöglichen. Aus biologischen und wirtschaftlichen Gründen sollte der innere Gefäßteil ein Einmalprodukt und der äußere wieder verwendbar sein. Auf Grundlage dieser Anforderungen wurden mehrere Lösungsmöglichkeiten erarbeitet und getestet (siehe Bild 3-46).

Variante 1 besteht aus einem innen liegenden Infusionsbeutel, der in eine herkömmliche 1 Liter Kunststoffflasche integriert ist. Die Anschlüsse werden über in den Verschluss der Flasche einge-

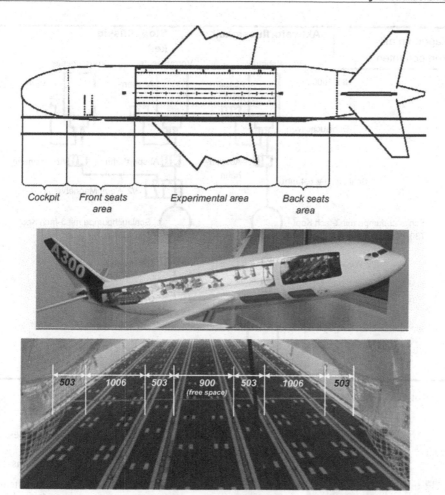

Cockpit   Front seats   Experimental area   Back seats
           area   area

Bild 3-42. Bauraum und Befestigungsmöglichkeiten im Airbus A300 [33]

schraubte Schlaucholiven realisiert. Einen ähnlichen Aufbau zeigt Variante 2. Bei ihr bildet ein zweiter Flüssigkeitsbeutel mit Schraubverschluss die zweite Wandung. Bei der dritten Lösung wird die äußere Hülle durch eine speziell mit einen Rapid Prototyping Verfahren hergestellte Plastikhülle gebildet.

Die beiden ersten Varianten zeichnen sich durch einen sehr günstigen Preis aus, da alle Komponenten Zukaufprodukte sind. Sie weisen jedoch in ihrer Funktionserfüllung (Befüllen unter Luftausschluss) erhebliche Mängel auf. Grund hierfür ist, dass beim Einschrauben des inneren Infusionsbeutels dieser sich irreversibel verdreht. Dadurch ist kein eindeutiger Stofffluss möglich. Das heißt, die konstruktive Grundregel „eindeutig" wurde nicht erfüllt. Die dritte Variante ist die kostenintensivste. Durch sie wird aber eine vollständige Funktionserfüllung entsprechend den Anforderungen ermöglicht. Diese Variante wird bevorzugt und zum optimierenden Gestalten freigegeben. Das Ergebnis der Gestaltung unter Verwendung kontinuierlicher Funktionstest während der Optimierungsphase zeigt das Bild 3-47.

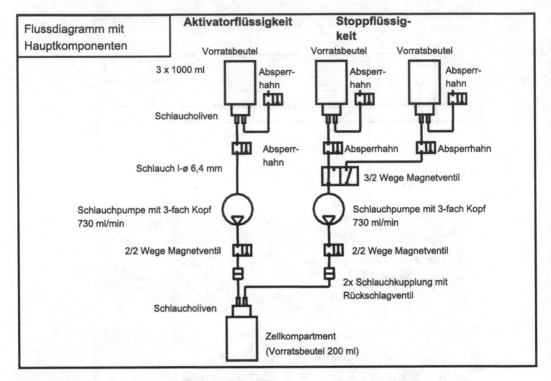

Bild 3-43. Flussdiagramm für ein zu befüllendes Zellgefäß

Bild 3-44. Gestell des Arbeitsmoduls, Vorderseite, Rückseite, Wandaufbau

3.6.3.4 Bewerten nach technischen u. wirtschaftlichen Kriterien und Festlegen des vorläufigen Gesamtentwurfs

Während des Gestaltens und dem damit verbundenen stetig durchgeführten Prüf- und Kontrollprozess zeigte sich, dass einzelne technische Anforderungen wie

▶ Einhaltung der maximalen Modulabmessungen,
▶ Einhaltung der maximalen Masse und
▶ Einhaltung des elektrischen Verbrauchs

nicht realisiert werden konnten. Es mussten Abweichungen zu den in der Anforderungsliste aufgeführten Forderungen festgestellt werden.

Weiterhin wurde in dieser Phase der Entwicklungstätigkeit die Funktionserfüllung überprüft. Hier gab es keine Abweichungen zur Anforderungsliste. Die vorgegebenen Förderleistungen der Pumpen wurden erfüllt. Die zu realisierenden Temperaturbereiche konnten eingehalten werden und der gesamte Bedienablauf war eindeutig.

Bezüglich der zu realisierenden wirtschaftlichen Kriterien konnten ebenfalls keine Abweichungen zur Anforderungsliste festgestellt werden. Alle Vorgaben wie Materialkosten oder Fertigungs- und Montagekosten, wurden eingehalten.

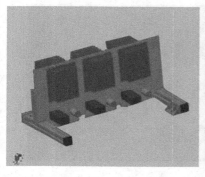

Bild 3-45. Pumpen-Ventil-Baugruppe (während der Entwicklung und der Montage)

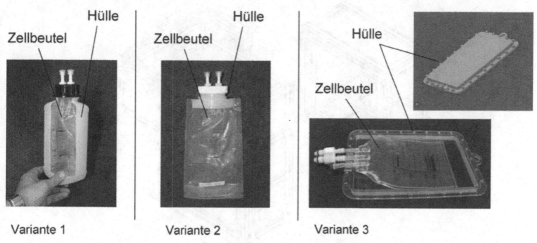

Hülle

Zellbeutel

Hülle

Zellbeutel

Hülle

Zellbeutel

Variante 1   Variante 2   Variante 3

Bild 3-46. Varianten des Nebenfunktionsträgers Zellgefäß (Zellkompartment)

Auf der Grundlage der Abweichungen von der Anforderungsliste wurde ein zweiter Entwurf ausgearbeitet. Dieser sieht drei getrennte Module vor (siehe Bild 3-48).

Modul 1: das Wärmemodul zum Speichern der Zellkompartments vor dem Experiment bei 37 °C (Inkubator)

Modul 2: das eigentliche Arbeitsmodul, in dem die Zellgefäße befüllt werden

Modul 3: das Kühlmodul zum Speichern der Zellgefäße nach dem Experiment (4 °C)

Mit diesem Entwurf konnten alle gestellten technischen und wirtschaftlichen Anforderungen erfüllt

werden. Dieser Entwurf wurde für die weitere Ausarbeitung freigegeben.

In der letzten Phase des Arbeitsschrittes Entwerfen ist es erforderlich, die Lösung an bestehende Normen und Vorschriften anzupassen. Den einzelnen Bauteilen werden verbindlich Werkstoffe zugeordnet. In dieser Phase werden unter anderem die vollständige Baustruktur und die Produktdokumentation erstellt. Bild 3-49 zeigt das Ergebnis der Entwicklung.

3.6.3.5 Nachbetrachtung, Fehleranalyse und Verbesserung

Die Hauptarbeitsschritte beim Entwerfen nach [6] beinhalten den Punkt „Kontrollieren auf Fehler

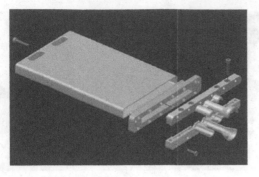 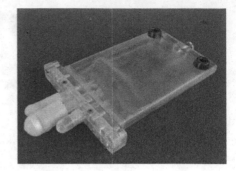

Bild 3–47. Zellgefäßaufbau

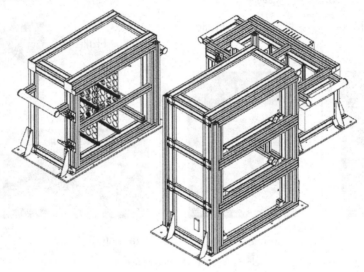

Bild 3–48. 2. Entwurf für die Experimentmodule

und Störeinfluss". Dies ist ein notwendiger Arbeitsschritt im Rahmen einer Entwicklung, um Fehlentwicklungen vorzubeugen. Eine systematische Fehleranalyse für die entwickelten Module war jedoch nur bedingt möglich. Im Unterschied zu anderen Projekten, in denen bereits Erfahrungswerte vorliegen, Prozessabläufe leicht nachvollziehbar sind oder den Entwicklungsprozess parallel begleitende Tests oder Vorversuche die Kontrolle von Fehlern oder Störungen unterstützen, sind die durchgeführten Analysen für die hier beschriebenen Experimentmodule weitgehend auf Annahmen gestützt. Es war während der Entwicklungstätigkeit nicht möglich, den Zustand der Mikrogravitation für die Testung

der Module des Versuchsaufbaus zu realisieren. Aus diesem Grund war es wichtig, den Ablauf und die Funktionsweise der Module während der Parabelflüge zu dokumentieren und auszuwerten. Nur so können gezielt Fehlerbehebungen und Verbesserungen ermöglicht werden. Nachfolgend sind einige Beispiele für Modifikationen an den Modulen aufgeführt.

► Weitestgehendes Ersetzen von Medium führenden Schläuchen durch starre Rohrleitungen.
► Integration von Sicherheitssensoren, die das Vorhandensein der zu befüllenden Gefäße vor dem Start der Injektion erkennen.

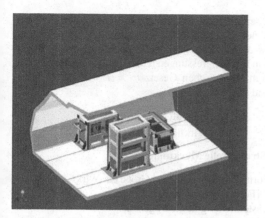 

Bild 3–49. Experimentmodule

▶ Ersetzen der manuell zu öffnenden Entlüftungsventile an den Zellgefäßen durch automatisch öffnende Entlüftungsventile.

▶ Verbesserung der Fixierung (Stopper) der Zellgefäße im Wärme- und Kühlmodul.

Diese Modifikationen werden im Arbeitsschritt Weiterentwicklung realisiert.

4 Konstruktionselemente

Konstruktionselemente, auch unter der Bezeichnung Maschinenelemente bekannt, werden als Komponenten in Produkten des Maschinen-, Apparate- und Gerätebaus vielseitig eingesetzt. Sie gehören deshalb zu den wichtigsten Lösungen des Konstrukteurs zur Erfüllung von Funktionen. Während speziell entwickelte Konstruktionsteile mithilfe ingenieurwissenschaftlicher Grundlagen und der in 3 behandelten Konstruktionsmethoden konzipiert und gestaltet werden, liegen für Konstruktionselemente zumindest Wirkprinzipien und Wirkstrukturen bereits vor, in vielen Fällen sind sie sogar als handelsübliche oder genormte Komponenten unmittelbar einsetzbar. Bedingt durch die lange Entwicklung stehen heute eine Vielzahl unterschiedlicher Prinzipien und Bauformen zur Verfügung, die dem Konstrukteur die Auswahl einer für seinen Anwendungsfall geeigneten Lösung

gestatten. Dieses Lösungsfeld und die erforderlichen Auslegungs- und Auswahlverfahren sind in einem umfangreichen Schrifttum [1], in Konstruktionskatalogen und in Datenbanken verfügbar. Es sollen deshalb im Folgenden nur die wesentlichen Wirkzusammenhängen und strukturellen Merkmale der wichtigsten Konstruktionselemente dargestellt werden, um die gemeinsamen Wirkprinzipien sowie wichtige strukturelle Merkmale als Kriterien zur Auslegung und zur Abschätzung ihrer Eigenschaften zu zeigen.

4.1 Bauteilverbindungen

4.1.1 Funktionen und generelle Wirkungen

Funktionen (Bild 4-1):

Übertragen von Kräften, Momenten und Bewegungen zwischen Bauteilen bei eindeutiger und fester Lagezuordnung.

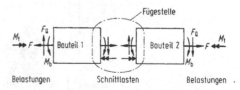

Bild 4-1. Belastungen und aufzunehmende Schnitttasten an der Fügestelle zweier Bauteile. F Axialkraft, F_Q Querkraft, M_b Biegemoment, M_t Drehmoment

Gegebenenfalls zusätzlich:
Aufnehmen von Relativbewegungen außerhalb der Belastungsrichtung.
Abdichten gegen Fluide.
Isolieren oder Leiten von thermischer oder elektrischer Energie.

Wirkungen:

Die Wirkfläche und Gegenwirkfläche an der Fügestelle werden durch eine montagebedingte (vorspannungs- und/oder eigenspannungsbedingte) und betriebsbedingte Beanspruchung beaufschlagt.

4.1.2 Formschluss

Wirkprinzip (Bild 4-2):

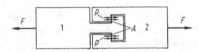

Bild 4-2. Formschlussverbindung zweier Bauteile bei einachsiger Kraftbelastung. A tragendes Wirkflächenpaar p Flächenpressung

Übertragen von Kräften und Erfüllen von Zusatzfunktionen (Dichten, Isolieren, Leiten) an Wirkflächenpaaren von Formschlusselementen durch Aufnehmen von Flächenpressungen p und Beanspruchungen nach dem Hooke'schen Gesetz $\sigma = E \cdot \varepsilon$ (vgl. D 9.2.1 und E 5.3):

$$p = \frac{\text{Kraft}}{\text{Wirkfläche}} = \frac{F}{A} = E \cdot \varepsilon < p_{\text{zul}} \,.$$

Strukturelle Merkmale:

Form, Lage, Anzahl und Größe der Wirkflächenpaare (Formschlusselemente).
Lasteinleitung in die Fügezone.
Lastaufteilung (Pressungsverteilung) auf Formschlusselemente.
Werkstoffpaarung.
Steifigkeiten der Bauteile und Formschlusselemente.
Beanspruchung der Wirkflächenumgebung.
Vorspannungsmöglichkeiten und Toleranzausgleich.
Montage- und Demontagemöglichkeiten (Lösbarkeit).
Lockerungsmöglichkeit und -sicherung.

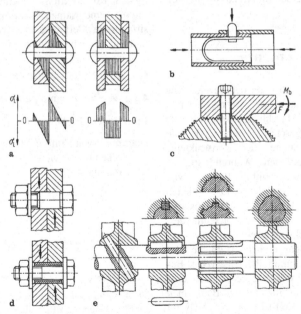

Bild 4-3. Bauformen von Formschlussverbindungen (Auswahl). **a** ein- und zweischnittige Nietung, **b** Schnappverbindung, **c** vorgespannte Kerbverzahnung, **d** querbeanspruchte Schraubenverbindungen, **e** Welle-Nabe-Formschlussverbindungen

Bauformen (Bild 4-3):

Keil-, Bolzen-, Stift- und Nietverbindungen [1].
Welle-Nabe-Verbindungen [2, 10].
Elemente zur Lagesicherung [3, 4, 64–66].
Schnapp-, Spann- und Klemmverbindungen
[5, 6, 67].

4.1.3 Reibschluss

Wirkprinzip (Bild 4-4):

Übertragen von Kräften an Wirkflächenpaaren durch
Erzeugen von Normalkräften F_N und Reibungskräften F_R unter Ausnutzung des Coulomb'schen Reibungsgesetzes (siehe D 10.6.1 und E 2.5): $F \leqq F_R = \mu \cdot F_N$

Strukturelle Merkmale:

Reibungszahl (Werkstoffpaarung).
Aufbringen der Normalkraft.
Flächenpressung.
Relativverformungen bei Montage und unter Last
(Reibkorrosionszonen).
Anzahl der Wirkflächenpaare.
Steifigkeiten der Bauteile und Vorspannelemente.
Montage- und Demontagemöglichkeiten (Lösbarkeit).
Lockerungsmöglichkeit und -sicherung.

Bauformen (Bild 4-5):

Flansch- und Schraubenverbindungen [7–9, 57].
Welle-Nabe-Pressverbindungen ohne oder mit elastischen Zwischenelementen [2, 10, 11, 68].

4.1.4 Stoffschluss

Wirkprinzip (Bild 4-6):

Übertragen von Kräften, Biege- und Drehmomenten
an der Fügestelle durch stoffliches Vereinigen der

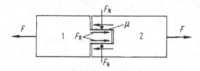

Bild 4-4. Reibschlussverbindung zweier Bauteile bei einachsiger Kraftbelastung. F_R Reibungskraft, F_N Normalkraft, μ Reibungszahl

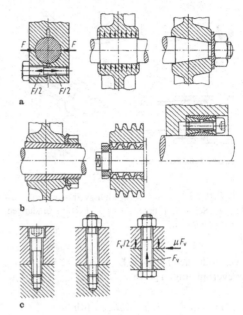

Bild 4-5. Bauformen von Reibschlussverbindungen (Auswahl). **a** Welle-Nabe-Reibschlussverbindungen ohne Zwischenelement, **b** Welle-Nabe-Reibschlussverbindungen mit elastischem Zwischenelement, **c** vorgespannte Schraubenverbindungen

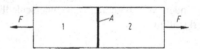

Bild 4-6. Stoffschlussverbindung zweier Bauteile bei einachsiger Kraftbelastung. A Fügefläche

Bauteilwerkstoffe ohne oder mit Zusatzwerkstoffen. Beanspruchungszustand nach Gesetzen der
Festigkeitslehre (siehe E 5).

Strukturelle Merkmale:

Form, Lage, Größe und Anzahl der Fügeflächen.
Beanspruchungen der Fügestellen nach Fertigung (Eigenspannung) und unter Last.
Beteiligte Bauteil-Werkstoffe und Zusatzwerkstoffe.
Fertigungs- und Betriebstemperaturen.

Bauformen (Bild 4-7):

Schweißverbindungen [12–15].

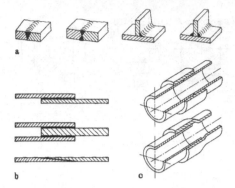

Bild 4-7. Bauformen von Stoffschlussverbindungen (Auswahl). **a** Schweißverbindungen, **b** Klebeverbindungen, **c** Lötverbindungen

Lötverbindungen [1, 16, 17].
Klebeverbindungen [1, 18].

4.1.5 Allgemeine Anwendungsrichtlinien

Formschlussverbindungen vorzugsweise zum

- häufigen und leichten Lösen,
- eindeutigen Zuordnen der Bauteile,
- Aufnehmen von Relativbewegungen,
- Verbinden von Bauteilen aus unterschiedlichen Werkstoffen.

Reibschlussverbindungen vorzugsweise zum

- einfachen und kostengünstigen Verbinden auch von Bauteilen aus unterschiedlichen Werkstoffen,
- Aufnehmen von Überlastungen durch Rutschen,
- Einstellen der Bauteile zueinander,
- Ermöglichen weitgehender Gestaltungsfreiheit für Bauteile.

Stoffschlussverbindungen vorzugsweise zum

- Aufnehmen mehrachsiger, auch dynamischer Belastungen,
- kostengünstigen Verbinden bei Einzelstücken und Kleinserien mit guter Reparaturmöglichkeit,
- Dichten der Fügestellen,
- Verwenden von genormten Bauteilen und Halbzeugen.

4.2 Federn

4.2.1 Funktionen und generelle Wirkungen

Funktionen:

Aufnehmen, Speichern und Abgeben mechanischer Energie (Kräfte, Momente, Bewegungen)

- zum Mildern von Stößen und schwingenden Belastungen,
- zum Erzeugen von Kräften und Momenten ohne Abbau (Kraftschluss, Reibschluss) oder mit Abbau (Federantriebe).

Wandeln mechanischer Energie in Wärmeenergie zum Dämpfen von Stößen und Schwingungen.

Wirkungen (Bild 4-8):
Federverhalten (vgl. E 5)

Formänderungsarbeit: $W = \int F \cdot df$;

$$W = \int M_t \cdot d\varphi$$

Federsteifigkeit: $\quad c = \dfrac{F}{f}$; $\quad c = \dfrac{dF}{df}$

$$c_t = \dfrac{M_t}{\varphi} \; ; \quad c_t = \dfrac{dM_t}{d\varphi}$$

Nachgiebigkeit: $\quad \delta = \dfrac{1}{c}$

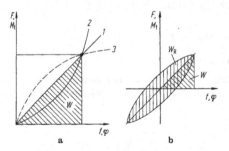

Bild 4-8. Federkennlinien bei Kraft-(F) oder Drehmoment-(M_t)belastung, f Federweg, φ Verdrehwinkel; **a** zügige Belastung: *1* gerade Kennlinie, *2* progressive Kennlinie, *3* degressive Kennlinie; **b** schwingende Belastung: W_R Verlustarbeit durch innere oder äußere Reibung, W elastische Verformungsenergie je Schwingspiel

Federschaltungen:

- Parallelschaltung $F_{ges} = \sum\limits_{i=1}^{n} F_i$

$$c_{ges} = \sum\limits_{i=1}^{n} c_i \ .$$

- Hintereinanderschaltung $f_{ges} = \sum\limits_{i=1}^{n} f_i$

$$\frac{1}{c_{ges}} = \delta_{ges} = \sum\limits_{i=1}^{n} \frac{1}{c_i} = \sum\limits_{i=1}^{n} \delta_i \ .$$

Dämpfungsverhalten

- Verhältnismäßige Dämpfung

$$\psi = \frac{\text{Verlustarbeit}}{\text{Formänderungsarbeit}}$$

$$= \frac{W_R}{W} \text{ je Schwingspiel}$$

- Logarithmisches Dekrement (siehe E 4.1.1)

$$\Lambda = \ln \frac{f_n}{f_{n+1}} \ .$$

4.2.2 Zug-druckbeanspruchte Metallfedern

Wirkprinzip (Bild 4-9):
Aufnehmen mechanischer Energie gemäß dem Hooke'schen Gesetz

$$\sigma = E \cdot \varepsilon$$

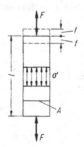

Bild 4–9. Zug-Druck-Stab mit einachsiger Kraftbelastung. A Stabquerschnitt, σ Normalspannung

Zug-Druck-Stab als Grundform:

Formänderungsarbeit $W = \dfrac{E \cdot A}{l} \cdot \dfrac{f^2}{2} = \dfrac{A \cdot l}{2E} \sigma^2$

Federsteifigkeit $\quad c = \dfrac{F}{f} = \dfrac{E \cdot A}{l} \ .$

Strukturelle Merkmale:

Form und Abmessungen der Federelemente.
Belastungseinleitung und Einspannung.
Anzahl und Schaltung der Einzelelemente bei Federsystemen.
Belastete Wirkflächenpaare mit Relativbewegung (Reibung).
Werkstoffeigenschaften.

Bauformen:
Zug-Druck-Stäbe, Ringfedern [1, 87].

4.2.3 Biegebeanspruchte Metallfedern

Wirkprinzip (Bild 4-10):
Aufnehmen mechanischer Energie durch Biegeverformung (vgl. E 5.7.2).
Eingespannte Rechteck-Blattfeder als Grundform:

Formänderungsarbeit $W = \dfrac{b \cdot s \cdot l}{18E} \sigma_b^2 = \dfrac{2F^2 \cdot l^3}{E \cdot b \cdot s^3}$

Federsteifigkeit $\quad c = \dfrac{F}{f} = \dfrac{b \cdot s^3 \cdot E}{4l^3} \ .$

Strukturelle Merkmale:

Form- und Abmessungen der Federelemente.
Belastungseinleitung und Einspannung.
Anzahl und Schaltung der Einzelelemente bei Federsystemen.

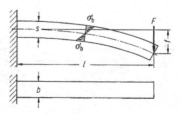

Bild 4-10. Einseitig eingespannte Rechteck-Blattfeder. σ_b Biegespannung

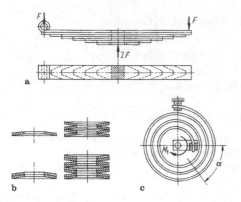

Bild 4-11. Bauformen biegebeanspruchter Metallfedern (Auswahl). **a** Geschichtete Blattfeder (vor allem bei Kfz), **b** Tellerfeder einzeln oder als Paket (vielseitig durch Variation der Kennlinie einsetzbar), **c** Spiralfeder

Belastete Wirkflächenpaare mit Relativbewegung (Reibung).
Werkstoffeigenschaften.

Bauformen (Bild 4-11):

Einfache und geschichtete Blattfedern, Spiralfedern, Tellerfedern [1, 19, 87].

4.2.4 Drehbeanspruchte Metallfedern

Wirkprinzip (Bild 4-12):

Aufnehmen mechanischer Energie durch Torsionsverformung (vgl. E 5.7.7).
Eingespannter Drehstab als Grundform:

Formänderungsarbeit $W = \dfrac{\pi d^2 \cdot l}{16\,G}\tau_t^2 = \dfrac{16\,M_t^2 \cdot l}{\pi G \cdot d^4}$

Federsteifigkeit $c_t = \dfrac{M_t}{\varphi} = \dfrac{\pi d^4 \cdot G}{32l}$.

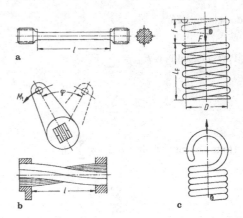

Bild 4-13. Bauformen verdrehbeanspruchter Metallfedern. **a** Drehstab, **b** gebündelte Rechteckfedern, **c** zylindrische Schraubenfedern

Strukturelle Merkmale:

Form und Abmessungen der Federelemente.
Belastungseinleitung und Einspannung.
Anzahl und Schaltung der Einzelelemente bei Federsystemen.
Werkstoffeigenschaften.

Bauformen (Bild 4-13):

Runde, rechteckige (einfache und gebündelte) Drehstabfedern, zylindrische Schraubenfedern mit Rund- und Rechteckdrähten [1, 19, 87].

4.2.5 Gummifedern

Wirkprinzip (Bild 4-14):

Aufnehmen mechanischer Energie durch vorzugsweise Druck- und/oder Schubverformung (vgl. D 9.2.1).

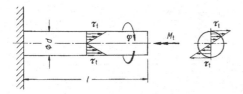

Bild 4-12. Einseitig eingespannter Drehstab. τ_t Torsionsschubspannung. φ Verdrehwinkel

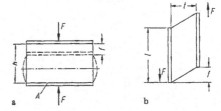

Bild 4-14. Gummifedern, **a** Druckfeder; **b** Parallelschubfeder. A Federquerschnitt, b Federbreite

Druck- und Parallelschubfedern als Grundformen:
Druckfeder:

Formänderungsarbeit $W \approx \dfrac{E \cdot A}{h} \int \mathrm{d}f$

Federsteifigkeit $\quad c \approx \dfrac{E \cdot A}{h}$.

Der Elastizitätsmodul hängt vom Verhältnis belastete/freie Oberfläche ab.
Parallelschubfeder:

Formänderungsarbeit $W \approx \dfrac{G \cdot l \cdot b}{t} \int \mathrm{d}f$

Federsteifigkeit $\quad c \approx \dfrac{G \cdot A}{t} = \dfrac{G \cdot l \cdot b}{t}$.

Strukturelle Merkmale:

Zusätzlich zu Metallfedern:

Werkstoffeigenschaften abhängig von Belastungsart, -höhe und -frequenz sowie Temperatur und Belastungszeit.
Feder- und Dämpfungseigenschaften werden vor allem vom Werkstoff bestimmt (Stofffederung).
Tragfähigkeit geringer als bei Metallfedern.

Bauformen (Bild 4-15):

Scheibenfedern unter Parallel- oder Drehschub, Hülsenfedern unter Axial- oder Drehschub, Gummipuffer unter Drucklast, Sonderformen mit kombinierter Beanspruchung [1, 19–21].

4.2.6 Gasfedern

Wirkprinzip (Bild 4-16):

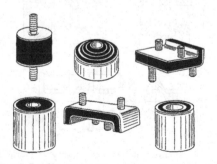

Bild 4-15. Bauformen von Gummifedern (bei hohen Stückzahlen große Gestaltungsfreiheit)

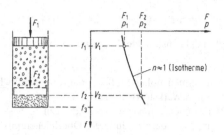

Bild 4-16. Gasfeder mit Druckbelastung

Aufnehmen mechanischer Energie durch Kompression gasförmiger Fluide nach allgemeiner Zustandsgleichung $p \cdot V^n = $ const (siehe B 8.2).

Formänderungsarbeit $W = 0{,}5 F_1 (f_2 - f_1)(x + 1)$

Federsteifigkeit $\quad c = \dfrac{F}{f} = \dfrac{F_1(x - 1)}{f_2 - f_1}$

$x = \dfrac{f_3 - f_1}{f_3 - f_2} = 1{,}01$ bis $1{,}6 \quad$ (mit $n \approx 1$) .

Strukturelle Merkmale:

Polytropenexponent der Gasfüllung.
Vordruck der Gasfüllung.
Dichtungselemente.
Niveauregelung durch Druck- und Zusatzflüssigkeit.

Bauformen (Bild 4-17) [1].

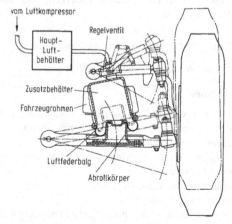

Bild 4-17. Luftfeder mit Niveauregelung (nach Werkbild Phoenix-Gummiwerke, Hamburg-Harburg)

4.2.7 Allgemeine Anwendungsrichtlinien

Zug/Druckbeanspruchte Metallfedern vorzugsweise zum

– Aufnehmen hoher Stoßenergien und Kräfte bei kleinem Werkstoffvolumen,
– Vorspannen von Klemmverbindungen,
– Dämpfen durch äußere Oberflächenreibung (Nachteil: Verschleiß).

Biege- und Drehbeanspruchte Metallfedern vorzugsweise zum

– weichen Abfedern von schwingenden Massen (Schwingungsisolierung),
– vielseitigen, kostengünstigen Einsatz als Normteil.

Gummifedern vorzugsweise zum

– Dämpfen durch verschleißlose innere Werkstoffreibung im Dauerbetrieb,
– weichen Abfedern von schwingenden Massen bei niedriger Belastungshöhe und Belastungsfrequenz,
– Anwenden mit großer Gestaltungsfreiheit nur bei großen Stückzahlen.

Gasfedern vorzugsweise zum

– verschleißfreien Abfedern von schwingenden Massen mit einstellbarer Federkennlinie und Niveauregelung.

4.3 Kupplungen und Gelenke

4.3.1 Funktionen und generelle Wirkungen

Funktionen:

Übertragen von Rotationsenergie (Drehmomenten, Drehbewegungen) zwischen Wellensystemen.
Gegebenenfalls zusätzlich:
Übertragen von Biegemomenten, Querkräften und/oder Längskräften.
Ausgleichen von Wellenversatz (radial, axial, winklig).
Verbessern der dynamischen Eigenschaften des Wellensystems durch Verändern der Drehfedersteifigkeit und Dämpfen von Drehschwingungen.

Schalten (Verknüpfen, Trennen) der Drehmoment- und Drehbewegungsleitung.

Wirkungen:

Die vom Drehmoment erzeugten Umfangskräfte, gegebenenfalls auch Biegemomente, Querkräfte und Längskräfte, werden an einem oder mehreren Wirkflächenpaaren durch Reibschluss, Formschluss oder anderen Kraftschluss übertragen, wobei durch Zwischenelemente zusätzliche Eigenschaften erzeugt werden können.

4.3.2 Feste Kupplungen

Wirkprinzip (Bild 4-18):

Übertragung von Umfangs-, Quer- und Längskräften durch Form- und Reibschluss an Wirkflächenpaaren. Wirksam sind das Hooke'sche und/oder das Reibungsgesetz (siehe 4.1).

Strukturelle Merkmale:
siehe 4.1.2 und 4.1.3.

Bauformen (Bild 4-19):

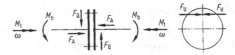

Bild 4-18. Belastungen an festen Kupplungen. M_t Drehmoment, M_b Biegemoment, ω Winkelgeschwindigkeit, F_A Axialkraft, F_Q Querkraft, F_U Umfangskraft

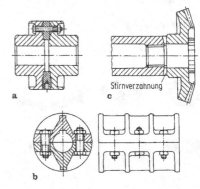

Bild 4-19. Bauformen fester Kupplungen (Auswahl). a Scheibenkupplung, b Schalenkupplung, c Stirnzahnkupplung

Flansch-, Scheiben-, Schalen- und Stirnzahnkupplungen [1, 22, 88].

4.3.3 Drehstarre Ausgleichskupplungen

Wirkprinzip (Bild 4-20):

Winkeltreue Drehmomentübertragung erfolgt bei radialen und/oder winkligen Fluchtfehlern und/oder Axialverschiebungen der Wellen durch Ausgleichsmechanismen, bei denen die erforderlichen Ausgleichsbewegungen entweder durch reibungsbeaufschlagte Relativbewegungen von Wirkflächenpaaren (Längsführungen, Dreh- und Kugelgelenken) oder durch elastische Biegeverformungen an Ausgleichselementen aufgenommen werden. Durch Ausgleichsmechanismen entstehen belastungsabhängige Reaktionskräfte auf die zu verbindenden Wellensysteme.
Grundform: Kreuzgelenk

$$\omega_{2,max} = \omega_1/\cos\beta; \quad \omega_{2,min} = \omega_1 \cdot \cos\beta$$
$$M_{t,2,min} = M_{t,1} \cdot \cos\beta ; \quad M_{t,2,max} = M_{t,1}/\cos\beta$$

Ungleichförmigkeitsgrad

$$u = (\omega_{2,max} - \omega_{2,min})/\omega_1 = \tan\beta \cdot \sin\beta .$$

Bei Hintereinanderschaltung von 2 Kreuzgelenken ($\beta_1 = \beta_2$, Gabeln der Verbindungswelle und An- und Abtriebswelle jeweils in einer Ebene) kann Pulsation ausgeglichen werden ($\omega_1 = \omega_3$).

Strukturelle Merkmale:

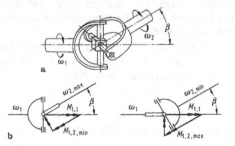

Bild 4-20. Wirkprinzip eines Kreuzgelenks als Grundform für drehstarre Ausgleichskupplungen. **a** Aufbau eines Kreuzgelenks, **b** Geschwindigkeits- und Momentenübertragung

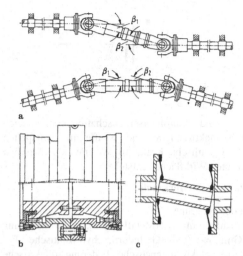

Bild 4-21. Bauformen drehstarrer Ausgleichskupplungen (Auswahl). **a** Gelenkwellen, **b** Doppelzahnkupplung, **c** Membrankupplung [59]

Form, Lage, Größe, Anzahl und Werkstoff der die Ausgleichsbewegung aufnehmenden Wirkflächenpaare.
Anzahl der Ausgleichsebenen (Bild 4-21a).
Ungleichförmigkeitsgrad der Drehbewegung.
Reaktionskräfte/-momente auf Wellensysteme.
Tribologische Anforderungen (Werkstoff, Schmierung).
Montage- und Demontagemöglichkeiten.

Bauformen (Bild 4-21) [88]:

Klauen-, Parallelkurbel- und Kreuzscheibenkupplungen [1, 22].
Kreuzgelenke, Gelenkwellen, Gleichlaufgelenke [1, 23, 56].
Zahn- und Doppelzahnkupplungen [1, 24]. Membrankupplungen [1, 25].

4.3.4 Elastische Kupplungen

Wirkprinzip (Bild 4-22):
Aufnahme von Drehmomentschwankungen (Umfangskraftschwankungen) und von Versatz der zu verbindenden Wellen durch das Wirksamwerden von Federelementen bzw. Federsystemen (siehe 4.2), die zwischen Flanschen angeordnet sind.

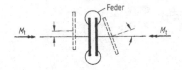

Bild 4-22. Wirkprinzip einer elastischen Kupplung

Feder- und Dämpfungseigenschaften können auch durch elektromagnetische Kräfte in Luftspalten und hydraulische Kräfte in Wirkräumen zwischen bewegten Wirkflächen entstehen.

Strukturelle Merkmale:

Art der Federung:
Formfederung (Metallfedern), Stofffederung (Gummi- und Gasfedern, hydrostatische Federn), elektromagnetische Federung (elektrische Schlupfkupplungen), hydrodynamische Federung, (Föttinger-Kupplungen).
Anordnung und Beanspruchung der Federelemente.
Weitere Federmerkmale siehe 4.2.
Merkmale hydrodynamischer Kupplungen siehe 4.6.

Bauformen (Bild 4-23) [88]:

Metallische Kupplungen [1]. ◂
Elastomer-(gummielastische) Kupplungen [26].
Luftfederkupplungen [22].
Föttinger-Kupplungen, siehe 4.3.5.
Elektrische Schlupfkupplungen [1, 22].

4.3.5 Schaltkupplungen

Wirkprinzip:

Mit Ausnahme formschlüssiger Klauenkupplungen, die nur im Stillstand schaltbar sind, erfolgt die Umfangskraftübertragung zwischen den Wirkflächenpaaren bei mechanischen Kupplungen durch Reibschluss, bei hydrodynamischen Kupplungen gemäß dem Impulssatz (Euler'sche Turbinenglei-chung, siehe E 8.5, (8-148) und bei elektrischen Schlupfkupplungen durch das Drehen von strom-durchflossenen Leiterschleifen in einem Magnetfeld (siehe G 13.4). Schaltmechanismen bei mechanischen Reibungskupplungen verwenden zur Normalkrafter-zeugung mechanische Hebelsysteme, hydrostatische und elektromagnetische Kräfte, Fliehkräfte und verformungsbedingte elastische Kräfte. Bei hydrody-

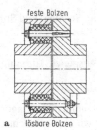

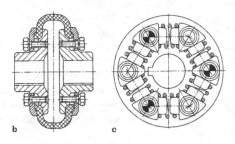

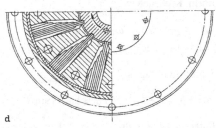

Bild 4-23. Bauformen elastischer Kupplungen (Auswahl). **a** Bolzenkupplung, **b** Wulstkupplung, **c** Schraubenfeder-kupplung, **d** Blattfederkupplung [59]

namischen Kupplungen erfolgt das Schalten durch Flüssigkeitsfüllung bzw. -entleerung des Wirkraums, bei elektrischen Schlupfkupplungen durch Schaltung der elektrischen Energie.

Das Wirkprinzip mechanischer Reibungskupp-lungen als wichtigste Bauform beruht auf dem Coulomb'schen Reibungsansatz, Bild 4-24:

Übertragbares Drehmoment:

$$M_{t,\ddot{u}} = \mu_{stat/dyn} \cdot F_p \cdot r_m \cdot z_R$$

Schaltbares Moment für die Rutschzeit t_r gemäß Bild 4-25:

$$M_s(= M_{t,\ddot{u}} \quad \text{bei} \quad \mu_{dyn}) = M_a + M_{L\,Kupp} + M_{A\,Kupp}$$

$$= \frac{J_1 \cdot J_2}{J_1 + J_2} \cdot \frac{\omega_{10} - \omega_{20}}{t_r} + M_L \frac{J_1}{J_1 + J_2} + M_A \frac{J_2}{J_1 + J_2} \; .$$

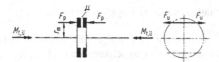

Bild 4-24. Wirkprinzip einer mechanischen Reibungskupplung. μ Reibungszahl, F_p Anpresskraft der Reibflächen. z_R Anzahl der Reibflächenpaare. $F_u = M_{t,\ddot{u}}/r_m$ Umfangskraft = Reibungskraft

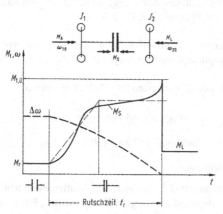

Bild 4-25. Drehmomente und Winkelgeschwindigkeiten bei Kupplung von zwei Massen (idealisierter Schaltvorgang). M_s Schaltmoment, M_r Leerlaufmoment, M_A Antriebsmoment, M_L Lastmoment, M_a Beschleunigungsmoment, t_r Rutschzeit, J_1 Massenträgheitsmoment des Antriebs, J_2 Massenträgheitsmoment des Abtriebs, ω_{10} Winkelgeschwindigkeit des Antriebs, ω_{20} Winkelgeschwindigkeit des Abtriebs

Das Wirkprinzip reibschlüssiger Schaltkupplungen wird auch für Bremsen eingesetzt.

Strukturelle Merkmale:

Lage, Form, Anzahl und Werkstoff der Reibflächen-(Wirkflächen-)paare.
Reibungszahl (Werkstoffpaarung).
Flächenpressung an Wirkflächen.
Erzeugen der Normalkraft (Energieart).
Betriebsart: Trocken oder nass (Ölkühlung).
Schaltungsart: Fremdschaltung, selbsttätige Schaltung (drehmoment-, drehzahl-, richtungsgeschaltet).
Art der Wärmeabfuhr: Luftkühlung, Ölkühlung.
Für hydrodynamische Kupplungen siehe 4.6.

Bauformen (Bild 4-26) [88]:

Fremdgeschaltete formschlüssige
    Kupplungen [1, 22].
Fremdgeschaltete reibschlüssige
    Kupplungen [1, 22, 27, 28].
Selbsttätig schaltende Kupplungen [1, 22, 29, 30].
Schaltbare Föttinger-Kupplungen [1, 31–33].
Schaltbare elektrische Schlupfkupplungen [1].
    Bremsen [1].

4.3.6 Allgemeine Anwendungsrichtlinien

Feste Kupplungen vorzugsweise bei

– einfachen, kostengünstigen Antrieben,
– hohen Drehmomenten,

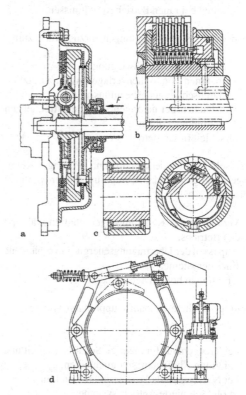

Bild 4-26. Bauformen von Schaltkupplungen und Bremsen (Auswahl). **a** Einscheiben-Trockenkupplung, **b** Lamellenkupplung, **c** Richtungsgeschaltete Kupplung (Klemmrollenfreilauf), **d** Doppelbackenbremse

– hohen Biege-, Querkraft- und Längskraftbelastungen,
– guter Ausrichtmöglichkeit der Wellen und steifen Lagerungen.

Drehstarre Ausgleichskupplungen vorzugsweise

– für winkeltreue Drehübertragung ohne besondere Anforderungen an die Drehschwingungsbeeinflussung,
– bei montage-, wärme- und belastungsbedingten Wellen- und Fundamentverlagerungen.

Elastische Metallfederkupplungen vorzugsweise zum

– Mildern von Drehmomentstößen,
– Verlagern von Dreheigenfrequenzen,
– Arbeiten bei rauen Betriebsverhältnissen.

Elastische Elastomerkupplungen vorzugsweise zum

– Dämpfen von Drehschwingungen,
– Aufnehmen von Wellenverlagerungen, zusätzlich zur Drehschwingungsbeeinflussung,
– Ausgleichen bei niedrigen Belastungsfrequenzen (Erwärmungsproblem),
– verschleißfreien Betrieb.

Elastische Luftfederkupplungen, Föttinger-Kupplungen und elektrische Schlupfkupplungen vorzugsweise zum

– Verändern der Kupplungseigenschaften während des Betriebs,
– Anpassen der Übertragungsenergie an vorhandene Energiesysteme,
– Übertragen hoher Drehmomente.

Fremdgeschaltete Reibungskupplungen vorzugsweise

– bei Trockenlauf für niedrige Schalthäufigkeit und bei guten Abdichtungsmöglichkeiten,
– bei Nasslauf für hohe Belastungen und für Einbau in ölgeschmierte Antriebssysteme,
– bei hydraulischen und elektromagnetischen Schaltmechanismen für automatische Steuerungssysteme.

Selbsttätig schaltende Kupplungen vorzugsweise

– bei drehmomentabhängigem Schalten als Sicherheitskupplung (Rutschkupplung, Brechbolzen-Kupplung),
– bei drehzahlabhängigem Schalten als Anlaufkupplung zum Überwinden hoher Trägheits- und Lastmomente,
– bei richtungsabhängigem Schalten (Freiläufe) zum Sperren einer Drehrichtung.

Schaltbare Föttinger-Kupplungen und elektrische Schlupfkupplungen vorzugsweise für

– große Baueinheiten bzw. Schaltleistungen.

4.4 Lagerungen und Führungen

4.4.1 Funktionen und generelle Wirkungen

Funktionen:

Aufnahme und Übertragen von Kräften zwischen relativ zueinander bewegten Komponenten, Begrenzen von Lageveränderungen der Komponenten, außer in vorgesehenen Bewegungsrichtungen (Freiheitsgraden).

Wirkungen:

Die von den Belastungen an den relativ zueinander bewegten Wirkflächen hervorgerufene Reibung wird durch zwischen den Wirkflächen angeordnete Wälzkörper und Schmierstoffe (bei Wälzlagern und -führungen), durch unter Druck stehende Fluide zwischen den Wirkflächen (bei hydrodynamischen und hydrostatischen Gleitlagern und -führungen) oder durch magnetische Kräfte verringert. Dabei können durch Gestaltung und Anordnung der Wälzkörper und durch Gestaltung der Wirkflächen und des Fluiddruckaufbaus und durch Anordnung der Magnetfelder bestimmte Freiheitsgrade und sonstige Betriebseigenschaften realisiert werden.

4.4.2 Wälzlagerungen und -führungen

Wirkprinzip (Bild 4-27):

Im bewegten Wälzkontakt unter Last entstehen an den Wälzkörpern und den beteiligten Wirkflächen Deformationen und durch diese Berührflächen, deren Größe

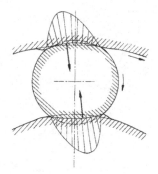

Bild 4-27. Wirkprinzip eines Wälzkontaktes

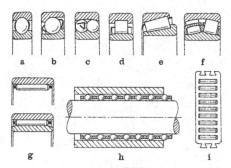

Bild 4-28. Bauformen von Wälzlagerungen und -führungen (Auswahl) [60]. **a** Rillenkugellager, **b** Schrägkugellager, **c** Pendelkugellager, **d** Rollenlager, **e** Kegelrollenlager, **f** Pendelrollenlager, **g** Nadellager, **h** Kugelführung, **i** Rollenführung

und Beanspruchung sich nach den Hertz'schen Gleichungen errechnen (siehe E 5.11.4) sowie Roll- und Reibungswiderstände.

Die Lebensdauer der Wälzpaarung errechnet sich aus der vom Lagertyp und den Betriebsbedingungen abhängigen Tragzahl C, die auch die Lagerlebensdauer L bestimmt nach der Zahlenwertgleichung.

$$L = \left(\frac{C}{P}\right)^p \quad \text{in} \quad 10^6 \text{ Umdrehungen} .$$

P äquivalente Lagerbelastung, die für Lastkombinationen und Lastschwankungen eine einachsige Vergleichsbelastung darstellt, die der einachsigen Tragzahl gegenübergestellt werden kann

p Beanspruchungsexponent, abhängig von der Wälzkörperform

Strukturelle Merkmale:

Form und Anordnung der Wälzkörper.
Ausführung des Käfigs.
Genormte Maßreihen und Toleranzklassen.
Lastrichtungen, Belastungs-Zeit-Verläufe, Umlaufverhältnisse, Temperaturverhältnisse.
Tragzahl, Lebensdauer, Drehzahlgrenzen.
Lageranordnung und Einbauverhältnisse (Gestaltung und Werkstoffe der benachbarten Komponenten).
Einstellbarkeit und Montageeigenschaften.
Schmierung- und Dichtungssysteme.

Bauformen (Bild 4-28):

Kugellager, Rollenlager,
Längsführungen [1, 34–36, 89].
Dichtungen [37, 38], (vgl. 4.8).

4.4.3 Hydrodynamische Gleitlagerungen und -führungen

Wirkprinzip (Bild 4-29):

Oberhalb einer Grenzdrehzahl bzw. Grenzrelativgeschwindigkeit baut sich zwischen zwei Wirkflächen bei Vorhandensein eines Newton'schen Fluids und bei Benetzbarkeit der Wirkflächen nach dem Newton'schen Schubspannungsansatz ein Fluiddruck auf, der den äußeren Belastungen das Gleichgewicht hält (siehe E 7.1). Dadurch werden die Wirkflächen trotz Normalbelastung mechanisch getrennt und es entsteht Flüssigkeitsreibung. Die Reibungszustände werden durch die Stribeck-Kurve, Bild 4-30, gekennzeichnet (vgl. Bild 10-3).

Hydrodynamische Tragfähigkeit in dimensionsloser Darstellung in Form der Sommerfeld-Zahl So ergibt sich für Radiallager durch Lösung der aus den Navier-Stokes-Gleichungen folgenden Reynolds'schen Differenzialgleichung (siehe E 8.3):

$$So = \frac{\bar{p} \cdot \psi^2}{\eta \cdot \omega}$$

($\bar{p} = F/(B \cdot D)$, $\psi = S/D$ relatives Lagerspiel, η dynamische Viskosität, ω Winkelgeschwindigkeit).

Reibungskennzahl:

$$So < 1 \text{ (niedrige Belastung)}: \quad \frac{\mu}{\psi} = \frac{k}{So}$$

$$So > 1 \text{ (hohe Belastung)}: \quad \frac{\mu}{\psi} = \frac{k}{\sqrt{So}} .$$

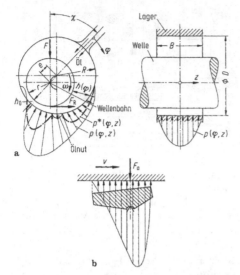

a

b

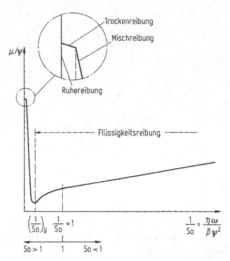

Bild 4-29. Hydrodynamisches Wirkprinzip [60]. **a** Radiallager. Bezeichnungen: F Lagerlast, R Lagerschalenradius, r Wellenradius, D Lagerdurchmesser, B Lagerbreite, p Öldrücke im Gleitraum, p^* Öldrücke bei Anordnung einer Ölnut in der Tragzone, ψ und z Koordinaten, e Exzentrizität, h Schmierspalthöhe, h_0 kleinste Schmierspalthöhe, ω Winkelgeschwindigkeit der Welle, χ Richtungswinkel der Wellenverschiebung, $R - r = s$ radiales Lagerspiel im Betrieb, $S = 2s$ Betriebslagerspiel, $e/s = \varepsilon$ relative Exzentrizität, $\psi = S/D$ relatives Betriebslagerspiel, F_R Reibungskraft. **b** Längsführung

Bild 4-30. Reibungsverhalten von Gleitlagern- und führungen (ü Übergangsbereich von Misch- zu Flüssigkeitsreibung)

(k schwankt je nach Bauart zwischen 2 und 3,8)

Strukturelle Merkmale:

Abmessungen, Anzahl und Lage der Wirkflächen (Gleitflächen, Druckzonen).
Lagerspiel, Keilspaltverhältnis, Spaltweite.
Lagerwerkstoffe und Wirkflächen-Rauhigkeiten (wichtig für Mischreibungsgebiet).
Art und Viskosität des Fluids (Luft, Wasser, Öl, Fett).
Lastrichtungen, Bewegungsrichtungen, Relativgeschwindigkeit.
Steifigkeit der Lagerkomponenten.
Art der Wärmeabfuhr (Konvektion, Schmierstoffkühlung) und Temperaturniveau.
Schmierungs- und Dichtungssysteme.

Bauformen (Bild 4-31):

Ein- und mehrflächige Radialgleitlager, Axialgleitlager, Gleitführungen [1, 39–41, 93].
Dichtungssysteme [37, 38] (vgl. 4.8).

4.4.4 Hydrostatische Gleitlagerungen und -führungen

Wirkprinzip (Bild 4-32):

Fluiddruck wird außerhalb des Lagers mit einer Pumpe erzeugt und Druckkammern zugeführt. Fluid fließt über enge Spalte ab.

Lagerbelastung: $\qquad F = (p_0 - p_a) \cdot (b_1 + b_2) \cdot l$

Volumendurchfluss: $\qquad \dot{V} = 2 \dfrac{(p_0 - p_a) \cdot h_m^3 \cdot l}{12\eta \cdot b_2}$.

Strukturelle Merkmale:

Zusätzlich zu hydrodynamischen Gleitlagerungen:
Abmessungen, Anzahl und Lage der Drucktaschen.
Höhe und Länge der begrenzenden Spalte.

Bauformen (Bild 4-33):

Hydrostatische Radiallager und Axiallager [1, 42].

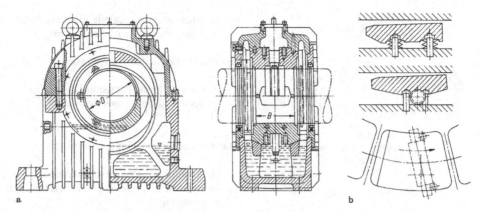

Bild 4-31. Bauformen hydrodynamischer Gleitlagerungen und -führungen (Auswahl). **a** Radiallager (Desch Antriebstechnik, Arnsberg), **b** Axiallager/Längsführung

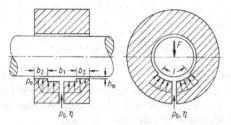

Bild 4-32. Hydrostatisches Wirkprinzip. p_0 Öldruck (Quellendruck), p_a Außendruck, η dynamische Viskosität des Öls

4.4.5 Magnetische Lagerungen und -führungen

Wirkprinzip (Bild 4-34):

Berührungsfreies Getrennthalten mit Luftspalt zweier relativ zueinander bewegter Körper durch magnetische Kräfte, die durch Elektromagnete erzeugt und mittels Stellungssensoren geregelt werden.

Strukturelle Merkmale:

Abmessungen, Anordnung und Stärke
  der Magnetfelder.
Luftspalte.
Ferromagnetische Werkstoffe.
Relativgeschwindigkeit.
Fangsystem für An- und Abfahren sowie Störfälle.

Bauformen (Bild 4-35):

Radial- und Axiallager, letztere auch als Längsführungen [55].

4.4.6 Allgemeine Anwendungsrichtlinien

Wälzlagerungen vorzugsweise

– als kostengünstiges, handelsübliches Einbaulager,
– für niedrige Anlaufreibung und niedrige Drehzahlen,

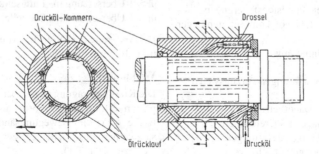

Bild 4-33. Bauform eines hydrostatischen Lagers

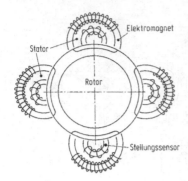

Bild 4-34. Wirkprinzip eines Magnetlagers [55]

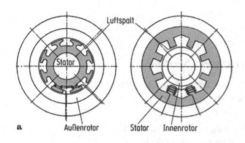

a   Außenrotor   Stator   Innenrotor

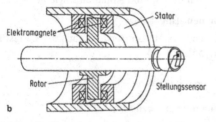

Bild 4-35. Bauformen von Magnetlagern [55]. **a** Radiallager, **b** Axiallager

– für genaue, spielfreie Präzisionslagerungen,
– zur einfachen Aufnahme von kombinierten Lagerbelastungen,
– für einfache Fettschmierung.

Hydrodynamische Gleitlagerungen vorzugsweise

– für verschleißfreien Dauerbetrieb,
– bei hohen Belastungen und Drehzahlen,
– zur Aufnahme stoßartiger Belastungen,
– als montagegünstiges geteiltes Lager,

– zur Anpassung an spezielle Einbaubedingungen,
– für große und größte Abmessungen.

Hydrostatische Gleitlagerungen vorzugsweise

– für verschleißfreie Präzisionslagerungen,
– für verschleißfreie Lager bei niedrigen Drehzahlen.

Magnetische Lagerungen vorzugsweise

– für berührungslosen, verschleißfreien Betrieb,
– für hohe Relativgeschwindigkeiten bei mittleren Belastungen,
– für einstellbare Steifigkeit und Dämpfung,
– für einstellbaren Luftspalt.

4.5 Mechanische Getriebe

4.5.1 Funktionen und generelle Wirkungen

Funktionen:

Übertragen von Leistungen $P = M_t \cdot \omega$ (Drehbewegung) oder $P = F \cdot v$ (Schubbewegung) bei Änderung von M_t bzw. F und Geschwindigkeiten:

– Vergrößern oder Verkleinern (Ändern) der Eingangsgrößen $M_t, \omega(n)$ bei gleichbleibender Bewegungsart (gleichförmig übersetzende Getriebe) ohne oder mit Richtungswechsel.
– Wandeln der Bewegungsart (ungleichförmig übersetzende Getriebe).

Beim Übertragen von Drehbewegungen:
Übersetzung $i = \omega_a/\omega_b = i_{a/2} \cdot i_{2/3} \ldots i_{j/b}$

$|i| > 1$ Übersetzung ins Langsame
$|i| < 1$ Übersetzung ins Schnelle

Bei Änderung des Drehsinns von Antrieb (a) und Abtrieb (b) wird i negativ.

Wirkungen:

Die Kraftübertragung an den beteiligten Wirkflächenpaaren erfolgt durch Form- und/oder Reibschluss (siehe 4.1), die Bewegungsänderung durch Wirksamwerden des Hebelgesetzes und kinematischer Gesetze (siehe E 1).

4.5.2 Zahnradgetriebe

Wirkprinzip (Bild 4-36):

Bedingt durch die am Berührungspunkt der Wälzkreise erforderliche gleiche Umfangsgeschwindigkeit ergibt sich:

$$v_1 = (d_1/2) \cdot \omega_1 = v_2 = (d_2/2) \cdot \omega_2$$

$$\rightarrow \frac{\omega_1}{\omega_2} = \frac{n_1}{n_2} = \frac{d_2}{d_1} .$$

Mit Teilkreisdurchmesser

$$d = m \cdot z \rightarrow \frac{\omega_1}{\omega_2} = \frac{d_2}{d_1} = \frac{z_2}{z_1} .$$

Ohne Berücksichtigung von Verlusten ergibt sich entsprechend:

$$P_1 = M_{t_1} \cdot \omega_1 = P_2 = M_{t_2} \cdot \omega_2 \rightarrow \frac{\omega_1}{\omega_2} = \frac{M_{t_2}}{M_{t_1}} .$$

Die durch die Tangentialkräfte an den Zahnflanken hervorgerufenen Zahnnormalkräfte belasten die Zähne durch Flächenpressung (Wälzpressung) und Biegung, ferner die Lagerungen der Zahnradwellen.

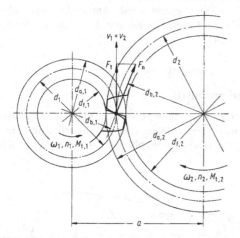

Bild 4-36. Kenngrößen einer Stirnradstufe mit Evolventenverzahnung als Getriebegrundtyp. z Zähnezahl, m Modul = Zahnteilung/π, ω Winkelgeschwindigkeit, F_t Tangentialkraft = $2M_t/d$, F_n Zahnnormalkraft, d_1, d_2 Teilkreis-Ø, $d_{b,1}, d_{b,2}$ Bezugskreis-Ø, $d_{a,1}, d_{a,2}$ Außenkreis-Ø, $d_{f,1}, d_{f,2}$ Fußkreis-Ø

Strukturelle Merkmale:

Lage der Verzahnung zur Wellenachse: Gerad-, Schräg-, Pfeil-, Doppelschrägverzahnung.

Lage der Wellenachsen zueinander: Parallel (Stirnräder als Außenradpaar oder Innenradpaar), sich schneidend (Kegelräder), sich kreuzend (Schraubenradpaar, Schneckenradsatz).

Lage der Verzahnung zum Radkranz: Außen- oder Innenverzahnung.

Zahnflankenform: Evolventen- ohne oder mit Profilverschiebung, Zykloiden-, Kreisbogen-, Triebstock- und Sonderverzahnungen.

Bewegungsmöglichkeiten der An- und Abtriebswellen und des Gehäuses: Übersetzungsgetriebe mit stillstehendem Gehäuse, Umlaufgetriebe (Planetengetriebe) mit drehbar gelagertem Gehäuse und mit diesem verbundener zusätzlicher Welle (Standgetriebe mit festen Achsen, Überlagerungsgetriebe als Differenzial- oder Summiergetriebe, Zweiwellengetriebe mit umlaufendem Steg).

Übersetzung: Konstant oder stufenweise veränderlich (Schaltgetriebe).

Zahnradwerkstoffe und Oberflächenbehandlungen.

Fertigungsverfahren und Toleranzen (Verzahnungsqualitäten).

Schmierungs- und Kühlungsarten.

Leistungs- und Geschwindigkeitsbereiche.

Gehäusegestaltung (Bauarten).

Bauformen (Bild 4-37):

Getriebe mit fester Übersetzung, Umlaufgetriebe, schaltbare Getriebe [1, 43, 44, 58, 90, 94].

4.5.3 Kettengetriebe

Wirkprinzip (Bild 4-38):

Kraftübertragung zwischen Kettenrad und Kette formschlüssig mit überlagertem Reibschluss oder nur reibschlüssig. Übersetzung abhängig von Durchmesser- und Zähnezahlverhältnis der Kettenräder wie bei Zahnradgetrieben. Beanspruchungsverhältnisse ähnlich Zahnrädern.

Strukturelle Merkmale:

Kettenart: Antriebsketten, Last- und Förderketten.
Kettenanordnung.

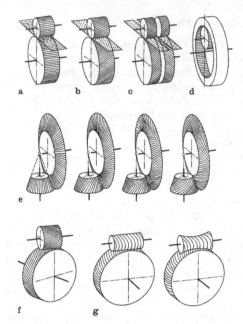

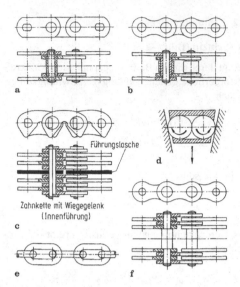

Bild 4-39. Bauformen von Kettengetrieben (Auswahl). Antriebsketten: **a** Buchsenkette, **b** Rollenkette, **c** Zahnkette, **d** kraftschlüssige Rollenkette; Last- und Förderketten: **e** Rundstahlkette, **f** Gallkette

Bild 4-37. Bauformen von Zahnradgetrieben (Auswahl). Stirnrad-Außenradpaar mit **a** Geradverzahnung, **b** Schrägverzahnung, **c** Doppelschrägverzahnung, **d** Stirnrad-Innenradpaar, **e** Kegelradpaar mit Gerad-, Schräg-, Pfeil- und Bogenverzahnung, **f** Stirnschraubradpaar, **g** Schneckenradsätze

Bauformen (Bild 4-39):
Offene und geschlossene Antriebskettengetriebe, Stell- und Regelkettengetriebe, Last- und Förderketten [1, 43].

4.5.4 Riemengetriebe

Wirkprinzip (Bild 4-40):

Kraftübertragung zwischen Riemenscheiben und Riemen rein reibschlüssig oder mit zusätzlichem Formschluss. Übersetzung abhängig vom Durchmesserver-

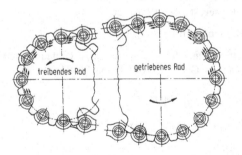

Bild 4-38. Wirkprinzip eines Kettengetriebes

Feste und veränderbare Übersetzung
  (in Stufen, stufenlos).
Anzahl der Kettenräder
  (treibend, getrieben, Leiträder).
Zahnform der Kettenräder.
Werkstoffe für Räder und Ketten.
Schmierungs- und Staubschutzarten.

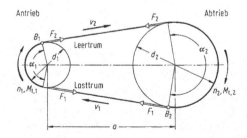

Bild 4-40. Wirkprinzip eines Riemengetriebes

hältnis der Riemenscheiben. Grundgleichung für Umschlingungsgetriebe nach Eytelwein (siehe E 2.5.2):

$$F_1 = F_2 \cdot e^{\mu\alpha} \ .$$

Nutzlast: $F_t = F_1 - F_2$.

Erforderliche Vorspannung: $F_v \geqq 0,5\,(F_1 + F_2) + F_F$ je Riementrum.
Beanspruchung im Riemen durch Riemenkräfte (Trumkräfte), Fliehkräfte, Riemenbiegung, Riemenschränkung.

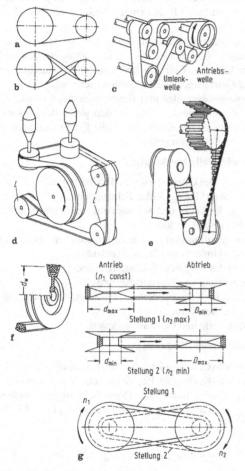

Strukturelle Merkmale:

Riemenart: Flach-, Keil-, Rund-, Zahnriemen.
Form der Riemenscheiben.
Riemenführung, Lage der Wellenachsen.
Art der Vorspannung (fest, Spannrolle, Selbstspannung).
Feste und veränderbare Übersetzung (in Stufen, stufenlos).
Werkstoffe und Aufbau der Riemen.
Art und Höhe des Schlupfes.

Bauformen (Bild 4-41):

Flachriemen-, Keilriemen-, Zahnriemen-, Verstellgetriebe [1, 43, 92].

4.5.5 Reibradgetriebe

Wirkprinzip (Bild 4-42):

Kraftübertragung zwischen Wirkflächenpaaren der Räder und gegebenenfalls Wälzkörper durch Wälzreibung. Übersetzung abhängig vom Durchmesserverhältnis der Räder bzw. wirksamen Radius der Berührungsstellen der Wälzkörper.
Beanspruchung an der Berührungsfläche durch Hertz'sche Pressung (siehe E 5.11.4).
Übertragbare Umfangskraft: $F_t = \mu \cdot F_n/S_R$.
S_R = Sicherheit gegen Rutschen

Strukturelle Merkmale:

Reibradform: Zylinder, Planscheiben, Kegel, Doppelkegel, Kugelkalotten, Kugeln, Torusflächen.
Aufbringen der Anpresskraft: Gewicht, Federkraft, elastische Vorspannung, Keilwirkung, Achskraft, Selbstspannung.

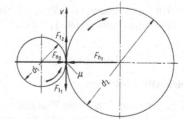

Bild 4-41. Bauformen von Riemengetrieben (Auswahl). **a** Offen, **b** gekreuzt, **c** Vielwellenantrieb, **d** räumliches Getriebe, **e** Zahnriemen, **f** Keilriemen, **g** Keilriemen-Verstellgetriebe

Bild 4-42. Wirkprinzip eines Reibradgetriebes. μ Reibungszahl, F_t übertragbare Umfangskraft, F_n aufgezwungene Normalkraft

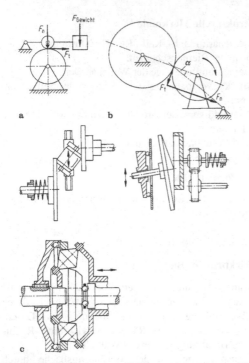

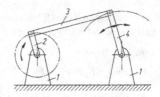

Bild 4-44. Wirkprinzip eines Gelenkvierecks als Grundtyp mechanischer Kurbel- und Kurvengetriebe. *1* Gestell, *2* Kurbel, *3* Koppel, *4* Schwinge

Bild 4-43. Bauformen von Reibradgetrieben (Auswahl). **a** konstante Anpresskraft durch Gewicht oder Feder **b** drehmomentabhängige Anpresskraft durch Keilwirkung, **c** einstellbare Wälzgetriebe

Feste und veränderbare Übersetzung.
Lage der Wellenachsen: Parallel, sich schneidend.
Reibradwerkstoffe (Gummi/Metall, Metall/Metall).
Betriebsart: Trocken oder ölgeschmiert.
Art und Höhe des Schlupfes.

Bauformen (Bild 4-43):

Reibradgetriebe mit konstanter und stufenlos einstellbarer Übersetzung (Wälzgetriebe) [1, 43, 45, 69].

4.5.6 Kurbel-(Gelenk-) und Kurvengetriebe

Wirkprinzip (Bild 4-44):

Grundtyp dieser Getriebeart zum Wandeln von Bewegungen und Energien ist das Gelenkviereck mit 4 Gliedern und 4 Drehgelenken. Getriebevarianten entstehen durch Ersetzen von Drehgelenken durch Schubgelenke, durch Erhöhung der Anzahl der Glie-

der, durch Festlegen unterschiedlicher Glieder als Gestell und durch Ersatz eines Gliedes durch eine Kurvenscheibe.

Bewegungsabläufe von Antrieb und Abtrieb sind abhängig von der Getriebeart, den Abmessungen und der Lage der Getriebeglieder sowie der Ausführung der Getriebegelenke bzw. Kurvenscheiben.

Bewegungsgesetze und Beanspruchungen von Gliedern und Gelenken sind mit den generellen Zusammenhängen der Kinematik (siehe E 1.6) und Kinetik (siehe E 3) bestimmbar.

Strukturelle Merkmale:

Anzahl der Glieder: Viergliedrig, mehrgliedrig.
Gelenkart: Drehgelenke, Schubgelenke.
Lage der Dreh- und Schubgelenke zueinander in der Ebene und im Raum.
Durchlauffähigkeit mit unterschiedlicher Verteilung von Umlauf- und Schwinggelenken.
Lage des festgelegten Gestellgliedes.
Zuordnung von An- und Abtrieb.
Form der Kurvenscheibe mit vollumrollter oder teilberollter Kurve.
Werkstoffe und Gestaltungsdetails.

Bauformen (Bild 4-45):

Kurbel-(Gelenk-)Getriebe: Kurbelschwinge, Schubkurbel, Kurbelschleife, Schubschwinge, Schubkurbel, Kreuzschubkurbel, Doppelschleife und -schieber. Kurvengetriebe, Sondergetriebe [1, 46, 47, 70, 91, 95].

4.5.7 Allgemeine Anwendungsrichtlinien

Zahnradgetriebe vorzugsweise

– für hohe und höchste Leistungen, Drehmomente und Drehzahlen,

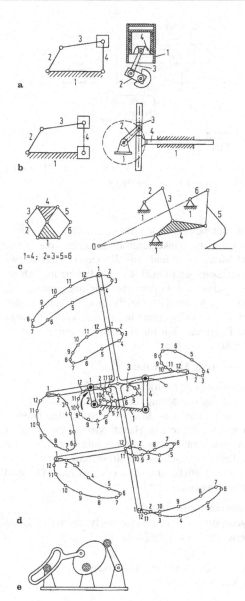

Bild 4-45. Bauformen von Kurbel- und Kurvengetriebe (Auswahl). **a** Schubkurbel, **b** Kreuzschubkurbel, **c** Sechsgliedriges Getriebe, **d** Kurbelschwinge mit Koppelkurven, **e** Kurvengetriebe

– für synchrone Drehbewegungsübertragung hoher Laufgüte,

– für hohe Stückzahlen,
– für Schaltgetriebe (Fahrzeuggetriebe),
– für Baukasten- und Baureihentechnik,
– für mittlere Übersetzungen und Abstände von An- und Abtriebswellen.

Kettengetriebe vorzugsweise

– für mittlere Leistungen, Drehmomente und Drehzahlen,
– für mittelgroße, grob tolerierte Achsabstände,
– für synchrone Drehbewegungsübertragung mit Mehrfachabtrieben beiderseitig der Kette,
– für kostengünstige, gut zugängliche und robuste Antriebssysteme.

Riemengetriebe vorzugsweise

– für kleine und mittlere Leistungen, Drehmomente und Drehzahlen,
– zur Überbrückung großer, grob tolerierter Achsabstände,
– für große Freiheiten hinsichtlich Drehsinn und Lage von An- und Abtriebswellen sowie Mehrfachabgriff,
– zur Überlastsicherung durch Rutschen,
– für Stoß und geräuscharmen Betrieb,
– für einfache, kostengünstige, ungeschmierte Antriebssysteme mit leichter Austauschbarkeit des Riemens,
– für stufenlose Übersetzungsänderung.

Reibradgetriebe vorzugsweise

– für kleine Leistungen, Drehmomente und Drehzahlen,
– für kleine Achsabstände und platzsparende Anordnungen,
– für einfache, kostengünstige Antriebssysteme,
– zur Überlastsicherung durch Rutschen,
– zum einfachen Ändern und Schalten der Antriebsbewegungen,
– auch für trockenlaufende Antriebssysteme.

Kurbel- und Kurvengetriebe vorzugsweise

– zur Wandlung von gleichförmigen Antriebsbewegungen in ungleichförmige Abtriebsbewegungen und umgekehrt,
– zur Realisierung spezieller Bewegungsgesetze,
– zur eindeutigen Zuordnung von An- und Abtriebsbewegungen hoher Laufgüte.

4.6 Hydraulische Getriebe

4.6.1 Funktionen und generelle Wirkungen

Funktionen:

Analog denen mechanischer Getriebe.

Wirkungen:

Die Leistungskopplung zwischen An- und Abtrieb erfolgt durch ein inkompressibles Fluid (Hydrauliköl, siehe D 7.2) unter Ausnutzung von Druckenergie (hydrostatische Getriebe) oder Geschwindigkeitsenergie (hydrodynamische Getriebe).

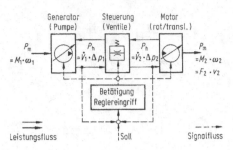

Bild 4–46. Wirkprinzip eines Hydrogetriebes (Hydrostatisches Getriebe) (Leistungsangaben ohne Wirkungsgrade) nach [61]

4.6.2 Hydrostatische Getriebe (Hydrogetriebe)

Wirkprinzip (Bild 4–46):

Mit einer Verdrängerpumpe wird ein Förderstrom

$$\dot{V}_1 = n_1 \cdot V_1 \cdot \eta_{1,\mathrm{v}} = (\omega_1/2\pi) \cdot V_1 \cdot \eta_{1,\mathrm{v}}$$

eines Fluids erzeugt, der über Rohrleitungen zu einem Verdrängermotor geleitet wird, der diesen als Schluckstrom $\dot{V}_2 = n_2 \cdot V_2/\eta_{2,\mathrm{v}}$ aufnimmt.
Das Pumpen-Drehmoment ergibt sich zu:

$$M_{\mathrm{t},1} = \frac{\Delta p_1 \cdot \dot{V}_1}{\omega_1 \cdot \eta_{1,\mathrm{hm}} \cdot \eta_{1,\mathrm{v}}}.$$

Das Motor-Drehmoment ergibt sich zu:

$$M_{\mathrm{t},2} = \frac{\Delta p_2 \cdot \dot{V}_2}{\omega_2} \cdot \eta_{2,\mathrm{hm}} \cdot \eta_{2,\mathrm{v}}$$

Die Antriebsleistung ergibt sich zu:

$$P_{\mathrm{an}} = \frac{\Delta p_1 \cdot \dot{V}_1}{\eta_{1,\mathrm{hm}} \cdot \eta_{1,\mathrm{v}}}.$$

Die Abtriebsleistung ergibt sich zu:

$$P_{\mathrm{ab}} = \Delta p_2 \cdot \dot{V}_2 \cdot \eta_{2,\mathrm{hm}} \cdot \eta_{2,\mathrm{v}}$$

Drehzahlverhältnis (Übersetzung):

$$i_{\mathrm{n}} = \frac{n_{\mathrm{a}}}{n_{\mathrm{b}}} = \frac{\dot{V}_1}{\dot{V}_2} \cdot \frac{V_2}{V_1} \cdot \frac{1}{\eta_{1,v} \cdot \eta_{2,\mathrm{v}}}.$$

Hierin sind: V_1 and V_2 Verdrängervolumina von Pumpe und Motor, $\dot{V}_1$ und $\dot{V}_2$ Förderstrom der Pumpe

bzw. Schluckstrom des Motors, $n_1, \omega_1, n_2, \omega_2$ Drehzahlen bzw. Winkelgeschwindigkeiten von Pumpe und Motor, Δp_1 und Δp_2 die Druckdifferenz zwischen Saug- und Druckseite bei Pumpe und Motor, $\eta_{1,\mathrm{v}}$ und $\eta_{2,\mathrm{v}}$ volumetrische Wirkungsgrade, $\eta_{1,\mathrm{hm}}$ und $\eta_{2,\mathrm{hm}}$ hydraulisch-mechanische Wirkungsgrade.
Bei Hubverdrängermaschinen sind die Leistungs- und Energiegrößen für Hubbewegungen anzusetzen ($F \hat{=} M_t, v \hat{=} \omega, P = F \cdot v$).

Strukturelle Merkmale:

Bauformen der Verdrängereinheiten.
Verstellung (Änderung) der Verdrängervolumina.
Regelung: Pumpen-, Motor-, Verbund- und Drosselregelung (letztere im Haupt- oder Nebenstrom).
Systemaufbau: Eigen- und fremdbetätigte Systeme, offene und geschlossene Stromkreise.
Art von Antriebs- und Abtriebsbewegung: Drehend, Hubbewegung.

Bauformen (Bild 4–47):
Hydropumpen, Hydromotoren, Hydroventile, Hydrokreise, Hydrogetriebe [1, 48, 49].

4.6.3 Hydrodynamische Getriebe (Föttinger-Getriebe)

Wirkprinzip (Bild 4–48):

Die hydrodynamische Leistungsübertragung erfolgt mit einer Kreiselpumpe (P) und einer Flüssigkeitsturbine (T) in einem gemeinsamen Gehäuse, wobei ein zwischengeschaltetes, mit dem Gehäuse verbundenes Leitrad (Reaktionsglied R) ein Differenzmoment zwischen Pumpe und Turbine aufnehmen kann.

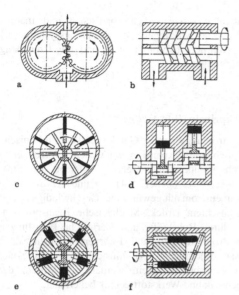

Bild 4-47. Bauformen von Verdrängereinheiten für Hydrogetriebe (Auswahl) [61]. **a** Zahnradpumpe, **b** Schraubenpumpe, **c** Flügelzellenpumpe, **d** Reihenkolbenpumpe, **e** Radialkolbenpumpe, **f** Axialkolbenpumpe

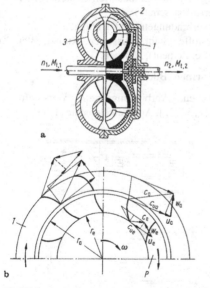

Bild 4-48. Wirkprinzip eines hydrodynamischen Getriebes. *1* Pumpe (P), *2* Turbine (T), *3* Leitrad (Reaktionsglied R). **a** prinzipieller Aufbau, **b** Geschwindigkeiten (*c* absolute Geschwindigkeiten, *w* relative Geschwindigkeiten)

Leistungsübertragung erfolgt nach der Euler'schen Turbinengleichung (Impulssatz, siehe E 8.5):

Hydraulische Leistung

$$P_h = \dot{V} \cdot \varrho \cdot \omega(c_{ua} \cdot r_a - c_{ue} \cdot r_e)$$
$$= \dot{m} \cdot \omega \cdot \Delta c_u \cdot r \, .$$

Strukturelle Merkmale:

Schaufelformen des Pumpen-, Turbinen- und Leitrades: Gerade (drehrichtungsunabhängig), gekrümmt (bessere Wirkungsgrade).

Verstellmöglichkeit der Leitradschaufeln zur Anpassung an Antriebs- und Abtriebsmaschinen-Kennlinien.

Schaltungen als mehrphasige Wandler und/oder mit Föttinger-Kupplungen, letztere mit Füllungssteuerung (Regel- und Schaltkupplung).

Bauformen (Bild 4-49):

Föttinger-Wandler [1, 31–33].

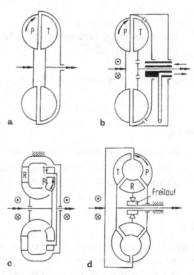

Bild 4-49. Bauformen von Föttinger-Getrieben (Auswahl) [62]. **a** Föttinger-Kupplung (nicht verstellbar), **b** Föttinger-Kupplung zur stufenlosen Drehzahlanpassung, **c** einphasiger, einstufiger Föttinger-Wandler zur stufenlosen Drehzahlanpassung und Drehmomentwandlung, **d** mehrphasiger Föttinger-Wandler

4.6.4 Allgemeine Anwendungsrichtlinien

Hydrostatische Getriebe vorzugsweise

- zur Übertragung großer Leistungen und Kräfte mit einfachen und betriebssicheren Komponenten bei kleiner Baugröße,
- zur flexiblen Anordnung von Antrieb und Abtrieb und bei größeren Abständen,
- zum einfachen Mehrfachabtrieb bei nur einer Antriebseinheit,
- zur einfachen, feinfühlig stufenlosen Drehzahl- und Drehmomentänderung mit großem Stellbereich,
- zur einfachen Wandlung von drehender in Hubbewegung und umgekehrt,
- für hohe Schaltgeschwindigkeiten,
- als kostengünstiges Getriebe mit handelsüblichen Bauelementen.

Hydrodynamische Getriebe vorzugsweise

- als Anfahrgetriebe,
- zur verschleißfreien, schwingungstrennenden Leistungsübertragung,
- für große und größte Leistungen,
- als automatisches Kraftfahrzeuggetriebe in Kombination mit Planetengetrieben.

4.7 Elemente zur Führung von Fluiden

4.7.1 Funktionen und generelle Wirkungen

Funktionen:

Führen eines Fluids auf definierten Wegen mit geringen Strömungs- und Leckverlusten, gegebenenfalls unter Verändern sowie zeitweisem Sperren des Fluidstromes.

Wirkungen:

Die Strömung von Flüssigkeiten (inkompressiblen Fluiden) erfolgt nach den Gesetzen der Hydrodynamik (siehe E 8), die von Gasen (kompressiblen Fluiden) nach den Gesetzen der Gasdynamik (siehe E 9). Kennzeichnend sind der Strömungszustand (laminar, turbulent; Kenngröße: Reynolds-Zahl $Re = v \cdot d / v$), die Rohrreibung, die Strömungsverluste in Rohrelementen, Rohrschaltern und sonstigen

Einbauten sowie die mechanischen und thermischen Rückwirkungen des Strömungssystems auf das Rohrnetz (Verbindungen) und die Umgebung (Halterungen).

4.7.2 Rohre

Wirkprinzip (Bild 4-50):

Die Strömungsenergie (Gefälle- und/oder thermische Eigenenergie, Expansion bei Gasen, Fremdenergie durch Pumpen und Gebläse) gleicht die Strömungsverluste (siehe E 8.4) aus und erzeugt einen Volumenstrom mit gewünschter Geschwindigkeit und gewünschtem Druck. Mechanische Beanspruchungen durch Rohrkräfte und thermische Belastungen von Rohrleitungen und Rohrverbindungen sowie Zusatzforderungen, z. B. hinsichtlich Isolation und Korrosionsbeständigkeit, werden mit Mitteln der Mechanik und Werkstofftechnik beherrscht.

Strukturelle Merkmale:

Rohrarten und Abmessungen (Strömungsquerschnitte, Rohrlängen, Rohrwandstärken).
Verlegungs- und Einbauarten (Halterungen, Isolation, Korrosionsschutz).
Rohrverbindungen und Dichtungen.
Werkstoffe (Stahl, Gusseisen, Kupfer, Blei, Kunststoffe, Zement), Normen.

Bauformen (Bild 4-51):

Rohrarten, Verbindungsarten, Werkstoffe, Normen [1, 50–52], Apparateelemente [1, 53].

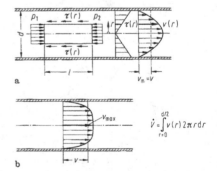

Bild 4-50. Strömungszustände flüssiger und gasförmiger Fluide [63]. **a** laminare, **b** turbulente Strömung

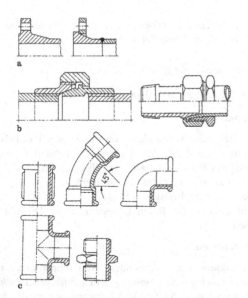

Bild 4-51. Bauformen von Rohrnetz-Komponenten (Auswahl) [64]. **a** Flanschformen, **b** Rohrverbindungen, **c** Rohrfittings

4.7.3 Absperr- und Regelorgane (Armaturen)

Wirkprinzip (Bild 4-52):

Das Absperren einer Fluidströmung erfolgt durch Betätigen eines Absperrorgans (eigen- oder fremdbetätigt), d. h. durch dichtes Unterbrechen des Strömungsweges.

Das Verändern (Steuern, Regeln) des Volumenstromes eines Fluids in Abhängigkeit von Stellgrößen, wie z. B. Druck, Temperatur oder Wasserstand, um einen bestimmten Betriebszustand im Rohr-

netz einzustellen, erfolgt durch Verändern des Strömungsquerschnitts mit Erzeugen von Strömungsverlusten.

Strukturelle Merkmale:

Bewegungsrichtung des Drosselorgans (Ventil, Schieber, Klappe, Hahn) zur Strömungsrichtung.
Einbaumerkmale
(Gerad-, Schrägsitz-, Eck-Armaturen).
Steuerkennlinie (Strömungsverluste).
Öffnungs- und Schließzeiten.
Bereiche für Nennweite (DN) und Nenndruck (PN).
Betätigungsart (von Hand, durch hydraulische, pneumatische, elektrische Stellmotoren, durch Strömungskräfte).
Werkstoffe von Armaturengehäusen, Absperrorganen, Dichtungen.

Bauformen (Bild 4-53):

Ventile, Schieber, Klappen, Hähne, Rückschlagventile, Druckminderer, Kondensatableiter [1, 54].
Hydroventile
(Wegeventile, Druckventile, Stromventile) [1].

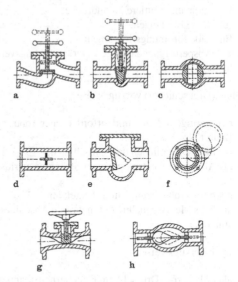

Bild 4-53. Bauformen von Absperrorganen (Auswahl) [64]. **a** Ventil, **b** Schieber, **c** Hahn, **d** Drehklappe im Rohr, **e** Klappe auf Rohrstutzen, **f** einklappbare Scheibe, **g** Ventil mit Membranabschluss, **h** tropfenförmiger Körper im Rohr

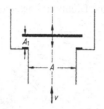

Bild 4-52. Wirkprinzip eines Absperr- und Regelorgans. Widerstandsbeiwert $\zeta = f(A_1/A)$ A_1 kleinster Durchflussquerschnitt, v Strömungsgeschwindigkeit

4.7.4 Allgemeine Anwendungsrichtlinien

Für Rohre und Rohrverbindungen gibt es eine Vielzahl von Normen, Vorschriften und Katalogen mit Abmessungs-, Werkstoff- und Anwendungsangaben [1].

Für Absperr- und Regelorgane gilt generell:

Ventile vorzugsweise

- als Rückschlagventil, Druckminderventil, Schwimmerventil, Kondensatableiter, Sicherheitsventil, Schnellschlussventil,
- als Geradsitzventil mit guter Bedienbarkeit und Wartung, aber hohem Druckverlust, deshalb auch als Drosselventil geeignet,
- als Schrägsitzventil mit niedrigem Druckverlust, deshalb vor allem als Absperrorgan,
- als Eckventil mit der Zusatzfunktion eines Krümmers.

Schieber vorzugsweise

- für große Nennweiten und hohe Strömungsgeschwindigkeiten,
- für kleine und mittlere Nenndrücke,
- für kleine Baulängen,
- für beide Strömungsrichtungen,
- als Absperrorgan dank geringer Strömungsverluste.

Hähne (Drehschieber) vorzugsweise

- bei geringem Platz und erforderlicher robuster Bauart,
- für rasches Schließen und Umschalten,
- als Absperrorgan dank geringer Strömungsverluste,
- auch für große Nennweiten (Kugelhähne),
- auch als Mehrweghähne mit mehreren Anschlussstutzen.

Klappen vorzugsweise

- als Absperr-, Drossel- und Sicherheitsklappen (Rückschlagklappen),
- für größere Nennweiten dank geringem Platzbedarf, der nicht viel größer als der Rohrquerschnitt ist,

- mit elektromotorischen, hydraulischen oder handbetätigten Verstellantrieben.

4.8 Dichtungen

4.8.1 Funktionen und generelle Wirkungen

Funktionen:

Sperren oder Vermindern von Fluid- oder Partikelströmungen durch Fugen (Spalte) miteinander verbundener Bauteile. Gegebenenfalls zusätzlich:
Übertragen von Kräften und Momenten,
Zentrieren der beteiligten Bauteile,
Aufnehmen von Relativbewegungen der Dichtflächen.

Wirkungen:

Verhindern oder Vermindern von Fluiddurchtritt durch *mechanische Kopplung* der Dichtflächen, *durch Druckabbau* in Spalten und Labyrinthen oder durch *Sperrmedien*.

4.8.2 Berührungsfreie Dichtungen zwischen relativ bewegten Teilen

Wirkprinzip (Bild 4-54):

Berührungsfreie Dichtungen sind dadurch gekennzeichnet, dass im Betriebszustand zwischen ruhender und bewegter Dichtfläche eine bestimmte Spaltweite eingehalten wird. In dem Spalt bzw. den Spaltenden wird das abzudichtende Druckgefälle mittels Flüssigkeitsreibung und/oder Verwirbelung abgebaut, was eine Strömung voraussetzt [38]. Strömungs- oder Drosseldichtungen sind deshalb nie vollständig dicht. Durch eine Sperrflüssigkeit oder durch Sperrfett im Spalt mit interner oder externer Druckerzeugung kann ebenfalls eine Dichtwirkung erzeugt werden.

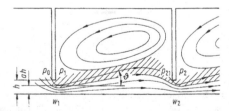

Bild 4-54. Strömungsprofil einer berührungsfreien Spaltdichtung [38]

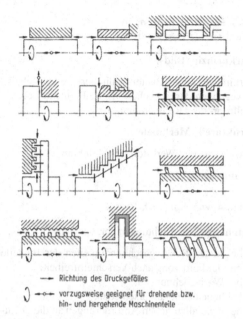

→ Richtung des Druckgefälles

⟲ ─•─ vorzugsweise geeignet für drehende bzw.
        hin- und hergehende Maschinenteile

Bild 4-55. Bauformen berührungsfreier Dichtungen [72]

Strukturelle Merkmale:

Anzahl der Spalte: Spalt, Labyrinth.
Lage der Spalte: Axial, radial, schräg.
Spaltweite und -länge.
Ohne und mit Zusatzelementen, z. B. Schwimmringen oder Spaltbuchsen.
Eingesetzte Werkstoffe und Fluide.
Sperrdruckerzeugnisse innerhalb oder außerhalb der Dichtung.

Bauformen (Bild 4-55):

Spaltdichtungen, Labyrinthdichtungen, Labyrinthspaltdichtungen [38, 71, 72].
Dichtungen mit Sperrmedium [73].

4.8.3 Berührungsdichtungen zwischen relativ bewegten Teilen (Dynamische Dichtungen)

Wirkprinzip (Bild 4-56):

Berührungsdichtungen sind durch das Sperren von drei Undichtheitswegen gekennzeichnet; zwischen

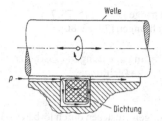

Bild 4-56. Undichtheitswege einer Berührungsdichtung [37, 45]

Welle bzw. Stange und Dichtung, zwischen Dichtung und Gehäuse sowie durch das Dichtungsmaterial. Die Dichtwirkung zwischen den Wirkflächen erfolgt durch mechanische Anpressung ohne oder mit Flüssigkeitsreibung zwischen den bewegten Teilen.

Strukturelle Merkmale:

Bewegungsrichtung: Rotierend, hin- und hergehend.
Lage und Form der Hauptdichtungsfläche: Zylindrische Fläche, Stirnfläche (Gleitringdichtungen).
Art des Dichtungselements: Packung, Ring, Lippen bzw. Manschetten, Formdichtungen.
Anzahl der Dichtungselemente: Einteilig, mehrteilig.
Aufbringen der Dichtkraft: Durch äußere und innere Kräfte.
Dichtungswerkstoff: Weichstoff, Metall-Weichstoff, Metall, Hartstoff.
Reibungsverhältnisse zwischen bewegten Dichtflächen: Trocken-, Misch-, Flüssigkeitsreibung.

Bauformen (Bild 4-57):

Packungsstopfbuchsen [37, 74–77].

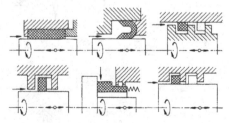

Bild 4-57. Bauformen von Berührungsdichtungen zwischen bewegten Teilen [72]

Wellendichtringe [37, 72, 75, 78, 79].
Gleitringrichtungen [79–83, 86].

4.8.4 Berührungsdichtungen zwischen ruhenden Teilen (Statische Dichtungen)

Wirkprinzip:

Dichtwirkungen entstehen durch lösbares oder unlösbares Verbinden der Bauteile ohne oder mit zwischengeschalteten Dichtungselementen (Zusatzelementen) mittels Stoff-, Reib- oder Formschluss.

Strukturelle Merkmale:

Lösbarkeit: Lösbar, bedingt lösbar, unlösbar.
Art und Form der Dichtungselemente: Flach-, Profil-, Muffendichtung.
Dichtungswerkstoff: Weichstoff, Hartstoff, Metall, Mehrstoff.
Dichtungsverformung: Starr, elastisch, plastisch.
Erzeugung der Dichtwirkung: Stoffschluss, Reibschluss durch Betriebskräfte oder äußere Kräfte, Formschluss, z. B. durch Schneiden.

Bauformen (Bild 4-58):

Unlösbare Dichtungen durch Schweißen, Löten, Kitten [1].
Lösbare Dichtungen: Flachdichtungen, Formdichtungen, stopfbuchsenartige Dichtungen [37, 75, 84, 85].

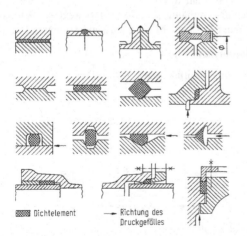

▨ Dichtelement   → Richtung des Druckgefälles

Bild 4-58. Bauformen von Berührungsdichtungen zwischen ruhenden Teilen [37, 72]

4.8.5 Membrandichtungen zwischen relativ bewegten Bauteilen

Wirkprinzip (Bild 4-59):

Verbinden zweier Bauteile mit geringeren Relativbewegungen durch hochelastische Elemente (ebene, Wellrohr- oder Rollmembrane).

Strukturelle Merkmale:

Form, Lage und Werkstoff der Membran.

Bauformen: [72]

4.8.6 Anwendungsrichtlinien

Berührungsfreie Dichtungen vorzugsweise

– bei hohen Relativgeschwindigkeiten der Bauteile mit der Forderung nach Verschleißfreiheit,
– bei Wärmedehnungen,
– bei hohen Druckunterschieden,
– bei nicht allzu hohen Anforderungen an die Dichtheit,
– mit zusätzlichen Fettfüllungen zur Abdichtung gegen Schmutz bei Freiluftaufstellung,
– für Fett- und Ölnebelschmierungen.

Berührungsdichtungen (dynamische Dichtungen) vorzugsweise

– für kleine und mittlere Relativgeschwindigkeiten bzw. -bewegungen der Bauteile,
– als handelsübliche und austauschbare Einbauelemente,
– als Gleitringdichtungen für höchste Anforderungen an Dichtheit und Lebensdauer,
– als Filzringdichtungen (nur für niedrige Relativgeschwindigkeiten),
– als Packungsstopfbuchsen vor allem für hin- und hergehende Bewegungen,

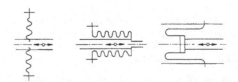

Bild 4-59. Prinzipieller Aufbau von Membrandichtungen [72]

– als Wellendichtringe zur Abdichtung von Medien aller Art (Austreten und Eindringen) bei niedrigen Drücken.

Membrandichtungen vorzugsweise

– bei geringen translatorischen Relativbewegungen,
– bei der Forderung nach absoluter Dichtheit und Verschleißfreiheit bei geringen Reaktionskräften,
– bei aggressiven Medien.

Berührungsdichtungen (statische Dichtungen) vorzugsweise

– für ruhende Dichtflächen mit geringen Wärmedehnungen,
– bei hohen Anforderungen an die Dichtheit,
– als unlösbare Dichtung (Stoffschluss, Pressverbindungen) für höchste Anforderungen an Dichtheit und mechanische Belastbarkeit.

5 Konstruktionsmittel

5.1 Zeichnungen

Die zeichnerische Darstellung von Lösungsideen, prinzipiellen Lösungen oder maßstäblich entworfenen Bauteilen und Baugruppen gehört zu den wichtigsten Aufgaben des Konstrukteurs. Mit der Einführung der grafischen Datenverarbeitung steht ein Arbeitsmittel zur Verfügung, mit dem die Erstellung von Fertigungsunterlagen erfolgt. Es bleibt aber für den Konstrukteur die Notwendigkeit, in allen Konkretisierungsstufen des Entwicklungs- und Konstruktionsprozesses die Zeichnung als Kommunikationsmittel zur Erstellung der Fertigungsunterlagen sowie zur Ordnung und Anregung seiner eigenen Ideen und Lösungsvorschläge einzusetzen. Hierbei ist es von sekundärer Bedeutung, ob die Zeichnung auf dem Papier oder auf dem Bildschirm entsteht. Bei beiden Vorgehensweisen muss der Konstrukteur die wesentlichen Regeln der zeichnerischen Darstellung beherrschen und sie mit räumlichem Vorstellungsvermögen und kreativem Drang einsetzen können.

Für den Erfinder und konzipierenden Konstrukteur ist die Freihandskizze zur Objektivierung seiner Gedanken und als Diskussionsgrundlage im Arbeitsteam die wichtigste Darstellungsform.

In DIN 199 sind die wesentlichen Begriffe des Zeichnungs- und Stücklistenwesens definiert. Danach kann unterschieden werden zwischen:

– Skizzen, die, meist freihändig und/oder grobmaßstäblich, nicht unbedingt an Form und Regeln gebunden sind,
– normgerechten maßstäblichen Zeichnungen,
– Maßbildern,
– Plänen,
– Diagrammen und
– Schema-Zeichnungen.

Hinsichtlich ihres Inhalts wird unterschieden zwischen:

– Gesamt-Zeichnungen als Haupt- oder Zusammenbau-Zeichnungen,
– Gruppen-Zeichnungen,
– Einzelteil-Zeichnungen,
– Anforderungs-Plänen,
– Rohteil-Zeichnungen,
– Modell-Zeichnungen und
– Schema-Zeichnungen.

Für die Anfertigung normgerechter Zeichnungen sei neben DIN ISO 128-30, DIN ISO 128-20, DIN 30, DIN 406, DIN 6771, DIN 6774 und DIN 6789 auf einschlägiges Schrifttum verwiesen [1, 2].

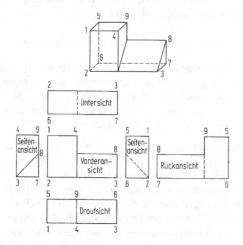

Bild 5-1. Anordnung der Ansichten und Schnitte bei Normalprojektion [3]

Gegenstände sind in Gesamt-Zeichnungen und Gruppen-Zeichnungen in der Gebrauchslage, in Einzelteil-Zeichnungen bevorzugt in der Fertigungslage darzustellen. Dabei werden Ansichten und Schnitte in der Regel in Normalprojektion angeordnet, Bild 5-1. Weitere Projektionsarten siehe A 5.

5.2 Rechnerunterstützte Konstruktion

5.2.1 Grundlagen

Der Einsatz der Datenverarbeitung in der Konstruktion dient der Produktverbesserung sowie zur Senkung des Konstruktions- und Fertigungsaufwands. Die mit dem Rechnereinsatz verbundene Arbeitstechnik des Konstruierens unter Nutzung entsprechender Geräte und Programme wird international als *Computer Aided Design (CAD)* bezeichnet. Bei Verknüpfung von Konstruktionsprogrammen mit DV-Systemen für andere technische Aufgaben spricht man von *Computer Aided Engineering (CAE)*, bei Einbindung in die Datenverarbeitung und -verwaltung eines Gesamtunternehmens von *Computer Integrated Manufacturing (CIM)*.

Von besonderer Bedeutung für CAD-Systeme ist die *rechnerinterne Darstellung geometrischer Objekte (RID)*, die aus dem realen Objekt so hervorgeht: Durch Abstraktion entsteht ein mentales Modell, daraus durch Formalisierung ein Informationsmodell und aus diesem schließlich durch Abbildung ein rechnerinternes Modell, Bild 5-2.

5.2.2 Rechnereinsatz in den Konstruktionsphasen

Für die Bearbeitung einzelner Konstruktionsaufgaben bzw. -tätigkeiten sind eine Vielzahl von Einzelprogrammen und Programmsystemen verfügbar [4, 5]. Ein Programmpool zur Unterstützung des Konstrukteurs kann wie folgt gegliedert sein:

– Berechnungsprogramme zur festigkeitsmäßigen, thermischen, verfahrenstechnischen u. dgl. Nachrechnung, Auslegung und Optimierung von Bauteilen und Baustrukturen. Hierzu zählen auch Simulationsprogramme, die die Abhängigkeit von Objektmerkmalen von der Zeit berechnen und darstellen.
– Gestaltungsprogramme, die Geometriedarstellung, Berechnung und Konstruktionsdatenbereitstellung in einem kontinuierlichen Dialogbetrieb integriert

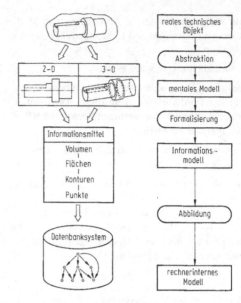

Bild 5-2. Modelle für technische Objekte [5]

ausführen können. Insbesondere muss die Variation (Modellierung) der Geometrie dreidimensional rechnerintern und in der Projektion möglich sein.
– Programme zur bloßen Informationsbereitstellung, z. B. über Lösungsprinzipien, Normteile, Werkstoffe, Zukaufteile, Kostendaten u. dgl. (Datenbanksysteme). Solche Datenbanken werden durch dialogfähige Suchprogramme anwendungsfreundlicher.
– Programme zur reinen Zeichnungserstellung.
– Programme zur Unterlagenerstellung bei Baureihen-, Baukasten- oder Anpassungskonstruktionen, die für eingegebene Aufgabenstellungen durch Kombination von Bausteinen in Form von Bauteilen und Baugruppen sowie durch Parametervariation die Fertigungsunterlagen für das gewünschte Produkt ausgeben.

Zur Unterstützung der kreativen Konstruktionstätigkeit sind vor allem Programme zur Geometriemodellierung, zur Simulation und zur Informationsbereitstellung über bewährte Lösungen hilfreich, da mit diesen schnell Variationsmöglichkeiten und Auswirkungen konstruktiver Maßnahmen sowie die Eigenschaften und Fähigkeiten bekannter Lösungen und der Stand der Technik ermittelt werden können.

Beim Arbeiten mit CAD-Systemen helfen auch zahlreiche Hilfsfunktionen, wie z. B. sog. Explosionsdarstellungen, Perspektiven, Durchsichten, Umwandlungen von 2D- in 3D-Darstellungen, Ausschnittsvergrößerungen, Maßstabsveränderungen, Körperdrehungen und Bewegungen, Einfärbungen und mehr. Insofern wirkt dieses Arbeitsverfahren sowohl rationalisierend als auch kreativitätsfördernd. Neben rein zeichnerischen Darstellungen hat die Verknüpfung von Berechnungsschritten mit der geometrischen Ergebnisausgabe große Bedeutung für die Optimierung der Konstruktionen und die Entwurfsarbeit des Konstrukteurs. Zu nennen wären hierfür die Finite-Elemente-Methode (FEM) (siehe E 5.13) zur Spannungs- und Verformungsanalyse komplexer geometrischer Strukturen und Simulationsprogramme, z. B. für kinematische Probleme [8, 9].

5.3 Normen

Das Beachten von Normen (vgl. Teil O Normung) und sonstigen technischen Regeln während der einzelnen Entwicklungs- und Konstruktionsschritte ist eine wichtige Voraussetzung für international marktfähige Produkte bzw. zum Bestehen des Innovationswettlaufs zwischen den Industrienationen. Sie haben die Rolle von Spielregeln zwischen Produktherstellern und Produktbenutzern und sind eine Fixierung technischen Wissens, das der Allgemeinheit zur freiwilligen Nutzung als unverbindliche Empfehlung zur Verfügung gestellt wird. Nur in dem Maße, in dem sie Anwendung in der Praxis finden, können sie den Stand der Technik widerspiegeln. Daneben erfüllen technische Normen einen Zweck schon dadurch, dass sie bevorzugte technische Lösungen, Begriffsbestimmungen, Abmessungen zu allgemeinen machen und dadurch die Rationalisierung fördern [10].
Nach der Herkunft können folgende im Teil O genauer beschriebene Normen und technische Regeln unterschieden werden:

– Werknormen der einzelnen Unternehmen.
– DIN-Normen des DIN (Deutsches Institut für Normung) einschließlich VDE-Bestimmungen der DKE (Deutsche Elektrotechnische Kommission im DIN).
– EN-Normen (Europäische Normen von CEN-Comité Européen de Normalisation – und

CENELEC – Comité Européen de Normalisation Electrotechnique).
– IEC- und ISO-Normen und -Empfehlungen (Internationale Normen von IEC – International Electrotechnical Commission – und ISO – International Organization for Standardization).
– Vorschriften der Vereinigung der Technischen Überwachungsvereine.
– Richtlinien des Vereins Deutscher Ingenieure (VDI).

Für die Bereitstellung überbetrieblicher technischer Regeln ist das Deutsche Informationszentrum für technische Regeln (DITR) zuständig, das diese entweder im Direktanschluss an die DITR-Datenbank zur Verfügung stellt oder über den DIN-Katalog mit vollständigem Nummern- und Stichwortverzeichnis [11].
Daten über Normteile werden in Normteildatenbanken bereitgestellt [12].
Die Einführung und Anwendung überbetrieblicher Normen und auch von Werknormen wird unterstützt durch den ANP (Ausschuss Normenpraxis im DIN) und durch die IFAN (Internationale Föderation der Ausschüsse Normenpraxis).
Die Entwicklung von Normen kann sinnvoll mit der methodischen Entwicklung eines technischen Produkts verglichen werden [13].

5.4 Kostenerkennung, Wertanalyse

5.4.1 Beeinflussbare Kosten

Ein rechtzeitiges Erkennen von Kosten in allen Entwicklungs- und Konstruktionsphasen sowie bei der Arbeitsplanung ist für das Einhalten von Kostenzielen von größter Bedeutung. Bild 5-3 zeigt in einer Übersicht Entstehung und Zusammensetzung von Kosten. Bei den Herstellkosten wird zwischen *Einzelkosten* (direkt einem Kostenträger, z. B. Einzelteil, zuordenbar) und *Gemeinkosten* (nicht direkt einem Kostenträger zuordenbar) unterschieden. Ferner unterscheidet man zwischen *fixen Kosten* (für einen Zeitraum unveränderlich anfallend) und *variablen Kosten* (abhängig von Auftragsmenge, Losgröße, Beschäftigungsgrad), die zusammen die Herstellkosten ausmachen. Entscheidungen bei der Produktentwicklung beeinflussen vor allem die variablen Kosten, sodass diese insbesondere

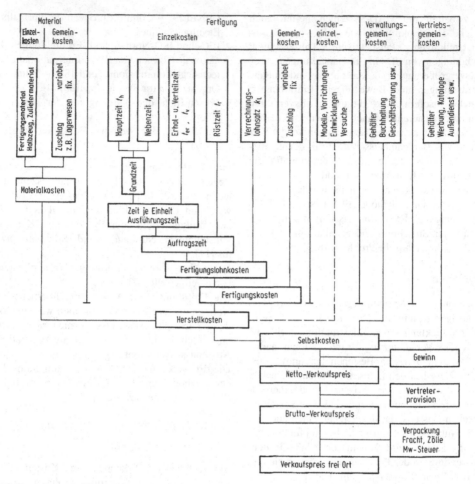

Bild 5-3. Entstehung und Zusammensetzung von Kosten [4]

zur frühzeitigen Kostenabschätzung herangezogen werden.

5.4.2 Methoden der Kostenerkennung

Kalkulieren mit variablen Anteilen der Herstellkosten, VHK

Ansatz: $VHK = MEK + \sum FLK$

$MEK = k_G \cdot G = k_v \cdot V$ Materialeinzelkosten

(k_G Materialpreis/Gewicht, k_v Materialpreis/Volumen, G Gewicht, V Volumen des Einzelteils)

$FLK \approx k_L(t_h + t_n + t_r)$ Fertigungslohnkosten

(k_L Verrechnungslohnsatz, t_h Fertigungshauptzeit, t_n Fertigungsnebenzeit, t_r Fertigungsrüstzeit).
Die Fertigungslohnkosten beziehen sich auf die Fertigungszeiten der einzelnen Fertigungs- und Montageoperationen. Sie werden additiv zu dem variablen Anteil der fertigungsbedingten Herstellkosten zusammengesetzt.
Kenngrößen und genauere Berechnungsverfahren siehe [14].
Allgemeiner Berechnungsansatz als Kostenfunktion:

$$\text{VHK} = \sum_{i=1}^{n} C_i \cdot \prod_{j=1}^{m} x_{ij}^{p_{ij}}$$

(C Konstante, x kostenbeeinflussender Parameter, p zu x zugehöriger Exponent, n Anzahl der Kostenanteile, m Anzahl der Parameter x_j im Kostenanteil i).
Bei Zusammenfassung aller Kostenparameter zu nur einer variablen kennzeichnenden Größe, z. B. eine Abmessung oder das Gewicht, kann die Kostenfunktion vereinfacht geschrieben werden:

$$\text{VHK} = a + b x^p .$$

Vergleichen mit Relativkosten
Relativkosten sind Kosten oder Preise, zu einer Bezugsgröße ins Verhältnis gesetzt. Die Werte von Relativkosten sind dadurch weniger von Preisschwankungen abhängig als die von Absolutkosten.

$$k_{G,V}^* = \frac{k_{G,V}}{k_{G,V \, (\text{Bezugsgröße})}}$$

Relativkostenkataloge für Werkstoffe, Halbzeuge und Zukaufteile siehe [4, 14].

Schätzen über Materialkostenanteil
Ist in einem bestimmten Anwendungsbereich das Verhältnis m von Materialkosten MK zu Herstellkosten HK bekannt und für alle Produkte annähernd gleich, können die Herstellkosten aus den ermittelten Materialkosten abgeschätzt werden:

$$\text{HK} = \text{MK}/m ,$$

m-Werte nach VDI 2225 [15].

Schätzen mit Regressionsrechnungen
Durch statistische Auswertung von Gesamtkosten mithilfe von Regressionsrechnungen können Kosten bzw. Preise in Abhängigkeit von charakteristischen Größen (z. B. Leistung, Gewicht, Durchmesser) ermittelt werden.
Beispiele für solche Regressionsanalysen und mit diesen ermittelte Kostenfunktionen siehe [6, 16].

Hochrechnen mit Ähnlichkeitsbeziehungen
Entsprechend den Entwicklungsstrategien bei Baureihen (siehe 3.4.1) können auch Kostenwachstumsgesetze aus Ähnlichkeitsbeziehungen abgeleitet werden, wobei die ermittelten Kosten eines Grundentwurfs als Basis dienen.

Ansatz: $\quad \varphi_{\text{VHK}} = \dfrac{\text{VHK}_q}{\text{VHK}_0} = \dfrac{\text{MEK}_q + \sum \text{FLK}_q}{\text{MEK}_0 + \sum \text{FLK}_0}$

(q Index für Folgeentwurf, 0 Index für Grundentwurf, φ_{VHK} Stufensprung der VHK).
Bei bekannten Kostenwachstumsgesetzen der Einzelanteile ergibt sich:

$$\varphi_{\text{VHK}} = a_{\text{m}} \cdot \varphi_{\text{MEK}} + \sum_{k} a_{F_k} \cdot \varphi_{\text{FLK}_k}$$

$$\left(a_{\text{m}} = \frac{\text{MEK}_0}{\text{VHK}_0}, \quad a_{F_k} = \frac{\text{FLK}_{k_0}}{\text{FLK}_0} \quad \text{je } k \cdot \begin{array}{l} \text{Fertigungs-} \\ \text{operation} \end{array} \right) .$$

Berechnung für geometrisch ähnliche Teile siehe [4, 17].

5.4.3 Wertanalyse

Die Wertanalyse hat das Ziel, Kosten zu senken. Ihr Vorgehen ist in einem genormten Ablaufplan festgelegt [18, 19]. Dieser schreibt Teamarbeit und funktionsorientierte Kostenentscheidungen zwingend vor. Entsprechend ergeben sich zwei Schwerpunkte des Vorgehens:

– Arbeitsergebnisse entstehen durch interdisziplinäre Zusammenarbeit von Fachleuten aus Vertrieb, Einkauf, Konstruktion, Fertigung und Kalkulation.
– Die Kosten werden als Funktionskosten definiert und ermittelt. Dazu werden die vom Produkt bzw. dem untersuchten Bauteil zu erfüllenden Funktionen Funktionsträgern zugeordnet, die aus einem oder mehreren Einzelteilen gebildet werden können. Aus den kalkulierten Kosten der Einzelteile lässt sich dann abschätzen, welche Kosten zur Realisierung der geforderten Gesamtfunktion und notwendigen Teilfunktionen entstehen. Durch Wahl anderer Lösungen können sowohl einzelne Teilfunktionen eingespart oder diese kostengünstiger realisiert werden (Reduzierung der Funktionskosten).

MENSCH-MASCHINE-WECHSELWIRKUNGEN, ANTHROPOTECHNIK
M. Syrbe, J. Beyerer

Mensch-Maschine-Systeme sind im Berufs- und Privatumfeld alltäglich. Die Aufgaben solcher Systeme werden zwischen dem Menschen als Nutzer und Bediener und der Maschine (technischen Einrichtung) so aufgeteilt, dass die automatisierbaren, d. h. selbsttätig lösbaren, Aufgaben der Maschine und alle anderen Aufgaben dem Menschen zugewiesen werden. In Mensch-Maschine-Systemen wirken aufgrund gestellter und aufgeteilter Aufgaben die instrumentierte, (teil)automatisierte Maschine, eine Schnittstelle zwischen Mensch und Maschine sowie ein oder mehrere Menschen mit begrenzten Wahrnehmungs-, Kognitions- und Handlungsfähigkeiten zusammen. Werden die Eigenschaften des/der Menschen zu wenig berücksichtigt, entstehen oft Unfälle durch menschliches Versagen, aber weniger durch das Versagen des Nutzers bzw. Bedieners sondern das der Gestalter.

Anthropotechnik umfasst die Anpassung von Maschinen und anderen technischen Einrichtungen an die Eigenschaften und Bedürfnisse des Menschen und vice versa so, dass beide bestmöglich zusammen wirken (z. B. gemessen an Leistung, Zuverlässigkeit, Gebrauchstauglichkeit, Wirtschaftlichkeit). Die Anthropotechnik gehört mit der Arbeitstechnik, Arbeitsmedizin und Weiterem zur Ergonomie (Arbeitswissenschaft).

6 Anthropotechnisches Basiswissen für Mensch-Maschine-Wechselwirkungen

6.1 Phänomene und Begriffe

Technische Einrichtungen (Fahrzeuge eingeschlossen) und Dienstleistungen (wie z. B. Auskünfte) werden überwiegend rechnergestützt betrieben mit dem Ziel, durch eine Aufgabenteilung zwischen dem Bediener/Nutzer und der Maschine (Einrichtung, der Anlage bzw. dem Prozess) eine optimale Leistung des ganzen Systems zu erzielen. Damit ist die Aufgaben- und die Systembeschreibung mit den eingeschlossenen Wechselwirkungen wesentlich.

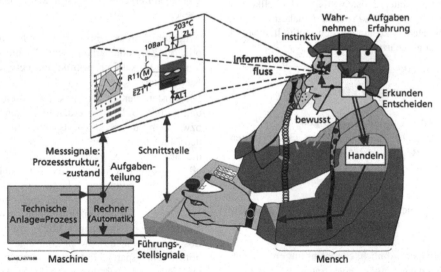

Bild 6–1. Phänomene und Wirkungsbeziehungen in Mensch-Maschine-Systemen am Beispiel des Führens einer technischen Anlage; hier Rührkessel-Reaktor

Die dabei zu beachtenden Phänomene und Wirkungsbeziehungen zeigt Bild 6-1 am Beispiel der Führung (Beobachten, Bedienen) einer technischen Anlage; hier eines chemischen Rührkesselreaktors:

▶ Für die *Aufgabenteilung* beim rechnergestützten, automatischen Betrieb wird ein geteilter *Informationsfluss* genutzt, direkt zum Rechner und über Anzeigen zum Menschen.

▶ Der Teilfluss über den Menschen läuft über folgende *Schnittstellen*:
 – *Informationsdarstellung für den Menschen* insbesondere Prozessstruktur und -zustand;
 – *Informationseingabe durch den Menschen* insbesondere Führungs- und Stellsignale.

▶ Der Mensch hat den Informationsfluss über die Informationsdarstellung *wahrzunehmen*, wobei er auf seine Aufgaben und Erfahrungen zurückgreift, die zu instinktiven bzw. bewussten *Entscheidungen* führen mit dem Ziel
 – die Wahrnehmung zu verbessern (z. B. Hinsehen) und
 – zu *Handeln* (Schließen des Wirkungskreises).

Die Ergebnisse des Handelns führen rückkoppelnd zu neuen Informationen für die Maschine/den Prozess über die Informationseingabe. Dadurch entsteht ein Mensch-Maschine-Dialog.

Anstelle der Führung einer technischen Anlage gibt es andere, immer wichtigere Anwendungsfälle, wie das Fahren von Kraftfahrzeugen mit Navigations- und anderen Assistenzsystemen, das Flug- und Verkehrslotsen, das Flugzeug- und Schiffsführen, das e-business insbesondere mit Spracherkennen und Sprachübersetzen, den Menschen mit unmittelbarer Computerassistenz (wearable and ubiquitous computing, auch als Fußgänger), den Arzt bzw. das Ärzteteam bei Diagnose und Therapie bzw. Operation, und weitere. Es sind folgende Phänomene und Begriffe wichtig:

▶ *Wahrnehmen*
▶ *Auffälligkeit*
▶ *Kognition*
▶ *Entscheiden*
▶ *Aufgabe*
▶ *Belastung*
▶ *Beanspruchung*
▶ *Leistung*
▶ *Menschliche Fehler (Fehlhandlung)*

▶ *Zuverlässigkeit eines Systems*
▶ *Nutz- und Störinformation*
die im Weiteren erläutert werden.

Wahrnehmen: Prozess der Aufnahme von Reizen aus der Umwelt durch die Sinne und deren stufenweise Verarbeitung im Menschen bis zur Erkennung der Reizbedeutung (Bild 6-2).

Auffälligkeit: Die von den Sinnesorganen aufgenommenen Reize werden im Laufe des Wahrnehmungsprozesses zu Signalen bzw. zur Information. Dabei ist die Wahrnehmung eines Reizes an einem Punkt der Mensch-Maschine-Schnittstelle (x, y, t) nicht unabhängig von den Reizen der Umgebung. Diese Abhängigkeit bestimmt seine Auffälligkeit, die durch ein Kontrastmaß bestimmt werden kann [1]. Am Beispiel eines Zeigerinstruments wird im Folgenden die modellbasierte, quantitative Bestimmung einer für die MMS wichtigen Größe exemplarisch erläutert:

Die Information I entsteht durch die Zeigerstellung (x, y) zu einem Zeitpunkt t vor der Skala:

$$I(x, y, t) = I[I_Z(x, y, t), \ I_S(x, y, t)]$$

Hierbei bezeichnen:

I: Information der Szene „Zeiger vor Skala"
I_Z: Zeigerinformation
I_S: Skaleninformation (Bildinformation)

Für die Struktur der funktionalen Abhängigkeit der Information I von Ort und Zeit hat sich

$$I(x, y, t) = I[F(x, y), t]$$

als Arbeitshypothese bewährt. F definiert dabei eine optische Auffälligkeit, die auf die lokale Intensität f zurückgeführt wird:

$$F(x, y) := \int_{-\infty}^{\infty} \int_{-\infty}^{\infty} (f(x, y) - f(x - \xi, y - \eta))^2 \, g(\xi, \eta) \, d\xi \, d\eta$$

Die Intensität f am Ort (x, y) wird mit Nachbarwerten verglichen und das Integral über die quadratische Abweichung gebildet. g bezeichnet hierbei eine positive, monoton mit $\|g(\xi, \eta)\|$ fallende Gewichtsfunktion, die als Fensterfunktion (gaußverteilt mit der Standardabweichung B) die Lokalität des Konzeptes definiert. Typisch wählt man:

$$g(\xi, \eta) := (2\pi B^2)^{-1} \exp\left(-(\xi^2 + \eta^2)/2B^2\right).$$

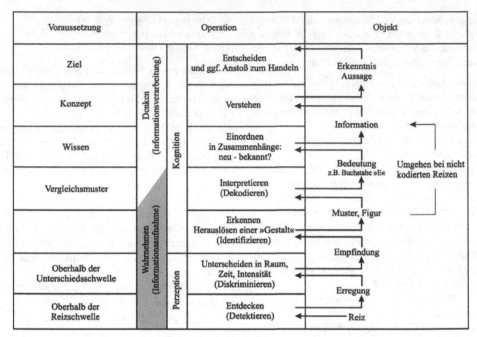

Bild 6-2. Stufenmodell des Wahrnehmens nach Charwat, ergänzt durch Geisler [7]

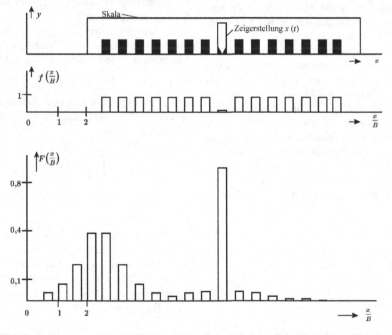

Bild 6-3. Auffälligkeit als Kontrastmaß für die Helligkeitsverteilung bei einem Zeigerinstrument [1]

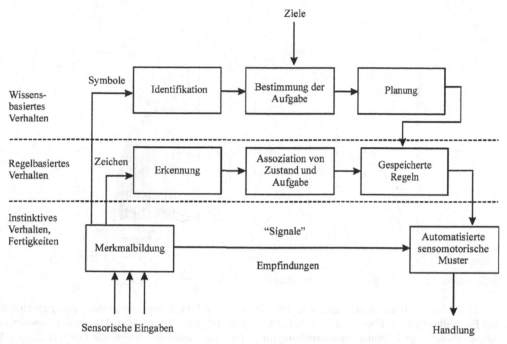

Bild 6-4. 3-Ebenen-Modell menschlicher Verhaltenskategorien nach Goodstein und Rasmussen [2]. Zeichen (signs) fungieren in dieser Darstellung als Auslöser gespeicherter Verhaltensmuster, die in Regelwerken formuliert sind. Symbole (symbols) hingegen sind als mit Bedeutung beladen zu verstehen, sodass im Gegensatz zu Zeichen nicht der syntaktische, sondern vielmehr der semantische Aspekt bei Symbolen im Vordergrund steht

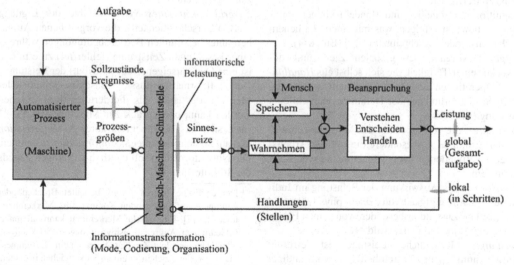

Bild 6-5. Leistungserbringung in dem Wirkungskreis Maschine-Mensch-Maschine

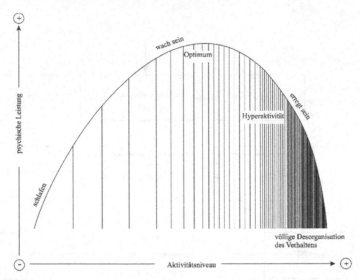

Bild 6-6. Nichtlineare Beziehung zwischen Aktivitätsniveau und Leistung nach Radl [3]

Ein eindimensionales Beispiel in diskreter und normierter Form illustriert das Kontrastmaß in Bild 6-3.
Kognition: Prozess der Informationsverarbeitung im Menschen vom Interpretieren bis zu Entscheidungen auf der Basis wahrgenommener Reize (Bild 6-2).
Entscheiden: Prozess, bei dem die Wahl zwischen mindestens zwei alternativen Möglichkeiten des Handelns zu treffen ist.
Kognition, Entscheiden und Handeln können intuitiv oder bewusst erfolgen, was mit einem 3-Ebenen-Verhaltensmodell beschreibbar ist [2] (Bild 6-4).
Aufgabe: Vorgabe des globalen Ziels und des Zweckes einer Tätigkeit, die sich selbst aus *Handlungen*, Operationen und Muskelaktionen zusammensetzt. Sie ist Grundlage der Definition menschlicher Leistung (Bild 6-5).
Belastung: Alle von außen auf den Menschen einwirkenden Einflüsse, insbesondere die mit der Arbeitsaufgabe verbundenen. Diese können auch psychischer Natur sein.
Beanspruchung: Auswirkung der Belastung im Individuum in Abhängigkeit von seinem physischen und psychischen Zustand insbesondere von seinen Fähigkeiten und seiner Aktivität (Bild 6-6).
Leistung: Menschliche Leistung ist erfüllter Aufgabenumfang pro Zeit(einheit) bzw. vollständiger Aufgabenumfang gemindert um den nicht oder feh-

lerhaft erfüllten Aufgabenumfang pro Zeit(einheit), jeweils gemessen mit der Menge der gewichteten Teil- (Elementar)aufgaben. Als Gewicht kann z. B. die Zahl der benötigten Operationen und Merkeinheiten (*Chunk* [1]; siehe Charwat) verwendet werden.
Menschliche Fehler (Fehlhandlung): Jede menschliche Handlung, welche die gesetzten Akzeptanzgrenzen überschreitet.
Zuverlässigkeit eines Systems: Grad der Eignung (z. B. Wahrscheinlichkeit), die vorgesehenen Aufgaben unter bestimmten Betriebsbedingungen während einer bestimmten Zeitspanne (fehlerfrei) zu erfüllen; ist eine Qualitätseigenschaft (Attribut) der Leistung.
Der Informationsfluss Maschine-Schnittstelle-Mensch, der auch als Forderungsstrom gesehen werden kann, und zurück zur Maschine (Bild 6-5) setzt sich aus aufgabenrelevanter *Nutzinformation* und aufgabenirrelevanter *Störinformation* zusammen. Die Nutzinformation soll deutlich auffälliger sein als die Störinformation.

---

[1] Der englische Begriff *Chunk* bedeutet Brocken oder Klumpen, im vorliegenden Kontext mit „Merkeinheit" übersetzt [7]. Eine solche Merkeinheit kann auf unterschiedlichem Aggregationsniveau liegen. So kann ein *Chunk* ein einzelnes Zeichen aber auch eine Zusammenfassung vieler Zeichen zu einem Superzeichen bedeuten, das als Einheit behandelt wird.

6.2 Sinnesorgane, Eigenschaften

Der wahrzunehmende Informationsfluss läuft über die Sinnesorgane des Menschen (des Informationsempfängers) (Bild 6-7), deren Eigenschaften besonders zu beachten sind.

Besonders wichtige Sinnesorgane sind Auge und Ohr mit den Haupteigenschaften:
Gesichtsfeld: Leicht geneigt, farbabhängig, scharf ca. ± 15° binokular, d. h. mit beiden Augen (Bild 6-8). Im Armabstand (ca. 70 cm) entspricht dies etwa einen 19-Zoll-Bildschirm.

Sinnesorgane bzw. Sinne		Sinnes-modalität	Anzeige-art
Sehsinn		visuell	optisch
Hörsinn		auditiv	akustisch
Geruchssinn	„5 Sinne"	olfaktorisch	-
Geschmackssinn		gustatorisch	-
Gleichgewichtssinn		vestibulär	-
Drucksinn			
Berührungssinn			
Vibrationssinn	Hautsinn,	taktil	
Kältesinn	Tastsinn		haptisch
Wärmesinn			
Schmerzsinn			
Stellungssinn	Proprio-		
Kraftsinn	zeptoren	kinästhetisch	

Bild 6-7. Sinne des Menschen, Bezeichnung der Sinnesmodalitäten und Anzeigeformen nach Geiser

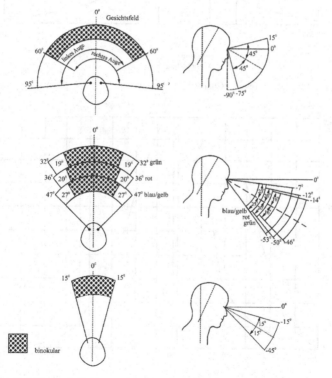

Bild 6-8. Größe des Gesichtsfeldes nach Geiser

Sehschärfe: Winkelabhängig mit starkem Abfall von der Mitte aus, zur Schläfe hin mit Unterbrechung am blinden Fleck (Bild 6-9).

Die *Spektralempfindlichkeit* (Bild 6-10) ist unterschiedlich beim hell- (maximal bei 555 nm) oder dunkeladaptierten Auge (maximal bei 510 nm).

Beim Hörsinn beschreibt die sogenannte *Hörfläche* (Hörfeld) die begrenzte Wahrnehmungsfähigkeit von Schall (Bild 6-11).

Das *zeitliche Auflösungsvermögen* der Sinnesorgane (Bild 6-12) ist zu beachten (fotochemische bzw. kinematische Prozesse).

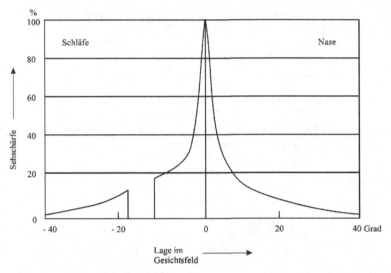

Bild 6-9. Örtlicher Verlauf der Sehschärfe nach Charwat

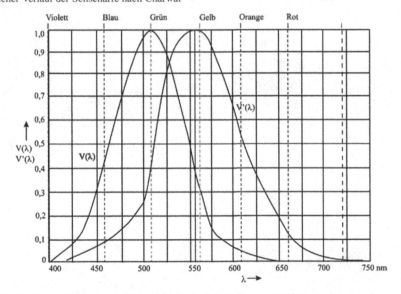

Bild 6-10. Spektrale Empfindlichkeit nach Charwat; links dunkeladaptiert, rechts helladaptiert

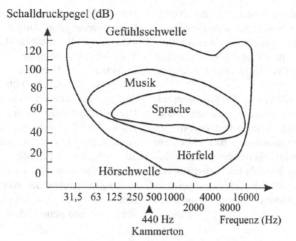

Bild 6-11. Hörfläche. Die bei 1 kHz gemessene Hörschwelle (Schalldruck) dient als Bezugswert für den Schallpegel. Sie beträgt $p_0 = 2 \cdot 10^{-5}$ N m^{-2}

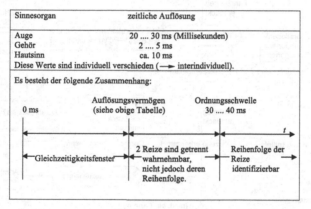

Bild 6-12. Kategorien zeitlicher Auflösung

6.3 Informationsverarbeitung des Menschen, Modelle

Der Mensch ist Teil des Mensch-Maschine-Systems wie in Bild 6-1 und 6-5 dargestellt. Die aufgabenbezogene Informationsverarbeitung im Menschen selbst wurde mit Bild 6-2 beschrieben. Für eine Systemoptimierung wird damit eine quantifizierbare Aufgabenbeschreibung benötigt und ein systemtheoretisches (technisches) Modell des wahrnehmenden und kognitiv handelnden Menschen.

Eine quantifizierbare Aufgabenbeschreibung geht von der Zerlegung der Aufgabe(n) in Teilaufgaben, im Idealfall in Elementaraufgaben, und deren Struktur aus, grafisch dargestellt z. B. mittels bewerteter/gewichteter UML-Aktivitäts-Diagramme [4] (Bild 6-13). Das Bild zeigt am Beispiel einer Szenenanalyse mit einem Bildauswertesystem (hier die Belegung von Parkplätzen aufgrund von Luftbildern) welche Hauptaufgaben (Szenenanalyse) und welche Neben-/Bedienaufgaben der Mensch in welcher zeitlichen Struktur als Handlung abarbeiten muss. An den Teilaufgaben/-handlungen ist jeweils ein „Notizzettel" angefügt, der die bewertenden Attribute, wie Zahl der Operationen bzw. den Informationsumfang gemessen in *Chunks*, d. h. die jeweilige Belastung des Menschen durch die Bearbeitung der Teilaufgabe angeben.

Verbunden mit der schrittweisen Aufgabenbearbeitung hat der Mensch eine Folge von Zustandsänderungen/Ereignissen wahrzunehmen und kognitiv zu bearbeiten. Eine Systemoptimierung baut auf einem systemtheoretischen (technischen) Modell des wahrnehmenden und kognitiv handelnden Menschen auf, wie dieses in Form eines 3-Prozessor-3-Speicher-Modells von Card, Moran, Newell angegeben wurde [5] (Bild 6-14).

Die Modelldaten wurden durch reproduzierbare Elementaraufgaben/Aufgabenprimitive wie Wiedergabe einer Buchstaben-Matrix, Wahrnehmen von Ton-„Klicks", schnelle Bewegung eines Stiftes zwischen 2 Grenzen, Betätigungsgeschwindigkeit von Tastaturen (Fitts's Gesetz [6]) und bei Anzeige-zu-Tastaturzuordnung ermittelt.

Dieses Modell zeigt einen wichtigen Engpass der Kognition auf: Der Arbeitsspeicher des kognitiven Prozessors, das Kurzzeitgedächtnis, ist sehr klein und auch vergänglich [7]. Müssen mehrere Aufgaben parallel bearbeitet werden bzw. folgen mehrere Ereignisse kurz hintereinander, werden Teile des Informationsflusses (Forderungen) nicht wahrgenommen bzw. verdrängt, wie Schumacher zeigte [8].

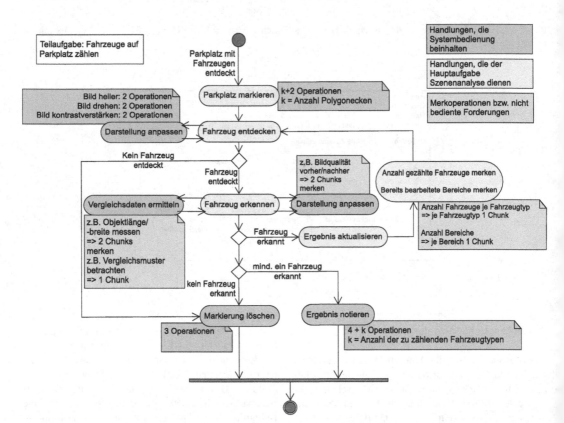

Bild 6-13. Bewertetes UML-Diagramm (Notizzettel) einer Teilaufgabe einschließlich Bedienung, hier Fahrzeuge auf Parkplatz zählen nach Peinsipp [4]. UML steht für *Unified Modelling Language*

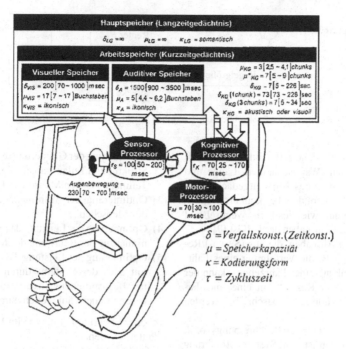

Bild 6-14. Systemtheoretisches Modell des Menschen nach Card, Moran, Newell [5]

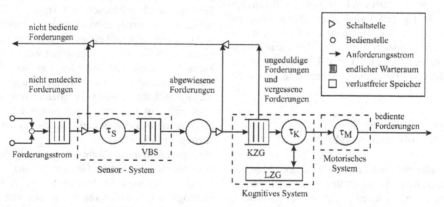

Bild 6-15. Zusammenführung des CMN- und des Schumacher-Modells in Form eines Bedienmodells [4, 9] nach Peinsipp [4]. VBS: Visueller Bildspeicher, KZG: Kurzzeitgedächtnis, LZG: Langzeitgedächtnis

Dies wird deutlich, wenn man beide Modelle (Card, Moran, Newell (CMN) und Schumacher) in übliche Bedien(Warteschlangen)-Modelle übersetzt, wie diese zur Berechnung von Bedienleistungen von Computern verwendet werden [4, 9], Bild 6-15.

Der Forderungsstrom ist eine Folge von Teilaufgaben und Ereignissen, die über die Mensch-Maschine-Schnittstelle das Sinnes-/Sensor-System des Menschen erreicht. Forderungen gehen aber teilweise verloren aufgrund von Detektions- und Diskriminie-

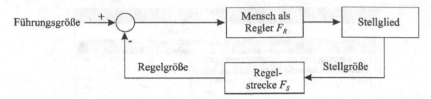

Bild 6–16. Der Mensch als „Schwarzer Kasten" bei Regelaufgaben beschrieben durch die Übertragungsfunktion F_R

rungsgrenzen der Sinne (siehe z. B. Bild 6–12 und [6]) sowie der begrenzten (Warteschlangen-)Länge und der Verfallseigenschaften des Kurzzeitgedächtnisses (siehe [5]). Dies tritt besonders bei konkurrierenden Forderungsströmen auf, wie dies beim Wechselspiel von Haupt- und Bedienaufgaben der Fall ist [7].

Für eine Klasse von Aufgaben, die aus (Servo-) Regelungen bestehen, z. B. die Verfolgung eines Fahrweges über die Lenkung eines Fahrzeuges, kann der Mensch als „Schwarzer Kasten" mit einer messbaren Übertragungsfunktion $F_R(p)$ beschrieben werden (Bild 6–16).

Mithilfe dieser quantifizierbaren Beschreibungs- bzw. Modellierungsmethoden ist eine Systemoptimierung in Grenzen möglich, welche durch die immer streuenden, teils nur schätzbaren Eigenschaften/Parameter des Menschen gegeben sind. Trotz dieser Grenzen gehört zu jedem Systementwurf ein Optimierungsversuch, um mindestens grobe Fehlauslegungen zu vermeiden, wie diese bei vielen Unfällen aufgrund „menschlichen Versagens" eigentliche Ursache sind.

6.4 Gestaltungssystematik für Mensch-Maschine-Systeme

Die Gestaltung (der Entwurf) eines Mensch-Maschine-Systems ist zu verstehen als Optimierung der Leistung eines solchen Systems unter Einhaltung von Zuverlässigkeits-, Sicherheits- und Kostengrenzen. Sie (er) ist ein rückgekoppelter, mehrschleifiger Prozess. Die Gestaltungsmöglichkeiten hierzu sind von Bild 6–17 abzulesen; sie verlaufen in Schritten. Die Schritte sind:

(1) Präzisierung der Aufgabe des Mensch-Maschine-Systems und der Systembeschreibung,

(2) Optimierung der Gliederung der Aufgabe(n) nach Struktur und Teilaufgaben (Elementen) und deren Teilung zwischen Mensch und Maschine,

(3) Optimierung der Wahrnehmung und Kognition des Menschen,

(4) Optimierung der Leistung des Systems durch Minimierung der Belastung des Menschen,

(5) Optimierung der Leistung des Menschen und damit auch des Systems durch Minimierung seiner Beanspruchung insbesondere durch Vergrößerung seiner Fähigkeiten durch Training,

wobei die Schritte (2) bis (5) im Folgenden genauer erläutert werden.

(2) Optimierung der Gliederung der Aufgabe(n) nach Struktur und Teilaufgaben (Elementen) und deren Teilung zwischen Mensch und Maschine und zwar so, dass alle vorhersehbaren und automatisierbaren Aufgaben (einschließlich evtl. Assistenz) der Maschine (dem Computer) zugeordnet werden und dem Menschen die nicht automatisierbaren Aufgaben bleiben. Dabei sind seine Leistungsgrenzen zu beachten (siehe Abschnitt 6.2 und 6.3). Erleichternd sind dabei Rückgriffe auf bekannte und erprobte Teilaufgaben, deren Attribute bekannt und z. B. über einen Katalog zugänglich sind.

(3) Optimierung der Wahrnehmung und Kognition des Menschen durch Gestaltung der Mensch-Maschine-Schnittstelle bezüglich des Auflösungsvermögens der Sinnesorgane und des Verhältnisses von Nutz- zu Störinformation jeweils in Bezug auf die erwarteten Aufgaben- bzw. Situationsphasen. Entwurfs- und Gestaltungsfreiheitsgrade für die Schnittstelle und die Kommunikation (Bild 6–18) sind insbesondere

▶ Codierung der Information (Bild 6–19 und 6–20) und

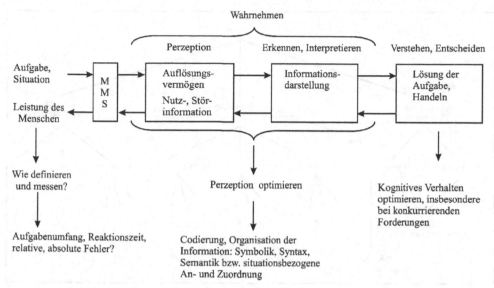

Bild 6-17. Gestaltung von Mensch-Maschine-Systemen

Gestaltungsbereiche ⟍ Gestaltungsaufgaben	Technische Systeme		
	Eingabeelemente	**Dialog**	**Anzeigeelemente**
Anpassung an Motorik und Sensorik	Eingabeparameter	Motorische und sensorische Anforderungen	Anzeigeparameter
Codierung der Information	Eingabemodalität und -code	Eingabe- und Anzeigemodalitäten und -codes	Anzeigemodalität und -code
Organisation der Information	Struktur der Eingabeelemente	Benutzerführung	Struktur der Anzeigeelemente

Bild 6-18. Systematik zur Gestaltung der Mensch-Maschine-Schnittstelle nach Geiser

▶ Organisation der Information (Bild 6-21) einschließlich Adaption. Bekannte Gestaltungsklassen, sind der

a) Organisationstyp „*Blockstruktur*" mit Gleichteilen (Komponenten) als Gruppe (Bild 6-22) mit einer einfachen mechanischen bzw. programmtechnischen Umsetzung, der aber kognitiv schwierig zu erfassen ist, und der

b) Organisationstyp „*Fließbild*" mit einer hinterlegten Prozessstruktur (Bild 6-23) mit aufwändiger mechanischer bzw. programm-

technischer Umsetzung, der jedoch kognitiv einfach zu begreifen ist.

(4) Optimierung der Leistung des Systems durch Minimierung der Belastung des Menschen, insbesondere bei konkurrierenden Forderungen wie Haupt- gegen Bedienaufgabe, durch Überprüfung der Schritte (2) und (3) und ggf. durch Einfügen von Assistenten, um eine günstigere Aufgabenteilung zwischen Mensch und Maschine/Computer zu erreichen.

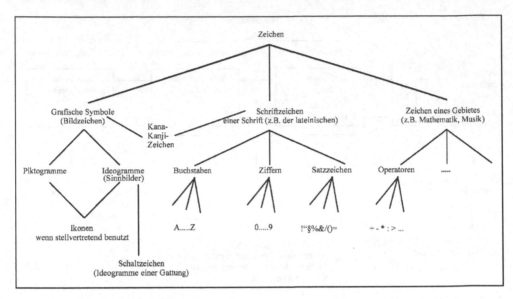

Bild 6-19. Zeichen zur Codierung nach Charwat

	OPTISCH	AKUSTISCH
Nachrichtenmenge	umfangreich	klein
Komplexität der Nachrichten	hoch	gering
Länge der Nachrichten	groß	klein
Art der Nachrichten	örtlich/zeitlich diskret/kontinuierlich	zeitlich/diskret
Nachrichtennutzung	mehrmals	einmalig
Nachrichtenannahme	beliebig	sofort
Nachrichtendarstellung	simultan/sequenziell	sequenziell
Beobachter-Standort	fixiert	variabel
Nachrichtenübermittlung	Einzelperson/Gruppe	Gruppe
Langzeitauffälligkeit	gering	hoch
Platzbedarf	im Blickfeld	---
Umgebungslärm/-licht	hoch/niedrig	niedrig/hoch

Bild 6-20. Auswahl optischer und akustischer Codierung in Abhängigkeit vom Aufgabentyp und den Umfeldbedingungen nach Geiser

(5) Optimierung der Leistung des Menschen und damit auch des Systems durch Minimierung seiner Beanspruchung insbesondere durch Vergrößerung seiner Fähigkeiten durch Training. Dieser Schritt geht von dem 3-Ebenen-Verhaltensmodell (Bild 6-4) aus mit dem Ziel, die jeweilige Teilaufgabe auf möglichst niedriger Ebene, d.h. instinktiv oder regelbasiert zu lösen. Hierzu benutzt man Lernmechanismen nach Bild 6-24 [10]. Diese können besonders durch Simulation unterstützt werden, die die Maschine und die Schnittstelle einschließlich Aufgabe und Ereignismengen/-folgen nachbildet und damit ein gefahrloses Training mit objektiver Leistungsbestimmung ermöglicht.

Organisations-formen	Erläuterung	Beispiele
Örtliche Organisation	Anordnung der Elemente auf der Anzeigefläche, Darstellung von Relationen	Tabellen, Graphen; ort- und inhaltsabhängige Auflösung
Zeitliche Organisation	Reihenfolge der Darstellung, Bewegung, Verformung der Elemente	Folgen von Bildern, Animation
Inhaltliche Organisation	Gewichtung der Elemente durch Codierung	Hervorheben durch Form, Farbe, Blinken
Benutzerbezogene Organisation	Netzwerk von Knoten und Zeigern	Hypertext, Hypermedia

Bild 6-21. Organisationsformen bei Anzeigen nach Geiser [1]

Kennzeichen:

- Gleichartige Instrumente (einschließlich Tasten und Schalter) werden zu Gruppen zusammengefasst.
- Das Fließbild wird vermieden oder als totes Bild außerhalb der Bedienflächen angelegt.
- Die Prozesszuordnung der Instrumente erfolgt über Beschriftungen (Namen).

Anthropotechnische Probleme:

- Die Struktur des Prozesses und z.T. der Prozesszustand müssen im Gedächtnis behalten werden.
- Die Anwahl der Instrumente zur Beobachtung bzw. zur Betätigung erfordert mehrere kognitive Schritte:
  - Zuordnung zum Prozess,
  - Zuordnung zur Gruppe,
  - Zuordnung des Instrumentes in der Gruppe.
- Die alphanumerische Verschlüsselung ist aufwändig.
- Vom Bedienenden wird damit ein hohes Merk- und Abstraktionsvermögen verlangt.

Bild 6-22. Beispiele „*Blockstruktur*" aus einer Pkw-Montage (*oben*) und einem Kraftwerk (*unten*)

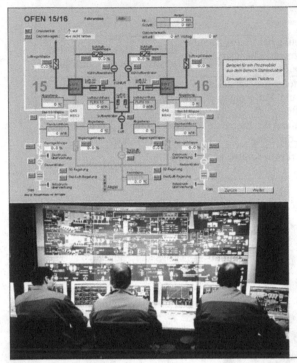

Kennzeichen:

- Eine Darstellung von Struktur und zuge-ordnetem Zustand des Prozesses ist ge-geben (ähnlich Bild 6-1).
- Die Prozesszuordnung der Instrumente erfolgt durch „Einbau" an der entspre-chenden Stelle.
- Die Auswahl und Anwahl von Instrumen-ten erfolgt deshalb direkt.
- Die Information kann funktionsbezogen strukturiert und als Symbol codiert werden (z.B. Stellungsmelder).
- Die Prozessdarstellung ist großflächig.

Anthropotechnische Probleme:

- Bildschirmflächen sind i.Allg. kleiner als notwendig wäre.
- Änderungen erfordern Spezialkenntnisse und kosten mehr als bei Blockstruktur.

Bild 6-23. Beispiel „*Fließbild*" einer Stahlwerk-Tiefofenanlage (*oben*) und „Leitstand" einer verfahrenstechnischen Anlage (*unten*)

Lernmechanismen

- Belehrung (Vormachen)

- Analogieschluss

- Entdeckung

- Experimentieren

- Accretion (Angliederung neuen Wissens an bestehende Gedächtnis-Schemata)

- Strukturierung (Aufbau neuer Schemata und deren assoziative Verankerung in be-stehenden Wissensstrukturen oder Rekonzeptualisierung von vorhandener Erfah-rung. Diese Art des Lernens erfordert die meiste Anstrengung.)

- Tuning (Effiziente Anwendung vorhandener Wissensstrukturen durch lange Übung.)

Der Erwerb einer Fähigkeit bis zum Niveau der Fertigkeiten erfordert lange Übung. Dies gilt für die manuelle Regelung ebenso wie für mentale Aufgaben, z.B. die Benutzung eines Text-Editors.

Bild 6-24. Lernmechanismen nach Kraiss [10]

6.5 Qualitative Gestaltungsregeln, Standards (insbesondere Richtlinien, Normen)

Die Anwendung der im vorigen Abschnitt beschriebenen Gestaltungssystematik für Mensch-Maschine-Systeme kann sowohl durch qualitative Gestaltungsregeln als auch durch Standards, insbesondere Richtlinien und Normen, unterstützt werden. Solche Gestaltungsregeln sind z. B. die sieben Grundregeln zur Gestaltung von Mensch-Maschine-Schnittstellen nach Syrbe [11]:

1. Beachte die Eigenschaften der Sinnesorgane (z. B. Gesichtsfeld, Sehschärfe, Hörfläche, Zeitauflösung.
2. Wähle die Prozesszustandsdarstellung Aufgabenabhängigkeit (z. B. für genaue Ablesung digital, für Tendenzablesung analog, für Ablesung von Grenzüberschreitungen binärer Wechsel von Farbe, Symbol/Piktogramm oder Frequenz).
3. Wähle eine der Aufgabe direkt entsprechende Darstellung (z. B. Lichtgriffel oder Berührschirm statt Cursoranwahl, Drehrichtung statt +, −).
4. Vermeide hinsichtlich der Aufgabenstellung unnütze Information, d. h. Störinformation (z. B. Dauermeldungen hoher Auffälligkeit wie Blinken. Hilfreich ist ein betriebszustandsabhängiger Anzeigewechsel: der ruhenden Maschine (Anlage) ist eine geringe Auffälligkeit zuzuordnen).
5. Beachte die unbewusste Aufmerksamkeitssteuerung des Menschen (z. B. in der Natur übliche Gefahrenrelevanz: Bewegung, Blinken, kritische Geräusche).
6. Beachte populationsstereotype Erwartungen (z. B. Potenziometer nach rechts gibt größere Werte).
7. Gestalte zusammengehörige Anzeige- und Bedienelemente auffällig gleich und nicht zusammengehörige besonders ungleich (z. B. Farbe, Form, Anordnung).

Während diese 7 Regeln im Wesentlichen durch anthropotechnische Betrachtungen motiviert sind und mithin die Beschränktheit der menschlichen Wahrnehmung und Interaktionsfähigkeit zugrunde legen, fußen die 8 goldenen Regeln nach Shneiderman und Plaisant empirisch auf Erfahrungen von Nutzern und auf deren Wünschen. Zudem beziehen sich die 7 Regeln nach Syrbe ganz allgemein auf Mensch-Maschine-Systeme, wohingegen die 8 goldenen Regeln speziell auf Bildschirmarbeitsplätze zugeschnitten sind.

Die acht goldenen Regeln nach Shneiderman und Plaisant lauten:

1. Strebe Konsistenz an.
   Verwende übereinstimmende Aktionsfolgen in ähnlichen Situationen, identische Terminologie in Kommandozeilen, Anzeigen, Menüs und Hilfefenstern sowie durchweg konsistente Kommandos.
2. Ermögliche häufigen Nutzern Kurzkommandos.
   Bei häufiger Nutzung entsteht der Wunsch, die Zahl der Interaktionsschritte zu verringern. Abkürzungen, Funktionstasten, verdeckte Kommandos und Makrogenerierung sind für den geübten Nutzer sehr hilfreich.
3. Biete informative Rückmeldungen an.
   Auf jede Benutzeraktion sollte eine Rückmeldung des Systems erfolgen. Während für häufige und weniger wichtige Aktionen die Rückmeldung moderat ausfallen kann, sollte für seltene und wichtige Aktionen die Rückmeldung entsprechend gewichtiger sein.
4. Entwerfe Dialoge mit einem gezielten Ende.
   Interaktionssequenzen sollten in Beginn, Mittelteil und Ende aufgeteilt sein. Die informative Rückmeldung nach Abschluss eines Abschnittes gibt dem Nutzer das Gefühl, ein Etappenziel erreicht zu haben. Es erleichtert ihn, er kann Alternativpläne und Optionen aus seinem Gedächtnis streichen und sie signalisiert ihm, dass der Weg frei ist, sich auf den nächsten Interaktionsabschnitt vorzubereiten.
5. Biete eine einfache Fehlerbehandlung.
   Entwerfe soweit als möglich ein System so, dass der Nutzer keine schwerwiegenden Fehler machen kann. Wurde ein Fehler gemacht, sollte das System diesen erkennen und eine einfache verständliche Vorgehensweise zu Behandlung des Fehlers anbieten.
6. Erlaube eine einfache Handlungsumkehrung.
   Diese Eigenschaft nimmt die Sorge vor Fehlbedienungen, da der Nutzer weiß, dass er diese wieder rückgängig machen könnte. Das ermutigt zum Erkunden bislang nicht vertrauter Optionen. Die Möglichkeit Aktionen rückgängig

zu machen, kann sich auf einzelne Schritte, Dateneingaben oder auf komplette Gruppen von Aktionen erstrecken.

7. Lokalisiere die Kontrolle beim Nutzer.
   Erfahrene Nutzer wünschen das Gefühl zu haben, dass das System auf ihre Eingaben reagiert, dass sie das System dominieren. Entwerfe das System so, dass der Nutzer Initiator von Aktionen ist anstatt ihn auf Aktionen des Systems reagieren zu lassen. Vermittle dem Nutzer das Gefühl, die Kontrolle über das System zu haben.

8. Reduziere die Belastung des Kurzzeitgedächtnisses.
   Die Grenzen der menschlichen Informationsverarbeitungsfähigkeiten im Kurzzeitgedächtnis erfordert, dass Anzeigen einfach gehalten, mehrseitige Anzeigen zusammengelegt und Fensterbewegungen reduziert werden. Für das Training von Codes, mnemonischen Bezeichnungen und Aktionsfolgen muss genügend Zeit vorgesehen werden.

Beide Regelsätze ergänzen sich sinnvoll, indem sie in teils komplementärer Weise notwendige und sinnvolle Forderungen für den Entwurf von Mensch-Maschine-Schnittstellen festlegen.

Weiter greifende Probleme entstehen insbesondere mit Schnittstellen, die heute meist als Bildschirm-Schnittstellen ausgeführt sind, mit denen eine Vielzahl von Menschen unterschiedlicher Ausbildung und betraut mit unterschiedlichen Aufgaben arbeiten, sodass Probleme auftreten, wie beim eindeutigen Verstehen von Umgangssprachen: Babylon-Effekt. Eine Möglichkeit, dieses Problem zu reduzieren, sind Standards (Richtlinien, Normen): Diese

► *erzeugen* den „Stand der Technik"; gilt für Lieferungen und Leistungen: Vertrags-, Handels-, Strafrecht,

► *erweitern* „Kenntnisse, Fähigkeiten"; da bewährte Varianten genauer beschrieben sind,

► *erleichtern* „Kommunikation, Absprachen" zwischen den Beteiligten durch Verwendung definierter Begriffe und Verfahren.

Nachteil: Die Erarbeitung und Abstimmung /Durchsetzung braucht Zeit, manchmal auch Kompromisse.

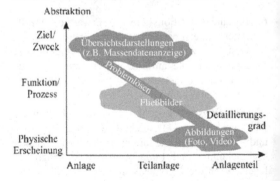

Bild 6-25. Inhalt der Richtlinie VDI/VDE 3699, Blatt 3, und Fließbilder in ihrem Umfeld

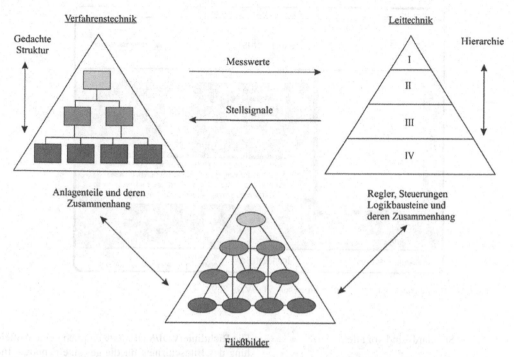

Bild 6-26. Einflüsse der Verfahrens- und Leittechnik auf die Gestaltung von Fließbildern

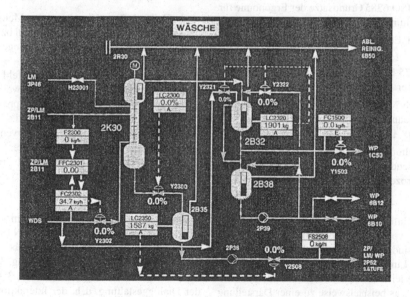

Bild 6-27. Beispiel für ein Fließbild einer Teilanlage mit verfahrens- und leittechnischer Information; aus VDI/VDE 3699

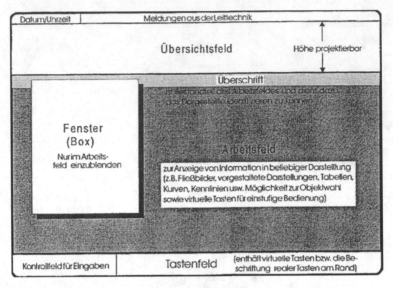

Bild 6-28. Empfohlene Aufteilung des Bildschirmes; aus VDI/VDE 3699

Einschlägige Standards sind vor allem:

▶ DIN EN ISO 6385 Grundsätze der Ergonomie für die Gestaltung von Arbeitssystemen

▶ ISO 9241 Ergonomie der Mensch-System-Interaktion

▶ ISO 10 075 Ergonomische Grundlagen bezüglich psychischer Arbeitsbelastung

▶ VDI 4006 Menschliche Zuverlässigkeit, Methoden zur quantitativen Bewertung

▶ VDI/VDE 3699 Regeln und Empfehlungen für die Gestaltung von Darstellungen und Bedienung bei Verwendung vollgrafischer Bildschirmsysteme zur Prozessführung

Beispiel: Richtlinie VDI/VDE 3699, speziell Blatt 3 „Fließbilder" vom August 1997 (Bild 6-25).
Fließbilder sind in Bild 6-25 rechts in ihr Umfeld eingeordnet. Ein Fließbild muss die verfahrenstechnische und die leittechnische Anlage abbilden können (Bild 6-26), was beispielsweise zu einer Darstellung nach Bild 6-27 führt.

Die Richtlinie VDI/VDE 3699 empfiehlt eine Aufteilung des Bildschirmes für die gesamte benötigte Information gemäß Bild 6-28:

▶ 1. Zeile: Datum/Uhrzeit, akute Meldungen aus dem ganzen Leitsystem als Symbol bzw. Kurzbezeichnung insbesondere Blockierungen und Ausfälle im Leitsystem selbst.

▶ Nicht überschreibbares Übersichtsfeld: akuter Zustand des Gesamtsystems, vorzugsweise Sammelmeldungen und Anzeige der Hauptprozessgrößen.

▶ Arbeitsfeld: z. B. Fließbild wie Bild 6-1 und 6-23.

▶ Verschiebbare Fenster: z. B. Kurvendarstellung von Zustandsgrößen oder Hilfetexte.

▶ Nicht überschreibbares Tastenfeld: für Fließbild unabhängige Eingaben.

▶ Kontrollfeld für Eingaben

Beispiel: Zitat aus: Europäische Norm + Norm der International Standard Organisation EN ISO 9241 mit einer Einführung in Teil 1, S. 1: Urheber, Fassungen und S. 6: Richtlinien zur Anwendung, Inhaltsübersicht sowie dem wichtigen Teil 110, S. 3: Grundsätze der Dialoggestaltung, d. h. der Interaktion zwischen Mensch und Maschine:

Die folgenden sieben Grundsätze sind für die Gestaltung und Bewertung eines Dialogs als wichtig erkannt worden:

▶ Aufgabenangemessenheit;
▶ Selbstbeschreibungsfähigkeit;
▶ Steuerbarkeit;
▶ Erwartungskonformität;
▶ Fehlertoleranz;
▶ Individualisierbarkeit;
▶ Lernförderlichkeit.

Diese Grundsätze werden dann durch kurze Beschreibungen und typischen Empfehlungen mit Anwendungsbeispielen dem Nutzer angeboten.

Diese Grundsätze sind auch Akzeptanzkriterien, die generell für Mensch-Maschine-Systeme gültig sind, wie die Einführung des Begriffs *Gebrauchstauglichkeit* (Usability) mit den praktisch gleichen Kriterien zeigt (ISO 9241, Teil 11: Anforderungen an die Gebrauchstauglichkeit – Leitsätze).

Literatur

Allgemeine Literatur zu den Kapiteln 1, 2, 3 und 5

Analysing Design Activity (Cross, N.; Christiaans, H.; und Dorst, K., Hrsg.): Chichester: John Wiley & Sons, 1997

Andreasen, M. M.; Hein, L.: Integrated product development, Neuauflage. Lyngby: Institut für Produktentwicklung, Techn. Universität Dänemark, 2000

Bralla, J. G.: Design for Excellence, New York: McGraw-Hill, 1996

DABEI-Handbuch für Erfinder und Unternehmer. (Hrsg.: Dt. Aktionsgem. Bildung, Erfindung, Innovation). Düsseldorf: VDI-Verl. 1987

DIN 69910: Wertanalyse (08.87)

Dubbel: Taschenbuch für den Maschinenbau (Hrsg.: K.-H. Grote, J. Feldhusen). 21. Aufl. Berlin: Springer 2004

Ehrlenspiel K.; Kiewert A.; Lindemann, U.: Kostengünstig Entwickeln und Konstruieren, 5. Auflage, Berlin: Springer 2005

Ehrlenspiel, K.: Integrierte Produktentwicklung, 2. Aufl. München: Hanser 2003

Frankenberger, E.; Badke-Schaub, P. und Birkhofer, H.: Designers, The key to Successfull Product Development, London: Springer 1998

Grundnormen. (DIN-Taschenbuch, 1). 21. Aufl. Berlin: Beuth 1988

Hansen, F.: Konstruktionssystematik. Berlin: Verl. Technik 1966

Hubka, V.: Theorie technischer Systeme. 2. Aufl. Berlin: Springer 1984

Hubka, V.; Eder W. E.: Einführung in die Konstruktionswissenschaft. Berlin: Springer 1992

Koller, R.: Konstruktionslehre für den Maschinenbau. 3. Aufl. Berlin: Springer 1994

Kramer, F.: Innovative Produktpolitik. Berlin: Springer 1988

Leyer, A.: Maschinenkonstruktionslehre. (Technica Reihe, 1–6). Basel: Birkhäuser 1963–1971

Mechanical Design, Theory & Methodology (Waldron M.; Waldron K., Hrsg.): New York: Springer 1996

Müller, J.: Arbeitsmethoden der Technikwissenschaften. Berlin: Springer 1990

Normen für Studium und Praxis. (DIN-Taschenbuch, 3). 12. Aufl. Berlin: Beuth 2003

Pahl, G.: Konstruieren mit 3D-CAD-Systemen. Berlin: Springer 1990

Pahl, G.; Beitz, W.; Feldhusen, J.; Grote, K.-H.: Konstruktionslehre. 7. Aufl. Berlin: Springer 2007

Pugh, St.: Total design: Integrated methods for successfull product engineering. Reading, Mass.: Addison-Wesley 1991

Rodenacker, W.: Methodisches Konstruieren. (Konstruktionsbücher, 27). 4. Aufl. Berlin: Springer 1991

Roth, K.: Konstruieren mit Konstruktionskatalogen. 3. Aufl., Bd. 1: Grundlagen, Bd. 2.: Konstruktionskataloge. Berlin: Springer 2001

Seeger, H.: Design technischer Produkte, Programme und Systeme. 2. Aufl. Berlin: Springer 2005

Systems Engineering (W. F. Daenzer, Hrsg.). 6. Aufl. Zürich: Verl. Industrielle Organisation 1989

TRIZ – Der systematische Weg zur Innovation (R. Herb; T. Herb; V. Kohnhauser, Hrsg.), Landsberg: Moderne Industrie, 2000

VDI 2221: Methodik zum Entwickeln und Konstruieren technischer Systeme und Produkte (05.93)

VDI 2223: Methodisches Entwerfen technischer Produkte (Entwurf) (03.99)

Warnecke, J. J.; u. a.: Planung in Entwicklung und Konstruktion. Grafenau: expert 1980

Zeichnungswesen. (DIN-Taschenbuch, 2). 10. Aufl. Berlin: Beuth 1988

Spezielle Literatur zu Kapitel 1

1. [VDI 2221]
2. VDI 2243: Recyclingorientierte Gestaltung technischer Produkte (10.93)

Produktion

G. Spur

1 Grundlagen

1.1 Produktionsfaktoren

Produktion ist die Erzeugung von Sachgütern und nutzbarer Energie sowie die Erbringung von Dienstleistungen durch Kombination von Produktionsfaktoren. Produktionsfaktoren sind alle zur Erzeugung verwendeten Güter und Dienste. Aus volkswirtschaftlicher Sicht besteht der Zweck der Produktion im Überwinden der Knappheit von Gütern und Diensten zur Befriedigung menschlicher Bedürfnisse [1,2]. Die Produktion steht als Erzeugungssystem der Konsumtion als Verbrauchssystem gegenüber (Bild 1-1).

Die *primäre Produktion* oder Urproduktion umfasst Land- und Forstwirtschaft, Fischerei und Jagd sowie Bergbau und Meereswirtschaft. Die *sekundäre Produktion* oder Güterproduktion umfasst die handwerkliche und industrielle Verarbeitung von Rohstoffen zu Sachgütern. Die *tertiäre Produktion* erbringt die Dienstleistungen.

Die Gütererzeugung beginnt mit der Urproduktion, der Gewinnung und Aufbereitung der Rohstoffe. Die Umwandlung der Rohstoffe in Materialien ist Gegenstand der Verfahrens- und Verarbeitungstechnik, deren Entwicklung und Veredelung zu Sachgütern Aufgabe der Fertigungs- und Montagetechnik.

Die Volkswirtschaftslehre begreift als Produktion auch die logistische Verteilung (Transport, Lagerung und Absatz) der hergestellten Güter.

Produktionsfaktoren

Arbeit ist jede Tätigkeit, die zur Befriedigung von Bedürfnissen und in der Regel gegen Entgelt verrichtet wird. *Boden* sind in weiterem Sinne alle Ressourcen, die der Natur für den Produktionsprozess entnommen werden. *Kapital* umfasst alle realen Kapitalgüter, mit denen ein Produktionssystem ausgestattet ist,

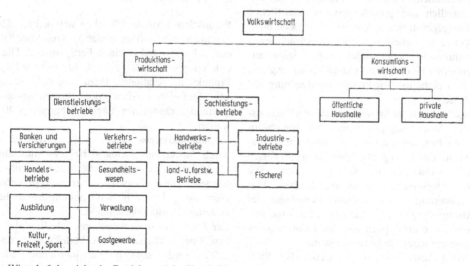

Bild 1-1. Wirtschaftsbereiche der Betriebe und der Haushalte

Produktion

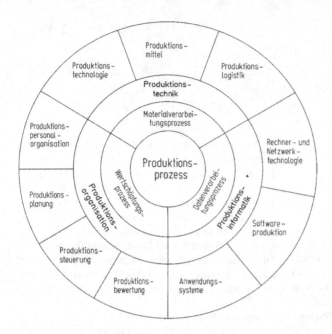

Bild 1-2. Verbund von Produktionstechnik, Produktionsinformatik und Produktionsorganisation

um durch Kombination mit den Faktoren Arbeit und Boden deren Ergiebigkeit zu steigern.

Produktionsprozesse sind aus ökonomischer Sicht materielle Transformationsprozesse mit Wertschöpfung.

Das Zusammenwirken der Produktionsfaktoren macht letztlich den produktionswissenschaftlichen Erkenntnisgegenstand aus. Von Bedeutung sind nicht nur material- und energieorientierte Fragestellungen zum Produktionsprozess, sondern auch die informationsorientierten Phasen, wie Produktentwicklung und Produktionsplanung sowie Produktionssteuerung und Qualitätssicherung.

Planungsstrategien zur Erreichung eines Produktionsziels unter Ausnutzung gegebener Produktionsfaktoren heißen *Produktionsstrategien*. Durch eine organisatorische Gliederung von Produktionsprozessen werden *Produktionsstrukturen* geschaffen. Die *Produktionsorganisation* leistet die Analyse, Planung, Steuerung, Kontrolle, und Bewertung der Produktionsprozesse. Die Aufgaben der *Produktionsinformatik* ergeben sich aus den Erfordernissen rechnerunterstützter Produktionssysteme.

Ein Produktionsprozess ist aus technischer Sicht geplante Materialverarbeitung, aus wirtschaftlicher Sicht geplante Wertschöpfung und aus informationeller Sicht geplante Datenverarbeitung (Bild 1-2). Die Realisierung von Produktion erfolgt im Zusammenwirken von Energie, Material und Information.

1.2 Produktionssysteme

Produktionsprozesse vollziehen sich in Produktionssystemen durch Transformation von Material aus einem Rohzustand in einen Fertigzustand. Die Produktion geschieht dabei durch aufeinander folgende Produktionsoperationen. Dazu können Änderungen von Stoffeigenschaften, des Stoffzusammenhalts sowie der räumlichen Lagebeziehungen vollzogen werden.

Produktionssysteme können am zweckmäßigsten durch Anwendung formalisierter systemtechnischer Methoden auf den Produktionsprozess entwickelt werden. Diese bezwecken eine systemgerechte Darstellung der Sachgütererzeugung im Sinne der gestellten Produktionsaufgabe.

Zur *Produktionsenergie* gehören alle Energieformen bzw. Energieträger, die dem Produktionsprozess zugeführt werden, damit auch die menschliche Muskelarbeit.

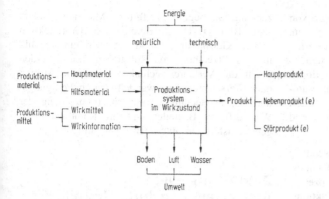

Bild 1-3. Wirkprozesse von Produktionssystemen

Das *Produktionsmaterial* umfasst alle am Produktionsprozess beteiligten Stoffe. Man unterscheidet zwischen Hauptmaterial und Hilfsmaterial. Das Hauptmaterial wird zum Produkt verarbeitet und dabei verbraucht. Hilfsmaterialien, wie Gase, Kühlmittel, Schmierstoffe, Reinigungsmittel und Verpackungen, dienen dem Produktionsprozess in unterschiedlicher Weise; sie sind teilweise rückführbar.

Zur Realisierung eines Produktionsprozesses sind *Produktionsmittel* erforderlich, bei denen man zwischen direkten und indirekten unterscheidet. Direkte Produktionsmittel sind Arbeitsmaschinen, Vorrichtungen, Geräte, Werkzeuge, Messzeuge, Spannzeuge und Kraftanlagen. Zu den indirekten Produktionsmitteln gehören die Produktionsinformationen. Sie sind das in Plänen und Programmen niedergelegte Wissen, das benötigt wird, um die Produktionsprozesse durchführen zu können. Sie betreffen die Produktkonstruktion, die Produktionsplanung und Produktionsorganisation sowie die Qualifizierung der Mitarbeiter.

Ausgabeelemente eines Produktionssystems sind die angestrebten Hauptprodukte, anfallende Nebenprodukte mit und ohne Marktwert sowie umweltwirksame Störprodukte (Bild 1-3).

1.3 Produktivität

Produktivität bezeichnet stets ein Verhältnis von Ausbringung zu Einsatz. Das Verhältnis von Ausbringungsmengen zu Einsatzmengen führt zu *Produktivitätskenngrößen*. Ein Produktivitätskennwert trifft eine

Aussage über einen Wirkungsgrad eines Produktionsprozesses. Hinsichtlich der Art der zu vergleichenden Größen lassen sich unterscheiden:

– die technische Produktivität, gemessen in Mengen- oder Zeiteinheiten,
– die wirtschaftliche Produktivität, gemessen in Geldbeträgen sowie
– die Faktoren-Produktivität.

Wichtige Produktivitätskenngrößen sind

– die Produktionsmittelproduktivität als Verhältnis der Menge der produzierten Güter zur Menge der eingesetzten Produktionsmittel,
– die Arbeitsproduktivität als Verhältnis der Menge der produzierten Güter zur aufgewendeten Arbeitszeit sowie
– die Materialproduktivität als Verhältnis der Menge der produzierten Güter zur Menge des verwendeten Materials.

1.4 Produktionstechnik

Die Produktionstechnik gliedert sich (vgl. Bild 1-2) in folgende Bereiche:

– Die *Produktionstechnologie* ist als Verfahrenskunde der Gütererzeugung die Lehre von der Umwandlung und Kombination von Produktionsfaktoren in Produktionsprozessen unter Nutzung materieller, energetischer und informationstechnischer Wirkflüsse.
– *Produktionsmittel* sind Anlagen, Maschinen, Vorrichtungen, Werkzeuge und sonstige Produktionsgerätschaften. Für sie existiert eine spezielle

Konstruktionslehre, gegliedert in den Entwurf von Universal-, Mehrzweck- und Einzwecksystemen. Zur Produktionsmittelentwicklung gehört ferner die Erarbeitung geeigneter Programmiersysteme.

– Die *Produktionslogistik* umfasst alle Funktionen von Gütertransport und -lagerung im Wirkzusammenhang eines Produktionsbetriebes. Sie gliedert sich in die Bereiche Beschaffung, Produktion und Absatz.

Aufgabe der *Produktionstechnik* ist die Anwendung geeigneter Produktionsverfahren und Produktionsmittel zur Durchführung von Produktionsprozessen bei möglichst hoher Produktivität. Die Produktionstechnik betrifft den gesamten Prozess der Gütererzeugung.

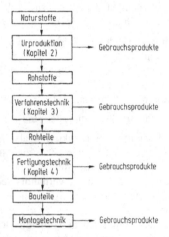

Bild 1-4. Materieller Prozess der Gütererzeugung

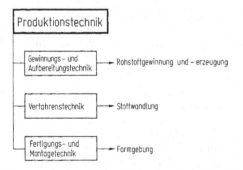

Bild 1-5. Gliederung der Produktionstechnik nach der Art des stofflichen Prozesses der Gütererzeugung

Sie beginnt als Teil des Materialkreislaufs (vgl. Bild D1-1) im Bereich der Urproduktion durch Gewinnungs- und Aufbereitungstechnik mit der Erzeugung von Rohstoffen. Diese werden durch die Verfahrenstechnik zu Gebrauchsstoffen oder Werkstoffen umgewandelt. Durch Fertigungs- und Montagetechnik erfolgt die Formgebung der Werkstoffe zu Bauteilen und ihre Kombination zu gebrauchsfertigen Gütern (Bild 1-4, Bild 1-5).

2 Rohstoffgewinnung und -erzeugung durch Urproduktion

2.1 Biotische und abiotische Rohstoffe

Rohstoffe sind die Grundlage der gesamten Energiewandlung und Güterproduktion. Nur wenige Rohstoffe sind als Naturstoff unmittelbar verwendbar. Die meisten werden durch spezielle Verfahren gewonnen. Um ihrem Gebrauchszweck dienen zu können, müssen sie i. Allg. vorher aufbereitet werden.

Es sind biotische und abiotische Rohstoffe zu unterscheiden (Bild 2-1). Zu den biotischen Rohstoffen zählen die tierischen und pflanzlichen Produkte, die größtenteils zur landwirtschaftlichen oder forstwirtschaftlichen Urproduktion zu rechnen sind. Zu den abiotischen Rohstoffen zählen die geotechnisch abbaubaren Stoffe, die im weitesten Sinne den Bergbauprodukten zugeordnet werden. Eine Sonderstellung nehmen die frei zugänglichen Rohstoffe wie Luft und bedingt auch Wasser ein, soweit sie im Sinne der Rohstoffmärkte keine Handelsware darstellen.

2.2 Energierohstoffe und Güterrohstoffe

Energie- und Güterrohstoffe haben eine grundlegende ökonomische und ökologische Bedeutung. Die unterschiedlichen Nutzungsweisen als Energierohstoff zur Gewinnung nutzbarer Energie oder als Güterrohstoff zur Umwandlung in nutzbare Güter sind in Bild 2-2 dargestellt.

Energierohstoffe (primäre Energieträger) und Güterrohstoffe kommen in der Natur im festen, flüssigen oder gasförmigen Zustand vor. Sekundärrohstoffe sind Altstoffe, die bestimmt sind durch Rückführung wiederverwertet zu werden [1,2].

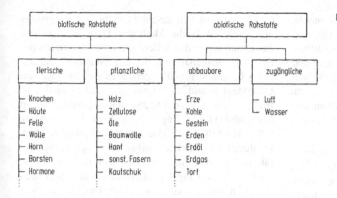

Bild 2-1. Einteilung der Rohstoffe

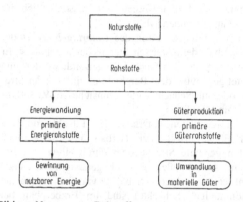

Bild 2-2. Nutzung von Rohstoffen

Fossile und rezente Brennstoffe
sind Stein- und Braunkohle, Torf, Holz und Pflanzenrückstände, die neben unverbrennbaren Ballaststoffen Schwefel enthalten können. Diese Brennstoffe unterscheiden sich untereinander durch ihr geologisches Alter und, damit korreliert, in den Gehalten an Wasser und flüchtigen Bestandteilen.

Erdöle
Erdöle enthalten als Begleitstoffe Schwefel, Natrium, Vanadium und Metallverbindungen. Von den festen fossilen Brennstoffen unterscheiden sie sich durch geringe Ballastanteile und bestehen im Wesentlichen aus Alkanen (Paraffinen), Cycloalkanen (Naphthenen) und Aromaten. Außer als Brennstoff ist Erdöl als Rohstoff für die Kunststoffe von überragender Bedeutung.

Erdgas
Erdgasvorkommen sind eng mit der Erdölentstehung verbunden. Erdgas liegt im Erdöl gelöst oder getrennt vor. Das meist unter hohem Druck vorliegende Erdgas wird durch Sonden gefördert und enthält überwiegend Methan daneben Ethan, Propan, Butane, Stickstoff, Kohlendioxid sowie Schwefelverbindungen.

Kernbrennstoffe
Kernenergie wird aus der Kernspaltung oder zukünftig möglicherweise durch Kernverschmelzung (Fusion) gewonnen. Der im Reaktor nicht genutzte Brennstoffanteil wird aus wirtschaftlichen Gründen in Wiederaufbereitungsanlagen von den hochradioaktiven Spaltstoffen getrennt. Die dabei anfallenden Spaltprodukte müssen bis zum Abklingen der Radioaktivität strahlungssicher aufbewahrt werden.
Zu den wichtigsten Rohstoffen, die für die Produktion von Gebrauchsgütern verfahrenstechnisch aufbereitet werden, gehören [3]:

Metallerze
Erze sind im Sinne der Bergbauindustrie hoch metallhaltige Mineralvorkommen in abbauwürdiger Menge und Konzentration. Die Abbauverfahren sind abhängig von der Beschaffenheit der Lagerstätte und der Größe der Erzgrube. Metallvorkommen sind im Vergleich zu anderen Rohstoffvorkommen durch eine größere Unregelmäßigkeit gekennzeichnet, wodurch das Auffinden von Metallerzen erheblich erschwert wird. Metallerzlagerstätten sind daher ebenso verschiedenartig wie die Abbauverfahren des Metallerzbergbaus.

Die größte technische Bedeutung haben Eisenerze. Die reichsten Vorkommen besitzen Eisengehalte von 65 Gew.-%. Technisch wichtige Nichteisenmetallerze sind die der Leichtmetalle Aluminium, Mangan und Titan, der Schwermetalle Kupfer, Zink, Zinn und Blei der Edelmetalle sowie der sog. Stahlveredler Chrom, Kobalt, Mangan, Molybdän, Nickel, Vanadium und Wolfram.

Mineralische Rohstoffe
Zu den anorganisch-nichtmetallischen (mineralischen) Rohstoffen zählen Minerale (Schwerspat, Flussspat, Erden) und Lockergestein (Ton, Sand, Kies) sowie Naturstein (Granit, Sandstein, Kalkstein). Die Gewinnung erfolgt in der Regel im Tagebau.
Zu den mineralischen Rohstoffen zählen ferner die Salze, deren wichtigste die Kalisalze sind, die im Bergbau gewonnen werden. Neben Stickstoff, Phosphat, Kalk und Magnesium ist der Mineralstoff Kalium Hauptpflanzennährstoff. Dementsprechend werden über 90% der Kalisalzproduktion zu Düngemitteln verarbeitet. Die Salzlagerstätten sind i. Allg. durch Eindampfen von Salzwasser entstanden. Abbauwürdig sind vor allem Kaliumsalze wie Sylvinit, Carnallit und Kainit.

Organische Rohstoffe
Die größte Bedeutung für die Erzeugung organischer Werkstoffe besitzt das Erdöl, das aus einer Mischung im Wesentlichen gesättigter Kohlenwasserstoffe (Alkanen, Cycloalkanen und Aromaten) besteht.

2.3 Erschließen und Gewinnen

Nachwachsende Rohstoffe werden der lebenden Natur entnommen. Hierbei ist die Erhaltung des ökologischen Gleichgewichts von großer Bedeutung. Zur Versorgung des Marktes wird die wachstumsabhängige Produktion tierischer und pflanzlicher Rohstoffe in zunehmendem Maße künstlich angeregt.
Abiotische Rohstoffe werden durch Abbau aus der uns zugänglichen Erdkruste gewonnen. Die Wahl der Gewinnungsverfahren hängt von der örtlichen Situation, den stofflichen Gegebenheiten, von Lagerstätteninhalt und Konzentration sowie von den ökonomischen und ökologischen Bedingungen ab.
Bergbau umfasst das Aufsuchen, Erschließen, Gewinnen, Fördern und Aufbereiten von Lagerstätteninhal-

ten. Das Aufsuchen geschieht mithilfe geologischer und geophysikalischer Methoden. Daran schließt sich das Untersuchen durch Bemustern und Bewerten des Durchschnittsgehalts und des Lagerstätteninhalts an.
Beim Erschließen von Lagerstätten werden Tagebau, Untertagebau und Bohrlochbergbau unterschieden.
Im *Tagebau* werden Lagerstätten abgebaut, die an der Erdoberfläche liegen oder deren Überdeckung auf wirtschaftliche Weise abgeräumt werden kann. Leistungsfähige Betriebsmittel, wie Bagger, Bohrgeräte und Fördermittel, erlauben auch tiefer gelegene Vorkommen im Tagebau abzubauen. Aus Tagebauen stammen, mit Ausnahme von Nickel und Uran, mehr als drei Viertel aller Erze und sonstiger Mineralien. Steine und Erden werden fast ausschließlich im Tagebau gewonnen [3].
Die ursprüngliche Form des *Untertagebaus* ist der Stollenbau, der historisch älter als der Tagebau ist. Er kann im geneigten Gelände angewandt werden und bietet gegenüber dem Bergbau mit einfallender Strecke oder mit Schacht Vorteile hinsichtlich Wasserhaltung und Förderung.
Bei Lagerstätten unterhalb der Talsohle oder in der Ebene erfolgt der Tiefbau durch eine nach unten geneigte Strecke oder durch einen Schacht. Beim Aufschließen tiefer Lagerstätten herrschen senkrechte („seigere") Schächte vor. Schrägschächte („tonnlägige" Schächte) sind im Erzbergbau bei stärker geneigten Lagerstätten anzutreffen.
Abbauverfahren sind durch Bauweise, Dachbehandlung und Abbauführung definiert. Gewinnungsverfahren nennt man dagegen die Art und Weise, wie Mineral oder taubes Gestein aus dem anstehenden Gebirge gelöst wird. Im deutschen Steinkohlenbergbau herrscht heute die vollmechanische Gewinnung vor. An der langen Front im Streb werden durchweg schälende oder schneidende Maschinen angewendet. Bei der vollmechanisierten schälenden Gewinnung herrscht der Kohlenhobel vor. Er eignet sich besonders für geringmächtige Flöze. Bei mächtigen Flözen ist dagegen die schneidende Gewinnung mit Walzenschrämladern üblich. Die Gewinnung von Hand mit dem Abbauhammer findet man noch beim Herstellen von Aufhauen zum Einrichten der langen Front und gelegentlich beim Abbau steillagernder Flöze im Schrägfrontbau.

Der *Bohrlochbergbau* zur Gewinnung der Fluide, in der Regel unter erheblichem Druck stehenden Medien Erdöl und Erdgas, weicht deutlich vom Tage- oder Untertagebergbau ab. Durch die Fluidität und den Druck auf den Rohstoffen ist ihre Gewinnung erleichtert, da es zunächst genügt, Bohrlöcher in die Lagerstätten niederzubringen, durch die dann das Erdgas oder das Erdöl zu Tage strömt (primäre Gewinnung).

2.4 Aufbereiten

Aufbereiten dient dem Anreichern und Veredeln eines Rohstoffs durch Stoffumwandlungen, die eine Änderung der Zusammensetzung, der Eigenschaften und der Stoffart bewirken können. Bestimmte Stoffumwandlungen gehen stets nach demselben Prinzip vor sich. Sie werden daher Grundverfahren genannt und sind unabhängig vom Produkt, das in einem Gesamtprozess erzeugt wird. Je nach der Beschaffenheit eines Rohstoffs werden physikalische, chemische oder biologische Grundverfahren zur Rohstoffaufbereitung angewendet, die auch gleichzeitig und kontinuierlich oder diskontinuierlich ablaufen können.
Rohöl wird in der Raffinerie zunächst bei Atmosphärendruck destilliert. Leichtbenzin, Gasöl und Rohöl werden mittels verschiedener Verfahren, wie Kracken, Hydrokracken oder partielle Oxidation, in Ether, Acetylen und andere ungesättigte Kohlenwasserstoffe umgewandelt. Das Kracken geschieht durch kurzes Erhitzen auf 450 bis 500 °C entweder mit anschließendem Abschrecken, wobei Drücke von 20 bis 70 bar nötig sind, oder mit Zeolithen als Katalysator bei geringerem Druck. Die Krackgase enthalten verhältnismäßig viele ungesättigte Kohlenwasserstoffe, welche entweder wie Ethylen und Propylen direkt zu Synthesen verwendet werden oder katalytisch zu Verbindungen mit der doppelten oder dreifachen C-Zahl polymerisiert werden.
Aufbereitungsanlagen sind in der Regel aufwändig, da eine Vielzahl verfahrenstechnischer Aufgaben gelöst werden muss, um bestimmte Erzeugniseigenschaften zu erreichen, wie z. B. Homogenität, bestimmte Korngröße, -form und -verteilung, Rieselfähigkeit und eine bestimmte Schüttdichte. Die Aufbereitung erfolgt in heiz- oder kühlbaren Misch-

aggregaten, um die Komponenten gleichmäßig zu vermischen. Überwiegend flüssige Komponenten werden in Rührwerken gemischt. Pulver werden in rotierenden Behältern, in ruhenden Behältern mit langsamlaufenden Einbauten, wie Schaufelarmen oder Bandspiralen sowie in Schnellmischern mit hochtourigen Rührorganen gemischt.

3 Stoffwandlung durch Verfahrenstechnik

3.1 Verfahrenstechnische Prozesse

Gegenstand der Verfahrenstechnik sind industrielle Produktionsprozesse, die der Stoffwandlung dienen und marktfähige Gebrauchsprodukte oder auch Rohprodukte liefern, die einer weiteren Verarbeitung bedürfen. Es handelt sich um einen Industriebereich, der sich mit der Gewinnung, Aufbereitung und Veredelung, aber auch mit der Entsorgung von Stoffen befasst.
Verfahrenstechnische Prozesse beruhen auf chemischen, physikalischen und biologischen Vorgängen, die i. Allg. in Mehrphasenströmungen ablaufen. In den meist produktspezifischen Produktionsanlagen werden die Prozesse schrittweise durchgeführt. Man unterscheidet die Vorstufe (Stoffvorbereitung), die Reaktionsstufe (Stoffumwandlung) und die Nachstufe (Stoffnachbereitung). Als Industriezweig umfasst die Verfahrenstechnik sowohl die technologische Realisierung der gesamten Prozesskette, als auch die Entwicklung der hierfür erforderlichen Apparate und Maschinen sowie ihre Integration zu Anlagen unter Einschluss der erforderlichen Mess- und Regelungstechnik.
Die Verfahrenstechnik findet Anwendung in der chemischen und pharmazeutischen Industrie, der Kunststoff-, Textil- und Papierindustrie, in der Lebensmittelindustrie sowie in der Industrie der Steine und Erden. Alle Prozesse sind so zu gestalten und zu führen, dass ihre Wirkung auf die Umwelt auf ein Minimum beschränkt wird. Die schonende Nutzung aller stofflichen Ressourcen stellt eine der größten Herausforderungen an die Verfahrenstechnik dar.

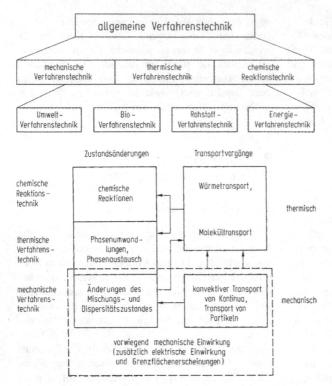

Bild 3-1. Einteilungen der allgemeinen Verfahrenstechnik

Bild 3-2. Zustandsänderungen und Transportvorgänge der Verfahrenstechnik [2]

Verfahrenstechnische Anlagen werden u. a. eingesetzt zur Reinigung von Industrieabgasen und Abwässern, zur Verarbeitung fester Abfallstoffe, zur Gewinnung von Kraft- und Brennstoffen aus Erdöl, von Koks und Brenngasen aus Kohle und zur Aufbereitung von Erzen sowie zur Herstellung von Metallen, Zement, Glas, Keramik und hochspeziellen Werkstoffen für die Elektronik. Die Verfahrenstechnik lässt sich nach Bild 3-1 prozessbezogen allgemein in die *mechanische* und die *thermische Verfahrenstechnik* sowie die *chemische Reaktionstechnik* gliedern. Anwendungsgebiete sind die Umwelt-, Bio-, Rohstoff- und Energieverfahrenstechnik.

Die Verfahrenstechnik bewirkt Zustandsänderungen, die auf thermisch und/oder mechanisch induzierten Transportvorgängen beruhen. Bild 3-2 zeigt, dass die Zustandsänderungen oftmals nicht eindeutig nur einem Zweig der allgemeinen Verfahrenstechnik zuzuordnen sind. Die sich einstellenden Systemzustände hängen von den Kräften der Systemelemente und den durch sie verursachten Bewegungen ab [1,2].

3.2 Mechanische Verfahrenstechnik

Die Operationen der mechanischen Verfahrenstechnik dienen der stofflichen Umwandlung unter vorwiegend mechanischer Einwirkung. Außerdem ermöglichen mechanische Verfahren als vorgeschaltete oder unmittelbar verbundene Verfahrensstufe eine wirksamere Durchführung chemischer und thermischer Prozesse.

Die Elemente disperser Systeme sind i. Allg. voneinander unterscheidbare Partikel, während in einheitlichen Systemen einzelne Phasen einander durchdringen können. Durch die stoffliche Umwandlung können in dispersen Systemen Zustandsänderungen bezüglich Größe, Gestalt und Oberflächenzustand von Partikeln bewirkt werden [3].

Grundverfahren sind Zerkleinerungs- und Kornvergrößerungsverfahren sowie mechanische Trenn- und Mischverfahren. Dazu gehört auch die Behandlung von Kontinua, wie das Rühren von Flüssigkeiten oder das Kneten hochviskoser Massen.

Mechanische Trennverfahren

Die Trennverfahren der mechanischen Verfahrenstechnik werden nach Stoffzustand der dispergierten und der Trägerphase, die beide fest, flüssig oder gasförmig sein können, unterschieden. Zu den mechanischen Verfahren der Oberflächenvergrößerung zählen das Zerkleinern von Feststoffen durch Brechen und Mahlen sowie die Flüssigkeitszerteilung durch Rieseln, Zerstäuben und Verspritzen.

Mechanisches Zerkleinern von Feststoffen
Die wichtigsten Maschinen zum *Grob-* und *Feinbrechen* harter Stoffe sind Backen-, Kegel-, Prall- und Rundbrecher (Bild 3-3). Weichere Stoffe werden vor-

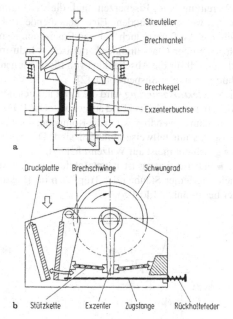

a

b   Stützkette   Exzenter   Zugstange   Rückhaltefeder

Bild 3-3. Maschinen zur Grobzerkleinerung harter Stoffe. a Kegelbrecher; b Backenbrecher [1]

wiegend durch Hammer-, Schnecken- und Walzenbrecher zerkleinert. Der Durchmesser des zerkleinerten Gutes liegt beim Grobbrechen in der Regel über 50 mm und beim Feinbrechen zwischen 5 und 50 mm [1,3].

Für die *Fein-* und *Feinstzerkleinerung* auf Teilchendurchmesser zwischen 5 und 500 μm besitzen Mühlen mit frei beweglichen Mahlwerkzeugen große Bedeutung. Die Mahlwerkzeuge (Mahlkörper) können Kugeln, Stäbe, kurze Zylinderstücke oder auch die groben Körner des Mahlgutes selbst sein. Sie werden während des Mahlvorganges durch Dreh-, Planeten- oder Schüttelbewegungen beschleunigt. Durch Relativbewegungen der Mahlkörper gegeneinander wird das Gut zerkleinert.

Mühlen mit rotierendem, zylindrischem oder konischem Mahlraum heißen je nach der Form der Mahlkörper oder des Behälters Kugel-, Stab- bzw. Trommel-, Konus- oder Rohrmühlen. Kugelmühlen als der wichtigste Typ werden von der Labormühle bis zur Großmühle in jeder Baugröße hergestellt (Bild 3-4).

Mechanisches Zerteilen von Flüssigkeiten
Die Flüssigkeitszerteilung ist von Bedeutung, wenn Absorption, Wärmeübertragung oder eine chemische Reaktion zwischen gasförmigen und flüssigen Stoffen angestrebt wird oder wenn eine Trennung von Flüssigkeitsgemischen durch Rektifikation und Extraktion nachfolgen soll. Die Flüssigkeitszerteilung geschieht durch Schwerkraft, Fliehkraft, Druck, Schlag, Stoß oder Prall. Anwendungsbeispiele sind Sprühwäscher zur Gasreinigung, Klimaanlagen, Befeuchter, Beschichter, Feuerlöscher, Zerstäuber in Feuerungen und Kühlaggregaten.

Mechanisches Zerlegen von Feststoffgemischen
Das Zerlegen von Feststoffgemischen erfolgt durch Klassieren (wie Siebklassieren, Sichten und Strom-

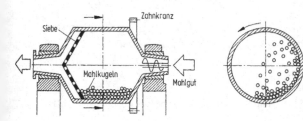

Bild 3-4. Kugelmühle zur Fein- und Feinstzerkleinerung [4]

klassieren) sowie durch *Sortieren* als Dichtesortieren, Flotieren, Magnet- und Elektrosortieren. *Klassieren* ist das Zerlegen eines Kornspektrums in bestimmte Kornklassen. *Sortieren* hingegen ist das Zerlegen eines Haufwerks in Komponenten unterschiedlicher stofflicher Beschaffenheit [1].

Durch *Sieben* wird ein Kollektiv mithilfe eines Siebbodens in Korngrößenklassen zerlegt. Die Trennkorngröße ist dabei maßgeblich durch die Weite der Sieböffnungen bestimmt. Wichtige Parameter sind die Korngrößenverteilung des Siebgutes, die Aufgabemenge, die Bewegung des Siebbodens und die Siebzeit. Die für die Siebung wirksamen Kräfte sind die Schwerkraft, Strömungskräfte sowie Stoß- und Reibungskräfte.

Beim *Sichten* werden Haufwerke aufgrund der unterschiedlichen Sinkgeschwindigkeit von Teilchen verschiedenen Durchmessers im Luftstrom zerlegt. Neben Schwerkraftsichtern sind Zentrifugalsichter, Zyklonumluft- und Streusichter von Bedeutung.

Bedingt durch Massenkraft und Auftrieb vollführen die Partikel beim *Stromklassieren* eine Relativbewegung zum Medium. Die Massenkraft kann die Schwerkraft, die Fliehkraft oder eine sonstige Trägheitskraft sein. Einfache Beispiele sind die Sedimentation im ruhenden Medium und die Fliehkraftklassierung im Hydrozyklon.

Bei der *Dichtesortierung* muss die Dichte des Trägermittels zwischen den Dichten der zu trennenden Fraktionen liegen. Bei der Schwertrübesortierung wird als Medium ein mit feinkörnigem Ferrosilicium, Magnetit oder Schwerspat angereichertes Wasser benutzt. Eine solche Suspension verhält sich wie eine homogene Flüssigkeit, in der leichtere Stoffe aufschwimmen, während schwerere absinken.

Die *Flotation* ist ein Schaumschwimmverfahren, bei dem sich an die Partikel einer Komponente Luftblasen anlagern. Entweder wird die Luft aus der übersättigten Lösung ausgeschieden, bzw. tritt sie aus porösen Materialien oder Kapillaren aus, oder es werden die Luft und die Trübe in einer Einspritzdüse intensiv gemischt. Die mit Luftblasen verbundenen Partikel schwimmen an der Oberfläche der Trübe. Um eine selektive Anlagerung von Luftblasen zu erzielen, ist es notwendig, dass die Partikel unterschiedlich benetzbar sind, da die Adhäsion von Luft nur an nicht benetzten Partikeln auftritt; dies wird durch Zugabe sog. Sammler erreicht.

Obwohl eigentlich nicht zur mechanischen Verfahrenstechnik zugehörig, sollen hier auch magnetische und elektrische Sortierverfahren erwähnt werden. Bei der *Magnetsortierung* werden Stoffe aufgrund ihrer unterschiedlichen Magnetisierbarkeit (Permeabilität) sortiert. Übliche Magnetscheidertypen sind Band-, Walzen- und Trommelabscheider. Schwachmagnetische Stoffe lassen sich nur durch die Trockenmagnetscheidung bei Korngrößen unter 1 bis 3 mm trennen. Bei ferromagnetischen Materialien, wie Magnetit und Ilmenit, lassen sich durch Nassmagnetabscheidung weitaus größere Partikel trennen. Die Hauptanwendung der Magnetscheidung ist die Aufbereitung von Eisenerzen und die Sortierung von Schwermineralsanden. Eine bedeutende Rolle spielt das Verfahren auch bei der Enteisenung von Rohstoffen der Glas- und der keramischen Industrie und generell für die Abscheidung von Eisenteilen aus Schüttgütern oder Suspensionen [2].

Bei der *Elektrosortierung* wird die Kraft auf geladene Teilchen im elektrischen Feld ausgenutzt. Das Prinzip ist nur dann anwendbar, wenn die Komponenten eines Haufwerks nur teilweise aufladbar sind. Die Sortierung geschieht meist auf Walzenscheidern.

Die Elektrosortierung ist hauptsächlich auf die Abscheidung feiner Stäube oder Tröpfchen im Elektrofilter beschränkt (Bild 3-5).

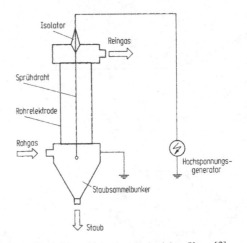

Bild 3-5. Funktionsprinzip eines Rohrelektrofilters [2]

Mechanisches Abtrennen von Flüssigkeiten
Bei dispersen Systemen werden Verfahren zur mechanischen Flüssigkeitsabtrennung angewendet. Die wichtigsten sind die zur Sedimentation, wie z. B. die Flieh- und Schwerkraftsedimation, sowie die Filtration, das Auspressen und die Emulsionstrennung [1,3].
Voraussetzung der *Sedimentation* ist ein Dichteunterschied zwischen disperser Phase und Dispersionsphase. Die Abtrennung erfolgt unter der Einwirkung von Fliehkräften oder der Schwerkraft. Hierfür werden Absetzbecken verwendet, die im Falle der Schlammgewinnung als Eindicker und bei Gewinnung der feststofffreien Flüssigkeit als Klärbecken bezeichnet werden. Nach Bauart und Verfahren werden Lamelleneindicker, Vollmantelzentrifugen, Hydrozyklone und andere Anlagen unterschieden.
Bei der *Filtration* wird die feste von der flüssigen Phase mithilfe poröser Filterstoffe abgetrennt. Man unterscheidet zwischen Klärfiltration zur Reinigung von Flüssigkeiten und Scheidefiltration zur Gewinnung von Feststoffen. Nach der wirkenden Kraft werden Überdruck-, Unterdruck-, Schwerkraft-, Fliehkraft-, Kapillarkraft- und Druckkraftfilterverfahren unterschieden und nach der Filtermethode Druck-, Saug- und Kapillarbandfilter sowie Scheidepressen und Siebzentrifugen. Wichtige Filterapparate sind Kammer- und Rahmenfilterpressen sowie Vakuumfilter verschiedener Bauart [1].

Gasreinigungsverfahren
Weitere Trennverfahren sind das Entstauben mittels Schwer- oder Fliehkraft, durch Filtration oder Elektroabscheidung und Gasreinigung durch Absorption, Adsorption oder mit Katalysatoren. Entstaubung ist die Abscheidung fester Stoffe aus einer Gasphase, während die *Gasreinigung* die Trennung fester, flüssiger und gasförmiger Stoffe umfasst. Außer Zwecken des Umweltschutzes dient Gasreinigung der Erzeugung reiner Prozessgase sowie der Rückgewinnung von Wertstoffen.

Mechanische Stoffvereinigung

Verfahren zur *Kornvergrößerung*, wie Agglomerieren und Formpressen, dienen zur Stückigmachung pulverförmiger Stoffe, um z. B. Formfüllvermögen,

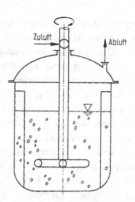

Bild 3-6. Hohlrührer zur Abwasserbelüftung [2]

Riesel- und Lagerfähigkeit zu verbessern. *Mischen* erfolgt durch Rühren und Kneten. Durch Rühren werden Flüssigkeiten miteinander sowie gasförmige oder feste Stoffe mit Flüssigkeiten vermischt (Bild 3-6). Kneten ist das Vermischen hochviskoser Komponenten.

3.3 Thermische Verfahrenstechnik

Wärme- und Stofftransport sind Grundlage der thermischen Verfahrenstechnik. Neben der technischen Wärmeübertragung umfasst sie auch die thermischen Trennverfahren [4].
Bei der konvektiven Wärmeübertragung erfolgt der Wärmetransport durch einen strömenden Wärmeträger. Bei der freien Konvektion beruht die Bewegung auf Temperaturunterschieden im Fluid. Bei der erzwungenen Konvektion hingegen ist die Strömung des Fluids von außen aufgezwungen. Die Wärmestrahlung ist bei höheren Temperaturen von Bedeutung.

Thermische Verfahren zur Feststoffabtrennung

Thermische Feststoffabtrennung umfasst das Trocknen, Eindampfen, Kristallisieren, Sublimieren und Extrahieren.
Trocknen ist die thermische Abtrennung von Flüssigkeit aus Feststoffen. Dabei wird die dem Feststoff anhaftende oder an ihn gebundene Feuchtigkeit durch Wärme in die Gasphase überführt und zum Teil anschließend wieder kondensiert.

Trocknungsverfahren können nach Art der Energiezuführung in Konvektionstrocknung, bei der ein heißes Gas das Gut umspült, in Kontakttrocknung, bei der das Trockengut eine Heizfläche berührt, und in Strahlungstrocknung eingeteilt werden. Ein weiterer Gesichtspunkt ist die Gutförderung im Trockner. Sie kann sowohl ruhend auf fester oder bewegter Unterlage, als auch umbrechend durch Rührorgane oder umwälzend durch Schwerkraft oder Strömung sein. Trocknungsanlagen sind z. B. Trockenschränke, Etagentrockner, Zerstäubungstrockner (Bild 3-7) sowie Walzen-, Taumel- und Schaufeltrockner. Anwendungsbeispiele sind die Endtrocknung von Pigmenten, Waschmitteln, Polymerisaten und zahlreichen Pharmazeutika sowie die Trocknung von Rohstoffen wie Holz, Erzen, Sand und Kalk. *Eindampfen* ist das Abtrennen eines Lösemittels aus einer Lösung durch Wärmezufuhr und Verdampfen. Die Verdampferbauarten werden in direkt oder indirekt beheizte, kontinuierlich und diskontinuierlich arbeitende sowie in Ein- oder Mehrkörperverdampfer unterteilt. *Kristallisation* ist die Gewinnung von kristallisierten Feststoffen aus übersättigten Lösungen, die zu diesem Zweck verdampft oder abgekühlt werden. Daher wird

zwischen Verdampfungs- und Kühlkristallisation unterschieden.

Sublimieren ist der direkte Stoffübergang vom festen in den gasförmigen Aggregatzustand mittels Wärmezufuhr. Umgekehrt wird die Kristallisation aus der Dampfphase Desublimation genannt. Beispiele für das Sublimieren sind die Gefriertrocknung und die Reinigung sublimierbarer kristalliner Stoffe, die mit nichtsublimierbaren Verunreinigungen behaftet sind.

Extrahieren ist das selektive Herauslösen von Bestandteilen aus Stoffen, Stoffgemischen oder Lösungen durch Lösemittel. Folglich kann zwischen Fest-Flüssig- und Flüssig-Flüssig-Extraktion unterschieden werden. Ein Beispiel ist die Gewinnung von Aroma- und Duftstoffen aus Feststoffen durch Lösemittel. Extrakteure werden in ein- und mehrstufige sowie in kontinuierlich und diskontinuierlich arbeitende Apparate eingeteilt.

Thermische Verfahren zur Trennung von Flüssigkeits- und Gasgemischen

Die Trennung homogener Flüssigkeitsgemische geschieht häufig durch thermische Trennverfahren. Unterscheiden sich die Komponenten eines Flüssigkeitsgemisches in ihren Siedepunkten, so eignen sich Destillation und Rektifikation zur Gemischtrennung. Bei unterschiedlicher Löslichkeit einzelner Komponenten findet hingegen die Flüssig-Flüssig-Extraktion Anwendung, die auch Solventextraktion genannt wird. Die Abtrennung gasförmiger Komponenten aus Gasgemischen wird mittels Sorptionsverfahren durchgeführt [1,3].

Thermische Verfahren zur Trennung von Flüssigkeitsgemischen

Das häufigste thermische Trennverfahren ist die *Destillation*. Bei der einfachen Destillation, die häufig zur Trennung von Zweistoffgemischen dient, wird aus einer siedenden Mischung Dampf abgeführt und als Destillat kondensiert. Entsprechend dem Phasengleichgewicht ist die leichter siedende Komponente im Destillat angereichert. Zur Verstärkung des Trenneffektes können durch wiederholtes Destillieren kondensierte Gemischdämpfe in weitere Fraktionen aufgetrennt werden. In diesem Fall spricht man von fraktionierter Destillation, deren Hauptanwendungsgebiet die Zerlegung von Rohöl in verschiedene Fraktionen ist.

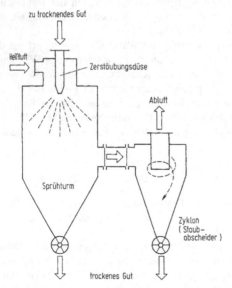

Bild 3-7. Schematische Darstellung eines Zerstäubungstrockners

Bei der *Rektifikation* oder *Gegenstromdestillation* strömt dem aufsteigenden Dampf aus dem Kondensator Flüssigkeit entgegen. Zwischen Dampf und Flüssigkeit findet dabei ein Wärme- und Stoffaustausch derart statt, dass Schwersiedendes aus dem Dampf in die Flüssigkeit kondensiert und Leichtsiedendes durch freiwerdende Kondensationswärme aus der Flüssigkeit in den Dampf gelangt. Durch die Anreicherung von Leichtsiedendem im Dampf und Schwersiedendem in der Flüssigkeit wird gegenüber der Destillation eine deutlich bessere Trennwirkung erzielt. Rektifiziersäulen (Trennkolonnen) werden als Bodenkolonnen, Kolonnen mit Gewebepackung und Füllkörperkolonnen gebaut. Die Gegenstromdestillation wird angewandt, wenn Komponenten mit großen Reinheitsanforderungen aus einem Gemisch abgetrennt werden sollen [1].

Solventextraktion ist die Abtrennung von Komponenten aus einem Flüssigkeitsgemisch mithilfe eines selektiv wirkenden flüssigen Lösemittels. Diese Flüssig-Flüssig-Extraktion wird angewendet, wenn eine Komponententrennung durch Destillation oder Rektifikation nicht möglich ist, etwa wegen ungünstiger Gleichgewichtsbedingungen oder thermischer Empfindlichkeit des Extraktionsgutes. Die Solventextraktion kann diskontinuierlich, kontinuierlich und im Gegenstromverfahren durchgeführt werden. Als Extraktionsapparate werden u. a. Rührwerkskessel, Extraktionskolonnen und Extraktionszentrifugen eingesetzt.

Thermische Verfahren zur Trennung von Gasgemischen

Bei der Sorption wird zwischen Adsorbieren und Absorbieren unterschieden. *Adsorption* ist das Anreichern einer Gaskomponente an einer Feststoffoberfläche. Adsorptionsverfahren dienen vielfach der Gasreinigung.

Unter *Absorption* versteht man dagegen die Abtrennung einer oder mehrerer Komponenten aus Gasgemischen durch Waschen mit einem Lösemittel. Zur Vervielfachung des Gleichgewichtseffekts wendet man auch hier das Gegenstromprinzip an. Da in der Regel das Lösungsmittel wieder eingesetzt wird und oft auch die absorbierten Gase gewonnen werden sollen, gehört zu einer Absorptionsanlage meist eine zweite Kolonne, in welcher der umgekehrte Prozess, eine Desorption, stattfindet.

3.4 Chemische Reaktionstechnik

Die chemische Reaktionstechnik ist der Teil der Verfahrenstechnik, der sich mit der Durchführung chemischer Reaktionen befasst.

Unabhängig vom Maßstab ist eine Reaktion immer mit dem Austausch von Stoff, Wärme und Impuls verknüpft. Je größer die Dimensionen eines Prozesses sind, um so länger sind die Transportwege und um so größer ist der Einfluss der Transportvorgänge. Die Beherrschung des Zusammenspiels von chemischen und Transportvorgängen ist eine Aufgabe der chemischen Reaktionstechnik.

Im Gegensatz zu den physikalischen Grundverfahren sind chemische Grundverfahren nicht bloße Bausteine einer chemischen Reaktion. Wichtige Grundverfahren sind thermische, elektrochemische, katalytische und Polyreaktionsverfahren. Zu den thermischen Verfahren gehören das Rösten, Brennen und Kalzinieren. Katalytische Verfahren werden häufig in Autoklaven für Synthesen angewendet. Zu den elektrochemischen Verfahren zählen z. B. die Schmelzflusselektrolyse und die Polyreaktionen, die zur Produktion von Kunststoffen durch Polyaddition, Polykondensation oder Polymerisation dienen. Wesentliche Apparate der chemischen Reaktionstechnik sind die Reaktoren, in denen die chemischen Reaktionen stattfinden. Reaktionsapparate können in Reaktionstürme und -behälter für niedrige Temperaturen, Reaktionsöfen für hohe Temperaturen, Wirbelschichtapparate und Hochdruckapparate eingeteilt werden. Beispiele sind Brennkammern, Rührkessel, Konverter, Tiegel, Drehrohröfen, Wirbelschichtreaktoren und Umlaufreaktoren.

4 Formgebung und Fügen durch Fertigungstechnik

4.1 Fertigungsverfahren und Fertigungssysteme: Übersicht

4.1.1 Einteilung der Fertigungsverfahren

Fertigung ist die Herstellung von Bauteilen mit vorgegebenen Werkstoffeigenschaften und Abmessungen sowie das Fügen solcher Bauteile zu Erzeugnissen. Die *Fertigungstechnik* bewirkt Formgebung sowie

Eigenschaftsänderungen von Stoffen. Man kann ab-
bildende, kinematische, fügende und beschichtende
Formgebung sowie die Änderung von Stoffeigenschaften unterscheiden. *Fertigungslehre*
ist die Lehre der Formgebung von „stofflichen Zusammenhalten" fester Körper. Formgebung kann durch bzw. unter Schaffen,
Beibehalten, Vermindern oder Vermehren des
Zusammenhalts erfolgen. Die Fertigungslehre beschreibt die physikalischen Zusammenhänge auch
unter technologischen und ökonomischen Gesichtspunkten, sie ist Formgebungskunde mit engen
Beziehungen zur Werkstoffkunde (Teil D).
Der Einteilung der Fertigungsverfahren nach DIN
8580 liegt als leitendes Merkmal der Begriff des
Zusammenhaltes zugrunde (Bild 4-1), der sowohl
den Zusammenhalt von Teilchen eines festen Körpers wie auch den Zusammenhalt der Teile eines
zusammengesetzten Körpers bezeichnet.
Die Umwandlung der Rohform zur Fertigform soll
in der Regel mit einer möglichst geringen Anzahl
von Zwischenformen erfolgen. Die Formgebung erfolgt entweder durch Abbildung von Formmerkma-
len des Werkzeuges und/oder durch geeignete Relativbewegungen zwischen Werkzeug und Werkstück.
Ausgangspunkt der Bearbeitung sind Rohformen, wie
sie durch Urformen oder Umformen entstehen, z. B.
Guss- und Schmiedeteile oder Halbzeuge, wie Stan-
gen, Rohre oder Bleche.
Zur weiteren Bearbeitung sind, abhängig vom gewählten Verfahren, Werkzeugmaschinen, Werkzeuge,
Spannzeuge, Messzeuge, Hilfszeuge und Hilfsstoffe
erforderlich. Bild 4-2 zeigt technologische Merkmale, die die Grundlage der Bewertung von Fertigungsverfahren bilden.

Bild 4-2. Technologische Bewertungsmerkmale in der Fertigungstechnik

4.1.2 Fertigungsgenauigkeit

Durch die Fertigung werden definierte Oberflächen
erzeugt. Man unterscheidet hier folgende Flächenar-
ten:

– *Funktionsflächen* sind erforderlich, damit das Einzelteil seine Funktion erfüllen kann.
– *Hilfsflächen* dienen zur Bearbeitung oder Prüfung,
 z. B. Spann- bzw. Messflächen.
– *Freie Flächen*, das sind die übrigen Körperoberflä-
 chen eines Einzelteils.

Fertigungsgenauigkeit ist Ausdruck der Qualität des
Fertigungsprozesses. Hohe Fertigungsgenauigkeit ist
dementsprechend stets das Ergebnis eines Feinverfah-
rens. Der Begriff der Fertigungsgenauigkeit umfasst
folgende Sachverhalte:

Maßgenauigkeit liegt vor, wenn die Maßabweichungen eines Werkstücks die geltenden Maßtoleranzen

Schaffen der Form	Ändern der Form			Ändern der Stoff- eigenschaften
Zusammenhalt schaffen	Zusammenhalt beibehalten	Zusammenhalt vermindern	Zusammenhalt vermehren	
		Hauptgruppen		
1 Urformen	2 Umformen	3 Trennen	4 Fügen	5 Beschichten	6 Stoffeigenschaft ändern

Bild 4-1. Einteilung der Fertigungsverfahren
nach DIN 8580

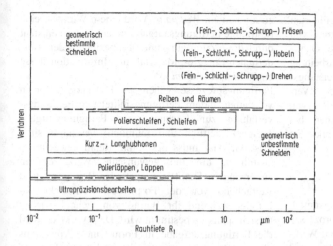

Bild 4-3. Erreichbare Rauhtiefe in Abhängigkeit vom Bearbeitungsverfahren (in Anlehnung an DIN 4766)

einhalten, d. h., wenn die Maße im entsprechenden Toleranzfeld liegen.

Lagegenauigkeit liegt vor, wenn die Lageabweichungen der geometrischen Formelemente eines Werkstücks die geltenden Lagetoleranzen einhalten.

Formgenauigkeit liegt vor, wenn die Formabweichungen eines Werkstücks die für sie geltenden Formtoleranzen einhalten, d. h., wenn die Form innerhalb des entsprechenden Toleranzfeldes liegt. Formabweichungen sind z. B. Abweichungen von der Ebenheit, Parallelität, Rundheit, Kegelverjüngung, Zylindrizität und im Winkel.

Oberflächengüte. Die Oberflächengüte wird anhand von Gestaltabweichungen verschiedener Ordnung geprüft (DIN 4760 bis DIN 4764). Der Abstand zwischen Bezugs- und Grundprofil ist die Rauhtiefe. DIN 3141 gibt die Beziehungen zwischen den Bearbeitungszeichen auf den Werkstattzeichnungen und der zulässigen Rauhtiefe an, DIN 4766 gibt die bei einzelnen Fertigungsverfahren erreichbaren Bereiche der Rauhtiefe an (Bild 4-3).

Der Begriff der Qualität umfasst sowohl die geometrische als auch die stoffliche Beschaffenheit der Bauteile. Die Feinbeschaffenheit der Fertigteile betrifft nicht nur ihre Maß-, Form- und Oberflächengenauigkeit, sondern auch die Stoffeigenschaften, vor allem in der Oberflächenzone [1].

Fertigen ist ein werkstückbezogener Begriff: Werkstücke sind geometrisch und stofflich definierte

Teile während ihrer Fertigung. Kennmerkmale eines Werkstücks sind: Geometrie, Werkstoff, Identifizierungsnummer, Klassifizierungsnummer, Auftragsnummer, Losgröße und Stückzahl. Für die technologische Fertigungsvorbereitung hat die Werkstückklassifizierung Bedeutung. Dieses Konzept ist auch durch die Begriffe Gruppentechnologie oder Teilefamilienfertigung bekannt geworden (Bild 4-4). *Feinteile* müssen stofflich wie auch geometrisch enge Toleranzen einhalten. Die zur Erfüllung bestimmter Anforderungen geeigneten Feinbearbeitungsverfahren können DIN 8580 entnommen werden.

Höchste Fertigungsgenauigkeiten werden durch Maschinensysteme der *Ultrapräzisionstechnik* erreicht. Sie beruhen in der Regel auf Bearbeitungsverfahren mit geometrisch bestimmter Schneidenform, beispielsweise auf der Anwendung von monokris-

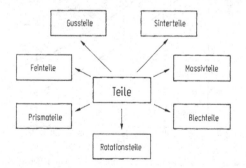

Bild 4-4. Gruppentechnologische Werkstückklassifizierung

tallinen Diamantwerkzeugen, die unter definierten Umgebungsbedingungen Fertigungstoleranzen von 5 nm (= 0,005 μm) ermöglichen. Solche Qualität wurde ursprünglich für die Feinstbearbeitung metalloptischer Komponenten der Hochleistungs-lasertechnik erforderlich (vgl. Bild 4-5). Vergleichbare Genauigkeiten werden nun auch von Ultrapräzisionsschleif- und -poliermaschinen bei der Bearbeitung harter und spröder Werkstoffe erreicht [1].

4.1.3 Fertigungssysteme und Fertigungsprozesse

Fertigungssysteme enthalten alle Fertigungsmittel, die der Durchführung von Fertigungsprozessen dienen: Fertigungsmaschinen, Vorrichtungen, Werkzeuge, Wirkmedien, Spannzeuge, Messzeuge und Hilfszeuge.

Werkzeuge sind Fertigungsmittel, die durch Relativbewegung gegenüber dem Werkstück unter Energie-übertragung die Bildung oder Änderung seiner Form und Lage, bisweilen auch seiner Stoffeigenschaften, bewirken.

Wirkmedien sind Stoffe als Fertigungsmittel, die durch bestimmte physikalische Energieformen oder durch chemische Reaktionen geometrische oder stoffliche Veränderungen des Werkstücks bewirken. Werkstück und Werkzeug bzw. Wirkmedium bilden

zusammen ein *Wirkpaar*. Wird einem Wirkpaar eine bestimmte Fertigungsaufgabe zugeordnet, so entsteht durch diese Zuordnung unter Einbeziehung der erforderlichen Energie-, Material- und Informationsflüsse ein *Fertigungssystem* [3].

Fertigungsprozesse gehen in Fertigungssystemen vonstatten, indem Fertigungsmittel und Fertigungsverfahren zur Lösung einer Fertigungsaufgabe geeignet (zeitlich und räumlich) verknüpft sind. Das Wirkpaar muss bestimmte Relativbewegungen ausführen, um die gewünschte Werkstückform zu erzeugen. Die Richtungen der Bewegung sind weitgehend von der Form des Werkstücks abhängig, während ihr Betrag von technologischen Gesichtspunkten bestimmt wird. Dem Wirkpaar wird die Fertigungsaufgabe in Form eines Programms übermittelt, das geometrische und technologische Informationen enthält. Dieser Informationsfluss steuert den Energiefluss und den Materialfluss für die Fertigungsschritte. Die Verknüpfung der Fertigungsaufgabe mit dem Fertigungssystem durch ein Programmiersystem veranschaulicht Bild 4-6.

Fertigungssysteme werden nach ihrer Entwicklungsstufe in handwerkliche, mechanisierte und automatisierte Systeme eingeteilt. In handwerklichen Fertigungssystemen werden dem Wirkpaar Energie und Information unmittelbar vom Menschen zugeführt. In mechanisierten Fertigungssystemen findet die Energieumsetzung im Wesentlichen in Werkzeugmaschinen statt. In automatisierten Fertigungssystemen sind die Werkzeugmaschinen mit

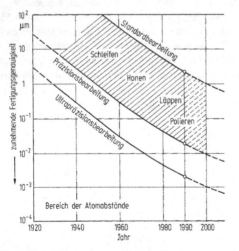

Bild 4-5. Entwicklung der erreichbaren Fertigungsgenauigkeiten [2]

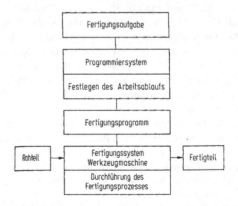

Bild 4-6. Verknüpfung von Programmierung und Fertigungsablauf

Informationsspeichern und selbsttätigen Steuerungen ausgestattet. Dem Menschen bleibt die Programmierung und Überwachung des Fertigungsprozesses. Fertigungsprozesse bestehen aus einer zeitlichen und räumlichen Abfolge von Einzelprozessen. Diese Fertigungsschritte bewirken eine Veränderung des stofflichen Zusammenhalts oder der räumlichen Anordnung durch Anwendung von Fertigungsverfahren. Die Mittel, die gezielte Einwirkung auf das Werkstück insgesamt ermöglichen und daher den Fertigungsprozess kennzeichnen, sind stofflicher, energetischer und informatorischer Art. Gemäß DIN 8580 lassen sich
– urformende,
– umformende,
– trennende,
– fügende,
– beschichtende und
– stoffeigenschaftändernde Fertigungssysteme
unterscheiden.

In der Umformtechnik, der Trenntechnik und teilweise auch in der Fügetechnik ist anstelle des Ausdrucks Fertigungsmaschine der Ausdruck Werkzeugmaschine üblich.

4.1.4 Integrierte flexible Fertigungssysteme

Je nach Wahl der Systemgrenzen kann man Fertigungssysteme unterschiedlicher Komplexität defi-

nieren. Durch die rechnergeführte Fertigung mit integriertem Informationssystem gewinnen sehr weit gesteckte Systemgrenzen an Bedeutung. Die Datenverarbeitung wird nicht nur für die technologische Durchführung des Fertigungsprozesses genutzt, sondern für die Gesamtheit der Fertigung im Sinne eines umfassenden Systems. Hierfür ist der Begriff des rechnerintegrierten Fertigungssystems entstanden [4].

Kennzeichnendes Merkmal flexibler Fertigungssysteme ist die automatisierte Verkettung von Fertigungseinrichtungen bezüglich des Material- und des Informationsflusses (Bild 4-7). Die Bearbeitung von unterschiedlichen Werkstücken wird hierbei nicht durch Umrüsten unterbrochen.

Der Materialfluss umfasst alle Lager- und Bewegungsvorgänge bei der Zu- und Abfuhr von Rohstoffen, Werkstücken, Betriebsmitteln und Abfallstoffen. Die informationstechnische Verkettung erfolgt über ein sog. Direct-Numerical-Control-System (DNC), das die Steuerdatenverteilung und -verwaltung sowie die Betriebsdatenerfassung für mehrere Arbeitsstationen und die Materialflusssteuerung und -überwachung zentral übernimmt.

Die Automatisierung einer Fertigung setzt eine integrierte Datenverarbeitung voraus. Dann sind Programme zur Generierung von Arbeitsplänen und Steuerdaten sowie für die Fertigungssteuerung

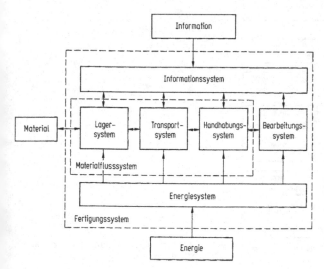

Bild 4-7. Teilsysteme flexibler Fertigungssysteme

und Betriebsdatenerfassung erforderlich. In Fertigungszellen sind die Programme zur Steuerung der Funktionen Fertigen, Handhaben, Prüfen und Ordnen zu einem Steuerungssystem zusammengefasst.

Kriterien für die Beurteilung von Fertigungssystemen sind die wirtschaftliche und technologische Leistungsfähigkeit, aber auch der Automatisierungsgrad, die Wirkungen auf die Bediener und die Belastung der Umwelt [5].

4.2 Urformen

Urformen ist Fertigen eines festen Körpers aus formlosem Stoff durch Schaffen des Zusammenhaltes (Bild 4-8).

4.2.1 Gießen

Die Wahl der Werkstoffe und der Entwurf der Teileform sind die Grundentscheidungen eines Produkts. Schon früh ist zu prüfen, durch welches Verfahren des Urformens der stoffliche Zusammenhalt geschaffen werden soll. Große Bedeutung hat hier das Gießen als Urformen aus dem (überwiegend) flüssigen Zustand. Es werden Eisen-, Leichtmetall- und Schwermetall-Gusswerkstoffe unterschieden. Die Auswahl ergibt sich aus den geforderten Eigen-

schaften der Fertigteile sowie aus den anwendbaren Gießverfahren. Auswahlkriterien sind Festigkeit, Dichte, elektrische und thermische Leitfähigkeit, Zerspanungseigenschaften, Korrosions- und Verschleißverhalten sowie die Herstellkosten [6].

Bei der Wahl des Gießverfahrens ist zu berücksichtigen, dass nicht jeder Werkstoff nach jedem Verfahren geformt werden kann. Außer dem Werkstückgewicht sind insbesondere Stückzahl und Formgenauigkeit ausschlaggebend.

Bei den Formverfahren werden Hand- und Maschinenformverfahren unterschieden. *Handformverfahren* kommen vor allem bei großen Gussstücken sowie bei niedrigen Stückzahlen in Frage. Handformen wird eingeteilt in

– Herdformen (Formen im Gießereiboden),
– Schablonenformen (Verwendung von Dreh- oder Ziehschablonen mit den Umrissen des Gussstücks),
– Kastenformverfahren (Formen mit ein- oder mehrteiligen Modellen in zwei oder mehr Kästen, die zum Abguss zusammengesetzt werden) und
– kastenloses Handformen.

Maschinenformverfahren werden bei größeren Serien von Klein- und Mittelguss angewendet. Die maschinellen Arbeitsgänge der Formherstellung (Sand-

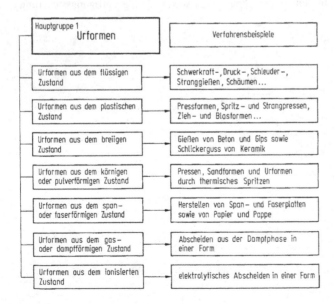

Bild 4-8. Verfahrenseinteilung des Urformens nach DIN 8580

einfüllen, Verdichten, Heben, Senken, Wenden, Umsetzen, Kerneinlegen, Zulegen, Übersetzen, Transportieren, Beschweren, Gießen, Ausleeren, Trennen, Reinigen) sind grundsätzlich dieselben wie beim Handformen.

Über die in DIN 8580 gegebene Einteilung hinaus können Gießverfahren nach der Art der Gießform sowie der Bindung des verwendeten Formstoffs eingeteilt werden. Neben verlorenen Formen für lediglich einen Abguss werden Dauerformen verwendet. Verlorene Formen können tongebunden, chemisch oder physikalisch gebunden sein. Zu den Verfahren mit chemisch gebundenen verlorenen Formen gehören Zementsand-, Wasserglas-, Fließsand-, Kaltharz-, Maskenform-, Warmkammer-, Kaltkammer-, Genau- und Feingießen. Beim Gießen mit physikalisch gebundenen Formstoffen wird die Verfestigung des Formstoffs durch Schwerkraft, Unterdruck oder das magnetische Feld bewirkt. Bild 4-9 zeigt den typischen Aufbau einer verlorenen Form.

Zum Guss mit Dauerformen werden metallische Gießwerkzeuge, aber auch Formen aus Grafit oder Keramik verwendet. Prinzipiell haben Dauer- und verlorene Formen denselben Aufbau. Dauerformen dominieren heute bei den vergleichsweise niedrig schmelzenden Nichteisenmetallen, wie Zink-, Aluminium-, Magnesium- und Kupferlegierungen. Aber auch Gusseisen und in Sonderfällen hochschmelzender Stahl werden zum Teil bereits in Dauerformen vergossen. Die Gussstücke zeichnen sich durch hohe Maßgenauigkeit und ein durch die rasche Abkühlung bestimmtes Gussgefüge aus [6].

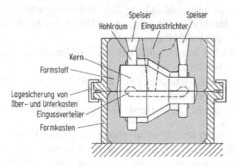

Bild 4-9. Gießfertige Form des Hand- oder Maschinenformens [7]

Beim *Kokillengießen* wird eine ruhende Dauerform, meist aus Stahl oder Gusseisen, i. Allg. drucklos gefüllt. Die Gestalt des Gussstücks ist durch die Form bestimmt. Sind auch die Kerne zur wiederholten Verwendung aus Eisenwerkstoffen hergestellt, so spricht man von Vollkokillen. Durch Einlegen von Sandkernen (Gemischtkokillen) lässt sich eine höhere Gestaltungsfreiheit erreichen. Kokillenguss zeichnet sich durch dichtes Gefüge, hohe Maßhaltigkeit und gute Oberflächenbeschaffenheit aus.

Beim *Niederdruck-Kokillengießen* wird die Form über ein Steigrohr von unten mit geringem Überdruck oder elektromagnetisch gefüllt. Nach ruhigem Füllen der Form erstarrt das Gussstück unter dem Überdruck.

Beim *Druckgießen* wird die Schmelze maschinell unter hohem Druck und mit großer Geschwindigkeit in eine genau gefertigte metallische Dauerform gepresst. Der Druck wird bis zum Ende der Erstarrung aufrechterhalten. Druckgussteile lassen sich wegen des hohen Aufwandes für Maschinen und Formen nur bei großen Serien wirtschaftlich fertigen. Sie haben hohe Maßhaltigkeit und sehr gute Oberflächenbeschaffenheit sowie einen geringen Putzaufwand. Im Gegensatz zum Kokillen- und Sandformguss ist das Druckgießen auf dünnwandige Teile beschränkt.

Beim *Schleudergießen* wird die Schmelze in eine um ihre Achse rotierende rohr- oder ringförmige Kokille geführt, in der sie bei Einwirkung der Zentrifugalkraft erstarrt. Übliche Gussstücke sind Ringe, Rohre, Büchsen und Rippenzylinder. Ihre Wanddicke hängt von der Menge des zugeführten Metalls ab. Schleuderformguss ist ganz entsprechend das Gießen in einer Form unter Ausnutzung der Fliehkraft.

Mit fast allen Gießverfahren lassen sich auch verbundgegossene Teile herstellen. *Verbundgießen* ist das Ein- oder Angießen von Teilen aus anderem Werkstoff oder auch das Umgießen mit einem anderen Werkstoff.

Stranggießen ist ein kontinuierliches Gießverfahren zur Herstellung von Voll- und Hohlprofilen. Dabei wird die Schmelze in eine beidseitig offene Kokille gegossen, die nur beim Angießen auf der Gegenseite geschlossen ist. In der Kokille kühlt die Schmelze gerade so weit ab, dass sich eine tragfähige Außenschale bildet. Der teilerstarrte Strang wird dann aus der Form gezogen. Außer Halbzeugen lassen sich auch direkt verwertbare Profile und Rohre erzeugen [6].

4.2.2 Pulvermetallurgie

ISO 3252-1982 bezeichnet die *Pulvermetallurgie* als den Teil der Metallurgie, der sich mit der Herstellung von Metallpulvern oder von Gegenständen aus solchen Pulvern durch die Anwendung eines Formgebungs- und Sinterprozesses befasst. Die hierbei verwendeten Technologien lassen sich sowohl für metallische als auch für nichtmetallische Werkstoffe verwenden. Durch den Verdichtungsprozess lassen sich sowohl dichte Werkstoffe als auch solche mit kontrolliertem Porenanteil herstellen. Hieraus ergibt sich ein breites Anwendungsspektrum für Sinterwerkstoffe. So sind diese in vielen Konstruktionen der mechanischen und elektronischen Industrie unentbehrlich geworden [8].

Die pulvermetallurgische Fertigungstechnik hat eine Reihe von Aufgaben, die der Schmelzmetallurgie verschlossen sind. So ist es möglich, aus den Pulvern hochschmelzender Metalle massive Halbzeuge, wie Bleche, Bänder und Drähte, mit feinem Gefüge herzustellen. Pulvermetallurgische Verfahren werden auch dann angewandt, wenn schmelzmetallurgische Methoden nicht mehr ausreichen, um einen verarbeitbaren Block herzustellen, oder wenn gießtechnische Methoden eine angemessene Verarbeitung der Schmelze nicht zulassen, wie z. B. bei Superlegierungen, die in Triebwerken verwendet werden.

Durch die Wahl geeigneter Rohstoffe und Herstellbedingungen können Sinterkörper mit *gesteuerter Porosität* hergestellt werden. Hochporöse Sinterkörper werden beispielsweise als Filter, Dämmelemente, Drosseln oder Flammensperren benutzt. Bei ihnen kann der Porenraum 45 bis 90% des Volumens ausmachen. Poröse Sinterkörper aus Eisen und Bronze werden auch als selbstschmierende wartungsfreie Gleitlager eingesetzt. Bei ihnen dient der Porenraum als Reservoir eines Schmiermittels, das während des Betriebs zum Aufbau des Schmierkeils dient und beim Stillstand durch die Kapillarkräfte des Porensystems in den Sinterkörper zurückgesaugt wird.

Pulvermetallurgische Verfahren können auch als reine Formgebungsverfahren zur Herstellung von Genauteilen aus metallischen Werkstoffen dienen, wobei die Werkstoffeigenschaften weniger interessieren. Die Pulvermetallurgie wird dabei zu einem urformenden Verfahren, das im Wettbewerb mit anderen Verfahren steht.

Urformen führt allerdings nur zu einem ungesinterten Pressling aus Metallpulver, der auch als Grünling bezeichnet wird und nur in Ausnahmefällen, wie beispielsweise als Massekerne, für eine technische Verwendung geeignet ist. Um zum Sinterwerkstoff oder zum Sinterformteil zu kommen, ist eine Sinterung erforderlich.

4.2.3 Galvanoformen

Durch *Galvanoformen* können dünnwandige metallische Werkstücke von komplizierter Oberflächenform mit geringer Rauhtiefe und hoher Maß- und Formgenauigkeit mithilfe von Modellen hergestellt werden. Die Herstellung von solchen galvanogeformten Teilen geschieht zu folgenden Teilschritten [9]:

– Herstellen des Badmodells und geeignete Vorbehandlung vor dem galvanischen Beschichten. Das Badmodell ist die Negativform des gewünschten Teils.
– Galvanisches Abscheiden einer ausreichend dicken Metallschicht auf dem Badmodell.
– Trennen des galvanogeformten Teils vom Badmodell und Nacharbeiten des Teils.

Die Galvanoformung hat folgende Vorteile [10]:

– Hohe Arbeitsgenauigkeit,
– geringe oder keine Nachbehandlung der Werkstücke,
– Nachformgenauigkeit der Mikrogeometrie mit Rauhtiefen bis zu $R_t = 0,05\,\mu m$ beim Abformen der Modelloberfläche,
– leichte Wiederholbarkeit bei der Herstellung gleicher Teile,
– einfache Herstellung von komplizierten räumlichen Formen und
– Möglichkeit des Herstellens dünner Wände.

Neben der üblichen Galvanoformung (Bild 4-10) gibt es Sonderverfahren für spezielle Aufgaben. So können im kontinuierlichen Verfahren nahtlose Endlosbänder hergestellt werden [11]. Durch Dispersionsabscheidung können in die Metallschicht Stoffe einge-

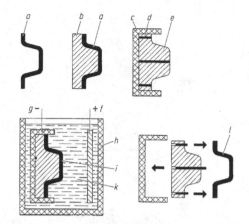

Bild 4-10. Arbeitsweise der Galvanoformung. **a** Urmodell; **b** Badmodell; **c** Abdeckung; **d** Auswerfer; **e** Trenn- bzw. Leitschicht; **f** Anode; **g** Kathode; **h** Elektrolysebehälter; **i** abgeschiedene Metallschicht; **k** Elektrolyt; **l** Galvanoform [9]

baut werden, die die Eigenschaften der Schicht modifizieren [12].

4.3 Umformen

Umformen ist Fertigen durch bildsames (plastisches) Ändern der Form eines festen Körpers unter Erhaltung von Masse und Stoffzusammenhang (Bild 4-11). Umformen beruht auf der bildsamen Formbarkeit zahlreicher Werkstoffe und diese wiederum auf der Fähigkeit des Werkstoffgefüges, Schiebungen längs kristalliner Gleitebenen zu ertragen, ohne dass der Stoffzusammenhang zerstört wird. Plastische Formbarkeit ist eine wichtige Eigenschaft der Metalle, die eine überragende Bedeutung in der Umformtechnik besitzen [13].

Das Umformen ist materialsparend, da es im Grundsatz abfalllos erfolgt. Gegenüber dem Urformen ist der Fertigungsweg länger, da ein vorgeformter Rohling erstellt werden muss. Wie beim Urformen ist man bestrebt, auch beim Umformen direkt ein möglichst fertiges Teil zu erhalten, um eine teure spanende Nachbearbeitung zu vermeiden.

Die in Bild 4-11 dargestellten Gruppen sind in den Normen nach Kinematik, Werkzeug- und Werkstückgeometrie sowie deren Zusammenhängen weiter untergliedert. In der Praxis hat sich darüber hinaus die Einteilung in Massiv- und Blechumformung durchgesetzt.

4.3.1 Walzen

Die *Walzverfahren* sind in DIN 8583 nach der Kinematik in Längs-, Quer- und Schrägwalzen, nach der Walzengeometrie in Flach- und Profilwalzen sowie nach der Werkstückgeometrie in Voll- und Hohlprofilwalzen eingeteilt. Nahezu 90% des erschmolzenen Metalls wird durch Walzen weiterverarbeitet. Dabei werden durch Umformung der Gussstruktur sowie durch Verschließen oder Verschweißen der durch den Guss bedingten Poren die geforderten Eigenschaften erzielt.

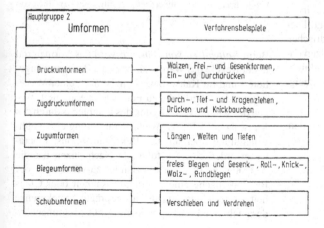

Bild 4-11. Verfahrenseinteilung des Umformens nach DIN 8582 bis DIN 8587

Warmwalzen besteht aus einer Reihe von Produktionsschritten, beginnend mit der Erwärmung des Ausgangsmaterials über die Umformung bis zur Abkühlung.

Das Walzen erfolgt nach einem sog. Stichplan, in dem die einzelnen Umformschritte festgelegt sind. Diese sind vom Ausgangs- und Endquerschnitt, dem Werkstoff, der Auslegung von Gerüst, Antrieben und Walzen sowie von der Blocktemperatur abhängig. Nach Abkühlung werden die Walzprodukte entzundert, geprüft und die Oberflächenfehler beseitigt.

Walzstraßen bilden oft geschlossene Einheiten mit eigenem Ofen. Es haben sich halb- oder vollkontinuierliche Walzstraßensysteme durchgesetzt. Walzstraßen für Großprofile werden häufig mit Blockstraßen oder mit Block-Brammen-Straßen kombiniert. Dickere Stäbe ab etwa 70 mm Durchmesser können auf Halbzeugstraßen gefertigt, mittlere und kleine Stabquerschnitte auf Mittelstahl- und Feinstahlwalzanlagen gewalzt werden.

Auch *Drahtstraßen* bilden in sich abgeschlossene Anlagen mit Stoß- und Hubbalkenöfen. Zum Einsatz kommen vorgewalzte und stranggegossene Knüppel und Vorblöcke. Neben halb- und vollkontinuierlichen Duo-Drallstraßenbauarten und den mehradrigen Drahtstraßen mit einzeln angetriebenen Fertiggerüsten werden heute Drahtblöcke eingesetzt. Daneben gibt es noch Spezialdrahtstraßen für hochlegierte Drahtgüten in halbkontinuierlicher Bauform.

Die *Rohrwalzverfahren* haben ein gemeinsames Prinzip: Aus einem Vollblock wird durch Lochen mit einer Presse oder durch Schrägwalzen über einem Lochdorn ein dickwandiger Hohlblock erzeugt. Dieser wird durch Längswalzen auf einem zylindrischen Innenwerkzeug gestreckt und durch Längswalzen ohne Innenwerkzeug auf den gewünschten Außendurchmesser gebracht. Wichtige Rohrwalzverfahren zeigt Bild 4-12.

Kaltwalzen dient vorwiegend zum Fertigen von Teilen, die nicht mehr spanend nachbearbeitet werden. Dazu zählen
– das Kaltwalzen von Flacherzeugnissen,
– Profilkaltwalzen,
– Oberflächenfeinwalzen,
– Gewindewalzen und
– Drückwalzen.

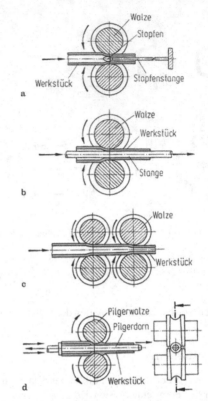

Bild 4-12. Rohrwalzverfahren. **a** Stopfwalzen von Rohren über einen im Walzspalt fest angeordneten Stopfen; **b** Walzen von Rohren über einer Stange, die durch ein oder mehrere Walzenpaare mitgeschleppt oder gemeinsam mit dem Walzgut durch den Walzspalt geführt wird; **c** Walzen von Rohren ohne Innenwerkzeug; **d** Pilgerschrittwalzen von Rohren über einem Dorn [13]

Beim *Kaltwalzen von Bändern* wird das Vormaterial in der Regel vom Warmwalzwerk als Breitband angeliefert und im Kaltwalzwerk meist nach einer Vorbereitung der Oberfläche zu Feinblech verarbeitet. Wegen der starken Verfestigung des Feinblechs durch das Kaltwalzen ist für die Weiterverarbeitung eine Glühbehandlung oberhalb der Rekristallisationstemperatur erforderlich. Das folgende Nachwalzen hat die Aufgabe, die Planheit des Bandes zu verbessern, der Bandoberfläche eine bestimmte Rauheit oder Glattheit zu verleihen und die ausgeprägte Streckgrenze des geglühten Bandes sowie die damit zusammenhängende Neigung zum Fließen zu beseitigen. Da beim Kaltwalzen von Stahl an der Grenze zwischen Walzen und Band Temperaturen über 200 °C auftreten können, sind Kühl- und Schmiermittel aus Emulsionen auf Mineralölbasis üblich.

4.3.2 Schmieden

Schmiedeteile sind praktisch frei von Innenfehlern und hochbelastbar. Hinzu kommt, dass das Schmieden als Genau- oder Präzisionsschmieden betrieben werden kann. Dadurch kann eine Schruppbearbeitung entfallen, oder es können bei noch höheren Genauigkeiten Schmiedeteile direkt eingebaut werden. Eine Weiterentwicklung der Schmiedetechnik sind Verfahrenskombinationen, wie die Verknüpfung von Gesenkschmieden mit Warmfließpressen, Kaltfließpressen, Kaltprägen oder auch mit Schweißverfahren.

4.3.3 Strang- und Fließpressen

Strang- und Fließpressen gehören nach DIN 8583 zum Durchdrücken. *Strangpressen* ist das Durchdrücken eines von einem Aufnehmer umschlossenen Blocks vornehmlich zum Erzeugen von Strängen mit vollem oder hohlem Querschnitt. *Fließpressen* ist Durchdrücken eines zwischen Werkzeugteilen aufgenommenen Werkstücks, vorwiegend zum Erzeugen einzelner Werkstücke. Gliederungsmerkmale beider Verfahren sind die Richtung des Stoffflusses, bezogen auf die Wirkrichtung der Maschine, und zum anderen die erzeugte Werkstückgeometrie. Fließpressen wird häufiger bei Raumtemperatur durchgeführt, während beim Strangpressen die Rohteile überwiegend über die Rekristallisationstemperatur erwärmt werden [13].

Bild 4-13 zeigt am Beispiel des Hohl-Vorwärts-Strangpressens eine Prinzipdarstellung des Verfahrens mit starren Werkzeugen. Der vom Blockaufnehmer umschlossene Block wird mittels eines Stempels über eine lose oder feste Pressscheibe durch eine Matrize gedrückt. Ein die Werkstückinnenkonturen bestimmender Dorn kann fest oder mitlaufend sein.

Zum Strangpressen werden überwiegend Stähle, Aluminium, Magnesium und Kupfer sowie deren Legierungen verwendet, in geringerem Maße auch Blei- und Zinnlegierungen.

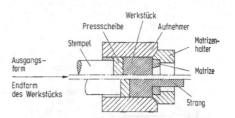

Bild 4-13. Hohl-Vorwärts-Strangpressen nach DIN 8583

Die Presswerkzeuge werden in direkt bzw. nicht direkt mit dem Werkstoff in Berührung kommende eingeteilt. Werkzeuge, die direkte Berührung mit dem Presswerkstoff haben, werden thermisch und mechanisch hoch belastet, sodass für sie warmfeste und anlassbeständige Werkstoffe erforderlich sind.

4.3.4 Blechumformung

Bei der Blechumformung werden aus flächenhaft beschreibbaren Rohteilen Hohlteile mit etwa gleichbleibender Wanddicke hergestellt. Wichtige Beispiele sind das Tiefziehen und das Biegen, die für die Massenfertigung besondere Bedeutung haben.

Tiefziehen ist nach DIN 8584 das Zugdruckformen eines Blechzuschnitts zu einem Hohlkörper oder das Zugdruckumformen eines Hohlkörpers zu einem Hohlkörper kleineren Umfangs ohne beabsichtigte Veränderung der Blechdicke. Unterschieden wird zwischen Tiefziehen mit Werkzeugen, mit Wirkmedien und mit Wirkenergie.

Der prinzipielle Aufbau von Ziehwerkzeugen für Erst- und Weiterzug ist in Bild 4-14 dargestellt.

Ziehring und Stempel bestimmen die Gestalt des Werkstücks. Der Niederhalter hat die Aufgabe, eine Faltenbildung während des Ziehvorgangs zu verhindern. Die erforderliche Niederhalterkraft wird mithilfe von Federn oder durch einen in der Presse angeordneten pneumatischen oder hydraulischen Ziehapparat erzeugt. Der Auswerfer stößt nach dem Umformen das Werkstück beim Auseinanderfahren der Werkzeughälften aus. Lässt sich die Werkstückform nicht im Erstzug herstellen, erfolgt die weitere Bearbeitung im Weiterzug [13].

Beim *Tiefziehen mit Wirkmedium und Wirkenergie* werden gegenüber dem Tiefziehen mit starrem Werkzeug erheblich größere Ziehverhältnisse erreicht. Die

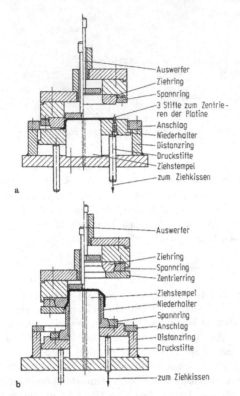

Auswerfer
Ziehring
Spannring
3 Stifte zum Zentrie-
ren der Platine
Anschlag
Niederhalter
Distanzring
Druckstifte
Ziehstempel
zum Ziehkissen

a

Auswerfer

Ziehring
Spannring
Zentrierring

Ziehstempel
Niederhalter
Spannring
Anschlag
Distanzring
Druckstifte

b   zum Ziehkissen

Bild 4-14. Ziehwerkzeug. a Erstzug; b Weiterzug [14]

Fertigung von Blechteilen kann dadurch in einem Arbeitsgang erfolgen. So kann das Tiefziehen mittels Wirkmedien (z. B. Sand oder Stahlkugeln, Flüssigkeit oder Gas) mit kraftgebundener Wirkung (Kraft, Druck) unter ein- oder zweiseitiger Druckanwendung erfolgen. Tiefziehen mit Wirkmedien mit energiegebundener Wirkung kann mittels Sprengstoffdetonation oder elektrischer Entladung erfolgen.

Das Tiefziehen mit Wirkmedien mit energiegebundener Wirkung stellt eine Besonderheit dar, da die Umformvorgänge in extrem kurzen Zeiten ablaufen. Der Vorteil besteht darin, dass aufgrund der hohen Ziehgeschwindigkeiten auch hochfeste Werkstoffe umgeformt werden können.

4.4 Trennen

Trennen ist Fertigen durch Ändern der Form eines festen Körpers, wobei der Zusammenhalt örtlich auf-

gehoben wird. Die Endform ist dabei in der Ausgangsform enthalten. Auch das Zerlegen zusammengesetzter Körper wird zum Trennen gerechnet (vgl. Bild 4-15).

Unter den trennenden Fertigungsverfahren nimmt die *spanende* Bearbeitung im Hinblick auf ihre vielfältigen Anwendungsmöglichkeiten und die erreichbare hohe Fertigungsgenauigkeit eine dominierende Stellung ein. Dabei zeichnen sich die spanenden Fertigungsverfahren durch folgende Merkmale aus:

– hohe Universalität der erzeugbaren Formen,
– hohe Fertigungsgenauigkeit,
– gute Automatisierbarkeit der einzelnen Verfahren,
– wirtschaftliche Anpassungsfähigkeit und
– kaum Beschränkungen in der Werkstoffwahl.

Das Spanen wird in Spanen mit geometrisch bestimmten Schneiden und in Spanen mit geometrisch unbestimmten Schneiden unterteilt. Ersteres ist nach DIN 8589 ein Spanen, zu dem ein Werkzeug verwendet wird, dessen Schneidenzahl, Geometrie der Schneidkeile und Lage der Schneiden zum Werkstück bestimmt ist. Spanen mit geometrisch unbestimmten Schneiden ist nach DIN 8589 Spanen, zu dem ein Werkzeug verwendet wird, dessen Schneidenzahl, Geometrie der Schneidkeile und Lage der Schneiden zum Werkstück unbestimmt ist. Zum Spanen mit geometrisch unbestimmten Schneiden zählen die Schleifverfahren, das Honen, das Läppen und das Strahlspanen sowie das Gleitspanen.

Die beiden Gruppen werden weiter nach den herkömmlichen Fertigungsverfahren, die überwiegend durch das verwendete Werkzeug bestimmt sind, unterschieden. Eine weitere Unterteilung erfolgt nach den zu erzeugenden Flächen: Plan-, Rund-, Schraub-, Wälz-, Profil- und Formflächen.

Eine feinere Klassifikation ist nach folgenden Merkmalen möglich: Werkzeugart, Schneidstoff, Mechanisierungs- oder Automatisierungsgrad, Art der Werkzeugmaschine, Art der Steuerung der Bewegung, Beziehung zwischen Schnitt- und Vorschubrichtung, Kühlschmierstoff, Temperatur, Werkstoff, Bearbeitungsstelle am Werkstück, Werkstückart und -form, Werkstückaufnahme, Art der Werkstückzuführung, zu erzeugende Oberflächenstruktur und sonstige Verfahrensmerkmale.

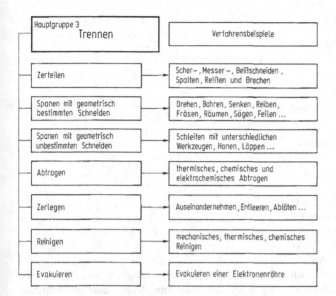

Bild 4-15. Verfahrenseinteilung des Trennens nach DIN 8589 bis DIN 8590

4.4.1 Scherschneiden

Das *Scherschneiden* gehört nach DIN 8580 zur Gruppe Zerteilen die außerdem Keilschneiden, Reißen und Brechen enthält. Die größte wirtschaftliche Bedeutung aller Zerteilverfahren hat das Scherschneiden, hauptsächlich in der Blechbearbeitung. Kennzeichnend ist die durch Schubspannung bewirkte Werkstofftrennung, wobei sich das Werkstück zwischen zwei Werkzeugschneiden befindet, die sich parallel aneinander vorbeibewegen. Als Werkzeuge werden Scherschneidmesser und Rollschneidmesser eingesetzt. Aus der Differenzierung nach der Lage der Schnittfläche zur Werkstückbegrenzung ergeben sich die in Bild 4-16 dargestellten Scherschneidverfahren.

4.4.2 Drehen

Drehen ist nach DIN 8589 definiert als Spanen mit geschlossener, i. Allg. kreisförmiger Schnittbewegung und beliebiger, quer zur Schnittrichtung liegender Vorschubbewegung. Die Drehachse der Schnittbewegung behält ihre Lage relativ zum Werkstück unabhängig von der Vorschubbewegung bei. Man unterscheidet zwischen Drehen mit rotierendem Werkstück und Drehen mit umlaufendem Werkzeug. Die Vorschubbewegung erfolgt durch das

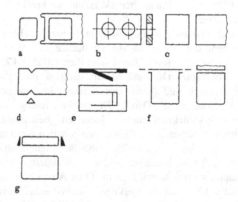

Bild 4-16. Scherschneidverfahren. a Ausschneiden; b Lochen; c Abschneiden; d Ausklinken; e Einschneiden; f Beschneiden; g Nachschneiden

Werkzeug oder das Werkstück. Die Einteilung der Drehverfahren kann nach folgenden Gesichtspunkten erfolgen [15]:

Oberfläche:
Form: Plan-, Rund-, Schraub-, Wälz-, Profil-, Formdrehen,
Lage: Innen-, Außendrehen,
Güte: Schrupp-, Schlicht-, Feindrehen, Hochpräzisions-, Ultrapräzisionsdrehen.

Kinematik des Zerspanvorgangs:

Vorschubbewegung: Längs-, Quer-, Form-, Wälzdrehen,
Schnittbewegung: Rund-, Unrunddrehen.

Werkstückaufnahme:
Im Futter, zwischen Spitzen, auf der Planscheibe und in der Spannzange.

Vorrichtungen und Sonderkonstruktionen der Drehmaschine:
Kegel-, Kugel-, Nachform-, Exzenter-, Hinter- und Unrunddrehen.

Nach DIN 8589 dienen als Ordnungsgesichtspunkte neben der Art der erzeugten Fläche, der Kinematik des Zerspanungsvorgangs und dem Werkzeugprofil auch die Richtung der Vorschubbewegung, Werkzeugmerkmale sowie beim Formdrehen die Art der Steuerung. Allgemein unterscheidet man zwischen Längsdrehen (Vorschub parallel zur Drehachse) und Quer- und Plandrehen (Vorschub senkrecht zur Drehachse).

Plandrehen ist das Drehen zum Erzeugen ebener Flächen, die senkrecht zur Drehachse des Werkstücks liegen. Beim Quer-Plandrehen (Bild 4-17a) mit konstanter Drehzahl ist zu beachten, dass die Schnittgeschwindigkeit dem Zerspandurchmesser proportional ist. Durch Drehzahlanpassung an den Werkstückdurchmesser kann ein bestimmter Schnittgeschwindigkeitsbereich eingehalten werden, wodurch eine gleichmäßige Oberflächengüte, eine wirtschaftliche Standzeit und eine Verkürzung der Hauptzeit erreicht wird. Beim Quer-Abstechdrehen (Bild 4-17c) sind die Werkzeuge schmal ausgeführt, um den Werkstoffverlust gering zu halten. Damit ist jedoch bei hoher Belastung eine verstärkte Ratterneigung verbunden, sodass die Schnittwerte auf die Werkzeuggeometrie und die jeweilige Bearbeitungsaufgabe besonders abzustimmen sind. Beim Längs-Plandrehen ist die Schneide des Drehmeißels mindestens so breit zu wählen, dass sie der Breite der zu erzeugenden ringförmigen ebenen Fläche entspricht.

Drehen zur Erzeugung kreiszylindrischer Flächen, die koaxial zur Drehachse liegen, wird *Runddrehen* genannt. Beim Längs-Runddrehen (Bild 4-18a) erfolgt der Vorschub im Gegensatz zum Quer-Runddrehen parallel zur Drehachse des Werkstücks.

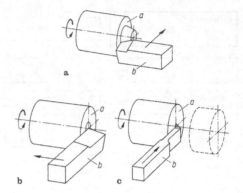

Bild 4-17. Drehen zur Erzeugung ebener Flächen nach DIN 8589. **a** Quer-Plandrehen; **b** Längs-Plandrehen; **c** Quer-Abstechdrehen. *a* Werkstück, *b* Werkzeug

Kennzeichnend beim Quer-Runddrehen (Bild 4-18b) ist neben der Vorschubrichtung, dass die Schneide des Drehmeißels mindestens so breit ist wie die zu erzeugende Zylinderfläche. Schäldrehen (Bild 4-18c) ist Längsdrehen mit großem Vorschub, meist unter Verwendung eines umlaufenden Werkzeugs mit mehreren Schneiden und kleinen Einstellwinkeln der Nebenschneiden des Schälwerkzeugs. Beim Breitschlichtdrehen kommen Werkzeuge mit sehr großem Eckenradius und sehr kleinem Einstell-

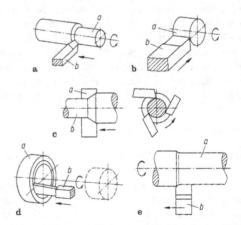

Bild 4-18. Drehen zur Erzeugung koaxialer, kreiszylindrischer Flächen nach DIN 8589. **a** Längs-Runddrehen; **b** Quer-Runddrehen; **c** Schäldrehen; **d** Längs-Abstechdrehen; **e** Breitschlichtdrehen. *a* Werkstück, *b* Werkzeug

winkel der Nebenschneide zum Einsatz, wobei der Vorschub kleiner als die Länge der Nebenschneide gewählt wird. Das Längs-Abstechdrehen dient zum Ausstechen runder Scheiben.

Schraubdrehen geschieht mittels eines Profilwerkzeugs zur Erzeugung von Schraubflächen, wobei der Vorschub je Umdrehung gleich der Steigung der Schraube ist. Beim Gewindedrehen, -strehlen und -schneiden ist die Vorschubrichtung parallel zur Drehachse des Werkstücks. Beim Gewindedrehen wird die Schraubfläche mit einem einzahnigen Drehmeißel erzeugt, beim Gewindestrehlen mit einem Werkzeug, das in Vorschubrichtung mehrere Zähne aufweist, während beim Gewindeschneiden das Werkzeug in Vorschub- und Schnittrichtung mehrere Zähne besitzt. Liegt die Vorschubrichtung schräg zur Drehachse des Werkstücks, so spricht man von Kegelgewindedrehen oder -strehlen. Beim Spiraldrehen wird eine spiralförmige Fläche (Nut oder Erhebung) an einer Planfläche mittels eines einzahnigen Profilwerkzeugs erzeugt.

Wälzdrehen ist Drehen mit einer Wälzbewegung als Vorschubewegung eines Drehwerzeugs mit Bezugsprofil zur Erzeugung von rotationssymmetrischen oder schraubenförmigen Wälzflächen.

Profildrehen ist das Drehen mit einem Profilwerkzeug zur Erzeugung rotationssymmetrischer Körper, bei dem sich das Profil des Werkzeugs auf das Werkstück abbildet. Quer-Profildrehen (Bild 4-19a) ist Querdrehen mit einem Profildrehmeißel, dessen Schneide mindestens so breit ist wie die zu erzeugende Fläche. Beim Quer-Profileinstechdrehen erzeugt der Profilmeißel einen ringförmigen Einstich auf der Umfangsfläche des Werkstücks, während mit dem Quer-Profilabstechdrehen (Bild 4-19b) gleichzeitig ein Abtrennen bezweckt wird. Die Einteilung der Längs-Profildrehverfahren geschieht entsprechend.

Beim *Formdrehen* wird die Form des Werkstücks durch die Steuerung der Vorschub- und der Schnittbewegung erzeugt. Die Verfahrensvarianten unterscheiden sich in der Art der Steuerung. So wird die Vorschubbewegung beim Freiformdrehen von der Hand frei gesteuert, beim Nachformdrehen (Bild 4-20a) über ein Bezugsformstück, beim Kinematisch-Formdrehen (Bild 4-20b) durch ein mechanisches Getriebe und beim NC-Formdrehen (Bild 4-20c) durch gespeicherte Daten in einer nummerischen Steuerung. Beim Unrunddrehen werden durch eine periodisch gesteuerte Schnittbewegung nicht-rotationssymmetrische Flächen erzeugt.

Form und Abmessungen von Drehwerkzeugen werden hauptsächlich durch die Arbeitsaufgabe und die Werkzeugaufnahmen der Maschinen bestimmt. Der Schneidkeil muss in geeigneter Arbeitsstellung auf

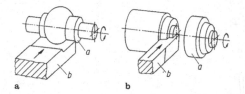

Bild 4-19. Drehen zur Erzeugung beliebiger, durch ein Profilwerkzeug bestimmter Flächen nach DIN 8589. **a** Profildrehen; **b** Quer-Profilabstechdrehen. *a* Werkstück, *b* Werkzeug

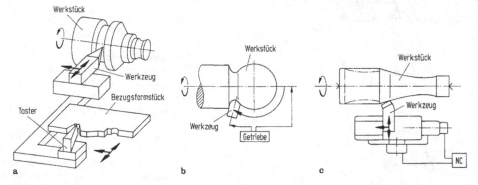

Bild 4-20. Drehen zur Erzeugung beliebiger, durch Steuerung der Vorschubbewegung bestimmter Flächen nach DIN 8589. **a** Nachformdrehen; **b** Kinematisch-Formdrehen; **c** NC-Formdrehen

das Werkstück einwirken, und der Schaft muss die aus dem Zerspanungsprozess resultierenden statischen und dynamischen Kräfte bei möglichst geringen Verformungen und schwingungsarm aufnehmen.

Auch beim Drehen wird verstärkt zu automatischem Werkzeugwechsel übergegangen. Neben Werkzeugrevolvern werden Werkzeugwechselsysteme verwendet, die sich aus Werkzeugwechslern und Werkzeugmagazinen zusammensetzen. Diese Systeme können anders als Werkzeugrevolver i. Allg. sehr viele Werkzeuge aufnehmen und bringen weniger Einschränkungen im Arbeitsraum sowie geringere Kollisionsgefahr mit sich.

4.4.3 Bohren, Senken, Reiben

Bohren umfasst nach DIN 8589 spanende Fertigungsverfahren mit kreisförmiger Schnittbewegung, die vom Werkzeug und/oder vom Werkstück ausgeführt werden können. Ein Vorschub wirkt nur in Richtung der Drehachse.* (Im Gegensatz dazu ist beim Innendrehen auch ein Quervorschub möglich.) Ausgewählte Bohrverfahren sind in Bild 4-21 dargestellt.

Plansenken ist ein mit einem Flachsenker durchgeführtes Bohren zum Herstellen von senkrecht zur Drehachse der Schnittbewegung liegenden ebenen

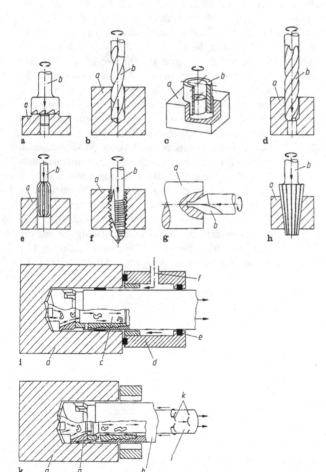

Bild 4-21. Bohrverfahren nach DIN 8589. **a** Plansenken; **b** Bohren ins Volle; **c** Kernbohren; **d** Aufbohren; **e** Reiben mit Hauptschneidenführung; **f** Gewindebohren; **g** Profilbohren ins Volle; **h** Profilreiben; **i** BTA-Verfahren; **k** Ejektor-Verfahren.
a Werkstück, *b* Werkzeug, *c* Späneabfuhr, *d* Bohrbuchse, *e* Abdichtung, *f* Ölzufuhr, *g* Bohrkopf mit Hartmetall-Schneidplatten und Führungsleisten, *h* äußeres Anschlussbohrrohr, *i* inneres Rohr für Spänerückführung, *k* Düsen für Ejektorwirkung

Flächen. Durch *Planansenken* werden überstehende Flächen erzeugt (Bild 4-21a). Unter *Planeinsenken* versteht man ein Plansenken zur Erzeugung vertieft liegender Flächen [16].

Rundbohren ist ein Verfahren zum Erzeugen von kreiszylindrischen Innenflächen. Man unterscheidet zwischen Bohren ins Volle, Kernbohren, Aufbohren und Reiben. Bohren ins Volle ist Rundbohren in den vollen Werkstoff (Bild 4-21b), beim Kernbohren wird der Werkstoff ringförmig zerspant, und es entsteht ein zylindrischer Kern (Bild 4-21c). Das Aufbohren dient zum radialen Vergrößern einer vorhandenen Bohrung (Bild 4-21d).

Reiben ist Aufbohren mit geringer Spanungsdicke mit einem Reibwerkzeug zum Erzeugen von maß- und formgenauen Innenflächen mit hoher Oberflächengüte. Man unterscheidet Reiben mit Hauptschneidenführung (Bild 4-21e) und Reiben mit Einmesser-Reibwerkzeugen [16]. Bohrungen zur Aufnahme von Wellen, Buchsen, Bolzen und Passstiften werden häufig durch Reiben fertig gestellt. Beim Reiben von Bohrungen mit Reibahlen werden kleinste Späne abgetrennt und an der Bohrungswand zurückgebliebene Vorschubriefen und Unebenheiten beseitigt.

Reibwerkzeuge sind in der Regel mehrschneidig, wobei die Schneiden geradlinig oder mit Drall versehen sind. Die eigentliche Schneidarbeit leistet der Anschnitt einer Reibahle. Mit den Schneiden am Umfang des Werkzeuges werden vor allem Maßhaltigkeit, Rundheit und Oberflächengüte der Bohrung erzielt. In der Einzelfertigung und für Nach- und Reparaturarbeiten werden häufig Handreibahlen benutzt, deren Schneiden auch verstellbar sein können. Im Vergleich zu Handreibahlen haben Maschinenreibahlen einen kürzeren Anschnitt und kürzeren Schneidenteil, da sie in der Spindel fest aufgenommen und sicher geführt werden können [16].

Schraubbohren ist Bohren mit einem Schraubenprofil-Werkzeug in ein vorhandenes Loch zum Erzeugen von Innenschraubflächen, deren Achse koaxial zur Drehachse des Werkzeugs ist. Beim Gewindebohren wird das Innengewinde mit einem Gewindebohrer erzeugt (Bild 4-21f) [16].

Das *Profilbohren* benutzt ein Profilwerkzeug zum Erzeugen von rotationssymmetrischen Innenflächen, die durch das Hauptschneidenprofil des Werkzeugs bestimmt werden. Die Untergruppen sind hier Profilsenken, Profilbohren ins Volle (Bild 4-21g), Profilaufbohren und Profilreiben (Bild 4-21h).

Beim *Tiefbohren* ist definitionsgemäß die Bohrungstiefe im Verhältnis zum Bohrungsdurchmesser besonders groß. Bei den waagerecht bohrenden, drehmaschinenähnlichen Tiefbohrmaschinen führt das Werkstück die rotierende Schnittbewegung aus, während der Vorschub vom Werkzeug vollzogen wird. Zur besseren Spanabfuhr und Kühlschmierwirkung werden hier insbesondere Bohrer verwendet, durch die der Kühlschmierstoff in die Schneidzone geführt wird. Neben dem zum Tiefbohren geeigneten Einlippenbohren unterscheidet man bei dieser Technologie das BTA- und das Ejektor-Bohrverfahren (Bild 4-21i, k).

Beim *BTA-Verfahren* (Boring and Trepanning Association) wird die Bohrung durch Druckspülung ständig sauber gehalten. Die Späne kommen mit der Bohrungswand nicht in Berührung, sondern fließen zusammen mit dem Kühlschmierstoff im Inneren des Werkzeuges ab. Die Besonderheit des Ejektorbohrers besteht darin, dass ein Teil des Kühlschmierstoffs durch eine Ringdüse unmittelbar, d. h. ohne die Schneiden zu erreichen, mit großer Geschwindigkeit in das Innenrohr zurückgeleitet wird. Dadurch entsteht in den Spankanälen des Bohrkopfes ein Unterdruck, durch den der übrige Kühlschmierstoff zusammen mit den Spänen durch das Innenrohr abgesaugt wird.

4.4.4 Fräsen

Fräsen ist nach DIN 8589 Spanen mit kreisförmiger, einem meist mehrzahnigen Werkzeug zugeordneter Schnittbewegung und mit senkrecht oder auch schräg zur Drehachse des Werkzeugs verlaufender Vorschubbewegung zum Erzielen beliebiger Werkstückoberflächen. Fräsen ist neben dem Drehen das am häufigsten angewandte spanende Bearbeitungsverfahren. Das Spektrum bearbeitbarer Werkstücke erstreckt sich von sehr kleinen bis zu sehr großen Werkstücken. Die Formabweichungen liegen bei 30 bis 40 μm für mittlere Maschinengrößen. Die erzielbaren Oberflächengüten sind stark vom Fräsverfahren sowie von der konstruktionsbedingten Stabilität abhängig [17].

Die Fräsverfahren werden nach der Art des Schneideneingriffs und nach der Form der erzeugten

Werkstückfläche eingeteilt. Hinsichtlich der Art des Schneideneingriffs werden Umfang-, Stirn- und Umfangstirnfräsen unterschieden. Weiterhin ist es möglich, die Verfahren nach ihrer Kinematik in *Gegenlauf*- und *Gleichlauffräsen* einzuteilen. Wichtige Fräsverfahren sind als Prinzipdarstellung in Bild 4-22 gezeigt. Das meist mehrschneidige Werkzeug führt eine kreisende Schnittbewegung aus. Die Vorschubbewegung kann vom Werkstück und/oder vom Werkzeug ausgeführt werden.

Das *Umfangplanfräsen* wird häufig auch als *Walzenfräsen* bezeichnet. Der Walzenfräser besitzt nur am Umfang Schneiden, die auch drallförmig verlaufen. Werkzeuge zum *Umfangstirnfräsen* haben sowohl an ihrem zylindrischen Umfang als auch an der Stirnseite Schneiden. Die Hauptzerspanung wird von den Umfangsschneiden ausgeführt, die Stirnschneiden bearbeiten die Planfläche. Das Erzeugen kreiszylindrischer Flächen wird in der Praxis häufig mit außen- oder innenverzahnten Scheibenfräsern durchgeführt. Ein weiteres Verfahren zum Erzeugen von kreiszylindrischen Flächen ist das *Stirnrundfrä-*

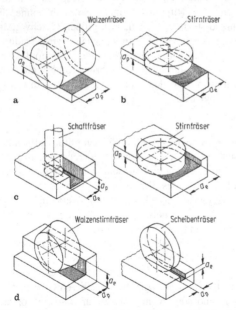

Bild 4-22. Spanen mit geometrisch bestimmten Schneiden am Beispiel des Fräsens. a_e Arbeitseingriff, a_p Schnitttiefe [18]

sen. Das Erzeugen von Schraubflächen durch Fräsen erfolgt i. allg. mit Nuten- oder Scheibenfräsern. Zu dieser Verfahrensgruppe gehören auch *Lang-* und *Kurzgewindefräsen.* Das *Wälzfräsen* ist das wichtigste Verfahren zum Erzeugen zylindrischer Verzahnungen. Es handelt sich um ein kontinuierliches Verzahnungsverfahren, bei dem Werkzeug und Werkstück kinematisch gekoppelt sind. Während der Wälzbewegung drehen sich Werkzeug und Werkstück wie Schnecke und Schneckenrad, wobei die Fräserdrehung die Schnittgeschwindigkeit bestimmt.

Beim *Gegenlauffräsen* ist die auf das Werkstück bezogene Vorschubrichtung zum Zeitpunkt des Zahneingriffs der Schnittrichtung des Werkzeugs entgegengesetzt. Die Spanungsdicke wächst von null zu ihrem Größtwert beim Austritt des Zahnes aus dem Werkstück. Daher tritt ein Gleiten der Schneide über einen Teil der von der vorhergehenden Schneide erzeugten Fläche auf. Diese Schneidenbeanspruchung kann zu einem beschleunigten Werkzeugverschleiß und bei sehr elastischen Werkstoffen zu einer größeren Welligkeit auf der Werkstückoberfläche führen.

Beim *Gleichlauffräsen* ist dagegen die auf das Werkstück bezogene Vorschubrichtung zum Zeitpunkt des Zahnaustritts aus dem Werkstück der Schnittrichtung des Werkzeuges gleich. Der Span wird an der Stelle seiner größten Spanungsdicke angeschnitten, die dann allmählich bis auf null abnimmt. Hinsichtlich der Standzeit des Fräswerkzeugs ist das Gleichlauffräsverfahren günstiger als das Gegenlauffräsen, sofern nicht in eine harte Walz-, Guss- oder Schmiedehaut eingeschnitten werden muss [17].

Die hauptsächlich angewendeten Fräswerkzeuge sind Walzenfräser, Walzenstirnfräser, Scheibenfräser, Nutenfräser und Fräsmesserköpfe. Letztere haben besondere Bedeutung erlangt. Die Gründe sind: Einsparung hochwertiger Schneidstoffe, vereinfachte Instandhaltung durch die Auswechselbarkeit einzelner Schneiden, leichtere Einhaltung der Maßgenauigkeit durch die Nachstellbarkeit der Schneiden, kostengünstige Herstellung der Schneiden.

Ursprünglich zur Herstellung ebener Flächen entwickelt, hat sich das Fräsen die Bearbeitung beliebig gekrümmter Flächen erobert. Durch die nummerischen Steuerungen ist es möglich, eine Bewegung des Werkzeugs in fünf oder mehr Achsen simultan zu realisieren und damit komplizierte Werkstückformen sowie gekrümmte Flächen ohne Anfertigung eines Modells wirtschaftlich zu erzeugen.

4.4.5 Hobeln, Stoßen, Räumen, Sägen

Hobeln und *Stoßen* gehören zu den ältesten Verfahren der spanenden Fertigung. Gemeinsames Merkmal ist das Spanen mit einschneidigem, nicht ständig im Eingriff stehenden Werkzeug. Der Unterschied liegt darin, dass beim Hobeln das Werkstück eine i. Allg. geradlinig reversierende Schnittbewegung und das Werkzeug eine intermittierende Vorschubbewegung ausführt, während dies beim Stoßen umgekehrt ist (Bild 4-23). *Räumen* ist Spanen mit mehrzahnigem Werkzeug mit gerader, auch schrauben- oder kreisförmiger Schnittbewegung. Die Vorschubbewegung ist durch eine Staffelung der Schneidzähne des Werkzeugs ersetzt (Bild 4-24) [19].

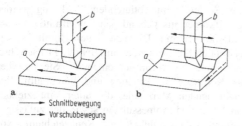

a   b

—————► Schnittbewegung
- - - - ► Vorschubbewegung

Bild 4-23. Arbeitsprinzip. a Hobeln; b Stoßen nach DIN 8589. *a* Werkstück, *b* Werkzeug

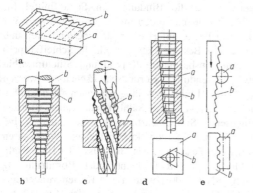

Bild 4-24. Schema verschiedener Räumverfahren nach DIN 8589. a Planräumen; b Innen-Rundräumen; c Schraubräumen; d Innen-Profilräumen; e Außen-Profilräumen. *a* Werkstück, *b* Werkzeug

Die Translationsbewegung wird meist vom Räumwerkzeug bei feststehendem Werkstück ausgeführt. Ausnahmen sind das Außenräumen auf Kettenräummaschinen und das Innenräumen auf Hebetischmaschinen, bei denen das Werkzeug feststeht und das Werkstück bewegt wird [19].

Das Innenräumen kann häufig das Bohren, Drehen, Stoßen, Reiben oder Schleifen ersetzen. Dagegen konnte sich das Außenräumen zunächst nur langsam gegenüber dem Fräsen, Wälzfräsen, Hobeln, Stoßen und Schleifen durchsetzen, weil die Werkzeuge komplizierter und die Spannvorrichtungen aufwändiger sind.

Das *Sägen* wird bei den meisten üblichen Werkstoffen angewandt. Zur Verminderung des Verschleißes an den Schneidzähnen müssen je nach den zu bearbeitenden Werkstoffen Kühl- und Schmierstoffe eingesetzt werden [20].

Nach Art und Bewegung des Werkzeugs werden die folgenden Sägeverfahren unterschieden: Hub-, Band-, Kreis- und Kettensägen. Nach der Form der erzeugten Oberfläche lassen sich drei Verfahren unterscheiden: Sägen zum Erzeugen ebener Flächen mit den Untergruppen Trenn-, Plan- und Schlitzsägen, Sägen zum Erzeugen zylindrischer Flächen wie Rund- und Stirnsägen sowie Sägen zum Erzeugen beliebig geformter Flächen durch Steuerung der Vorschubbewegung als Nachformsägen durch Abtasten oder durch nummerische Steuerung.

Feilen ist Spanen mit meist gerader oder kreisförmiger Schnittbewegung und mit geringer Spanungsdicke mit einem mehrschneidigen Feilwerkzeug, dessen Zähne geringer Höhe dicht aufeinander folgen. Man unterscheidet Hubfeilen mit meist geradliniger Schnittbewegung, Bandfeilen mit meist geradliniger Schnittbewegung unter Verwendung eines umlaufenden, endlosen Feilbandes oder einer Feilkette sowie Scheibenfeilen mit kontinuierlicher, kreisförmiger Schnittbewegung unter Verwendung einer umlaufenden Feilscheibe [21].

Schaben ist nach VDI 3220 Spanen mit vorzugsweise einschneidigem, nicht ständig im Eingriff stehenden, in einer Hauptrichtung bewegten Werkzeug zur Verbesserung von Form, Maß und Oberfläche vorbearbeiteter Werkstücke. Die Oberflächen weisen unregelmäßig gekreuzte muldige Bearbeitungsspuren auf. In Anlehnung an DIN 8589 kennt man das Hand- und das Maschinenschaben. Hinsichtlich der Schnittrichtung lassen sich weiter das Stoß- und das Ziehschaben unterscheiden. Schaben dient vor allem zur Bearbeitung von Führungsbahnen und von Gleitflächen an Maschinentischen und -schlitten zur Erzeugung von Pass- und Anschraubflächen und zur Herstellung von Öltaschen in Gleitführungen [22].

4.4.6 Schleifen

Schleifen mit rotierendem Werkzeug
Nach DIN 8589-11 handelt es sich beim Schleifen mit rotierendem Werkzeug um Spanen mit vielschneidigen Werkzeugen, deren geometrisch undefinierte Schneiden von einer Vielzahl gebundener Schleifkörner gebildet werden und die mit hoher Geschwindigkeit meist unter nichtständiger Berührung den Werkstoff abtrennen. Weitere Merkmale der Schleifverfahren mit rotierendem Werkzeug sind die geringen Spanungsquerschnitte bzw. -dicken, der gleichzeitige Eingriff mehrerer Schneiden am Werkstück sowie der negative Spanwinkel. In Anlehnung an DIN 8589 kann Schleifen mit rotierendem Werkzeug in die im Folgenden genannten sechs Verfahren unterteilt werden:
Planschleifen dient zum Erzeugen ebener Flächen, während *Rundschleifen* kreiszylindrische Flächen liefert. Schraubflächen, wie Gewinde oder Schnecken, können durch *Schraubschleifen* erzeugt werden. Die Herstellung von Verzahnungen kann durch *Wälzschleifen* mit einem Bezugsprofilwerkzeug im Abwälzverfahren erfolgen. *Profilschleifen* ist Schleifen, bei dem die Profilform des Schleifwerkzeuges auf das Werkstück abgebildet wird, während beim *Formschleifen* die Werkstückkontur durch eine gesteuerte Vorschubbewegung erzeugt wird.
Weitere Varianten des Schleifens mit rotierendem Werkzeug können anhand geometrischer und kinematischer Merkmale definiert werden, siehe Tabelle 4-1.
Ferner ist eine Einteilung der Schleifverfahren nach der Art der Werkstückaufnahme möglich. Beim Durchlaufschleifen werden die Werkstücke ohne feste Einspannung durch die Schleifzone geführt, wobei sie in einem Durchlauf mit einem auf das vorgesehene Maß eingestellten Zustellweg fertiggeschliffen werden. Auch das Rundschleifen kann

ohne ein Spannen der Werkstücke als spitzenloses Schleifen durchgeführt werden. Hierbei wird das Werkstück durch eine Auflage, eine Regelscheibe sowie die Schleifscheibe geführt.
Schleifkraft, Zerspanleistung, Verschleiß, Prozesstemperatur und Schleifzeit sowie die technologischen und wirtschaftlichen Kenngrößen des Arbeitsergebnisses hängen in komplexer Weise von den Kenngrößen und Bedingungen des Schleifprozesses und von Störeinflüssen, wie Schwingungen, Temperaturgang oder Drehzahlschwankungen, ab. Zu den Einflussgrößen gehören neben dem Maschinensystem und dem Werkstück vor allem die Kühlschmierbedingungen und die Einstellparameter Zustellung, Vorschubgeschwindigkeit und Schnittgeschwindigkeit. Darüber hinaus wird der Schleifprozess durch die Geometrie, die verwendeten Schleifscheiben sowie die Konditionierbedingungen beeinflusst.
Zum Schleifen mit rotierendem Werkzeug werden Schleifkörper aus gebundenen Schleifmitteln sowie Schleifkörper mit Diamant- oder Bornitridbesatz verwendet. Erstere werden in DIN 69 111 nach ihrer Form und ihrem Einsatz eingeteilt. Sie bestehen aus Kornmaterial, Bindung und Porenraum. Ihre bestimmenden Merkmale, die unter Einbeziehung von Form und Abmessungen sowie der zulässigen Umfangsgeschwindigkeit zur Kennzeichnung von Schleifscheiben nach DIN 69 100 dienen, sind das Schleifmittel, die Körnung, der Härtegrad, das Gefüge und die Bindung. An Schleifmittel für Schleifscheiben werden hohe Anforderungen vor allem in Bezug auf Härte, Wärmebeständigkeit und chemische Beständigkeit gestellt. In Schleifkörpern kommen insbesondere Korund und Siliciumcarbid zur Anwendung. Korundschleifscheiben werden in erster Linie bei langspanenden Werkstoffen hoher Festigkeit, wie Stählen oder zähen Bronzen eingesetzt, Siliciumcarbidwerkzeuge dagegen bei der Zerspanung von kurzspanenden Werkstoffen geringerer Festigkeit, wie Grauguss oder Hartmetall. Schleifkörper mit Diamant- oder Bornitridbesatz nach DIN 69 800 bestehen aus Kostengründen aus einem Grundkörper und dem in der Regel 3 bis 5 mm dicken Schleifbelag, dessen Bezeichnung zusammen mit der Schleifscheibenform und den Abmessungen eine Diamant- oder Bornitridschleif-

Tabelle 4-1. Verfahrensvarianten des Schleifens

Kriterium	Verfahrensvarianten
Lage der Bearbeitungsstelle am Werkstück	Außenschleifen – Innenschleifen
Lage der Wirkfläche am Werkzeug	Umfangsschleifen – Seitenschleifen
Richtung des Vorschubs in Bezug auf die Bearbeitungsfläche	Längsschleifen, Querschleifen, Schrägschleifen
(beim Wälzschleifen): Verlauf der Wälzbewegung	kontinuierliches W. – diskontinuierliches W.
(beim Formschleifen): Vorschub gesteuert	
– von Hand	Freiformschleifen
– durch Bezugsformstück	Nachformschleifen
– durch mechanisches Getriebe	kinematisches Formschleifen
– durch NC-Steuerung	NC-Formschleifen
relativer Richtungssinn von Schnittbewegung und Vorschub	Gleichlaufschleifen – Gegenlaufschleifen
(beim Planschleifen): relative Größe von Zustellung und Vorschub	Pendelschleifen – Tiefschleifen [23,24]

scheibe beschreibt. Die Merkmale des Schleifbelags sind das Schleifmittel, die Körnung, die Bindung, die Bindungshärte und die Konzentration. Diamant wird aufgrund seiner extrem hohen Härte und Verschleißfestigkeit bei schwerzerspanenden, harten und kurzspanenden Werkstoffen, wie Hartmetall, Glas, Keramik, Halbleiterwerkstoffen oder Gestein eingesetzt. Bornitrid als der nach Diamant härteste Stoff kann insbesondere bei schwerzerspanbaren und gehärteten Stählen sowie von Superlegierungen vorteilhaft verwendet werden.

Vor ihrem Einsatz müssen Schleifscheiben konditioniert und ausgewuchtet werden. Das Konditionieren umfasst einerseits das Abrichten, das in das Profilieren und das Schärfen unterteilt werden kann, andererseits das Reinigen [25–27].

Zur Steigerung der Produktivität wird das *Hochgeschwindigkeitsschleifen* angewendet. Hierbei lässt sich unter Verwendung von Bornitridschleifscheiben das Zeitspanungsvolumen bei hoher Qualität des Arbeitsergebnisses erheblich steigern, wobei die erhöhten Prozesstemperaturen jedoch eine angepasste Kühlschmierung erfordern. Außerdem kann das Zeitspanungsvolumen auch durch eine Beeinflussung des Werkzeuges während des Schleifprozesses gesteigert werden. Für konventionelle Schleifscheiben wurde dazu das CD-Schleifen (continuous dressing) entwickelt, bei dem die Schleifscheibe durch kontinuierliches Abrichten mit einer Diamantrolle ständig schneidfähig gehalten wird [28]. Ein ähnlicher Effekt lässt sich bei Diamant- oder Bornitridschleifscheiben durch kontinuierliches „In-Prozess-Schärfen"

erzielen, dabei können zur Erhöhung der Genauigkeit Messsteuerungen angewendet werden.

Bandschleifen

Bandschleifen ist nach DIN 8589-12 ein Spanen mit einem vielschneidigen Werkzeug aus Schleifkörpern auf bandförmiger Unterlage, dem Schleifband. Dieses läuft über Rollen um und wird in der Kontaktzone geeignet an das Werkstück angepresst. Schleifmittel auf Unterlage ermöglichen die Bearbeitung von Werkstücken großer Breite und fast beliebiger Form, auch von leicht verformbaren Werkstücken [29]. Durch die Flexibilität der Schleifbänder können schwer zugängliche Stellen sowie Werkstücke mit kleinen Krümmungsradien bearbeitet werden [30]. Die bearbeitbare Werkstoffpalette umfasst Metalle, Holz, Leder, Glas, Keramik, Stein, Kunststoffe und deren Kombinationen [31].

Die Bandschleifverfahren gliedern sich in Plan-, Rund-, Profil- und Form-Bandschleifen für Außen- und Innenbearbeitung. Eine weitere Unterscheidung ist die zwischen Umfangs- und Seitenschleifen. Beim Umfangs-Bandschleifen ist das Schleifband überwiegend am Umfang über einer der Umlenkwalzen mit dem Werkstück in Kontakt, beim Seiten-Bandschleifen an einer seiner geraden Längsseiten. Des Weiteren wird zwischen Längs- und Quer-Bandschleifen unterschieden, wobei die Vorschubbewegung beim Längs-Bandschleifen parallel, beim Quer-Bandschleifen senkrecht zu der zu bearbeitenden Oberfläche gerichtet ist. Bei der

Planbearbeitung unterscheidet man zudem bei gleich- bzw. gegensinniger Vorschub- und Schnittbewegung zwischen Gleichlauf- und Gegenlauf-Bandschleifen. Das *Bandschleifen mit konstanter Anpresskraft* wird vorwiegend zur Oberflächenverfeinerung oder zum Abspanen großer Zeitspanungsvolumina angewandt, das *Bandschleifen mit konstanter Zustellung* zum Erzielen hoher Form- und Maßgenauigkeiten [33].

Schleifbänder sind im Wesentlichen aus Schleifkorn, Bindemittel (Deck- und Grundbindung) sowie der Unterlage aufgebaut (Bild 4-25) [31,34]. Die Grundbindung sorgt für die Haftung der Schleifkörner auf der Unterlage, die Deckbindung für ihre Abstützung. Als Bindemittel werden Hautleim, Kunstharze oder Lacke verwendet. Die Unterlage besteht aus Gewebe bei höheren Anforderungen oder aus Papieren für das Schleifen mit Handmaschinen. Als Kornstoffe finden Korunde und Siliciumcarbid (SiC), aber auch Diamant und CBN Anwendung [29].

Gegenüber konventionellen, einschichtigen Schleifbändern (Bild 4-25a) ermöglichen mehrschichtige Ausführungen in einer Hohlkugel- (Bild 4-25b) oder Kompaktkornstruktur (Bild 4-25c) erheblich längere Standzeiten [32] sowie über die gesamte Werkzeuglebensdauer gleichmäßige Oberflächengüten [31,36]. Zudem tritt ein Selbstschärfeffekt auf [37]. Neuere Entwicklungen haben zu mikrokristallinen

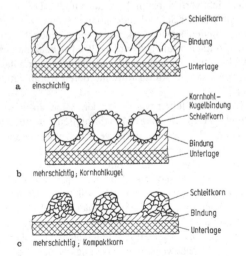

Bild 4-25. Aufbau ein- und mehrschichtiger Schleifbänder. a Konventionell; b Kornhohlkugelsystem; c Kompaktkorn [35]

Schleifkörnern, einer Art Sinterkorund, geführt, die auch an einschichtigen Schleifwerkzeugen einen Selbstschärfeffekt ergeben können. Hierbei besteht das Schleifkorn aus 0,2 μm großen Kristallpartikeln [38].

4.4.7 Honen

Honen ist nach VDI 3220 das Spanen mit einem vielschneidigen Werkzeug aus gebundenem Korn unter ständiger Flächenberührung zwischen Werkstück und Werkzeug und dient zur Verbesserung von Maß, Form und Oberfläche vorbearbeiteter Werkstücke. Zwischen Werkzeug und Werkstück findet ein Richtungswechsel der Längsbewegung statt. Gehonte Oberflächen weisen parallele, sich kreuzende Bearbeitungsspuren auf.

Zum Honen von Werkstücken der unterschiedlichsten Formen und Abmessungen sind verschiedene Verfahren entwickelt worden. Die wichtigste Unterteilung ergibt sich aus der Kinematik des Bearbeitungsvorganges. Je nach der Umkehrlänge von Werkzeug- bzw. Werkstückbewegung unterscheidet man zwischen Langhub- und Kurzhubhonen. Nach Form und Lage der Bearbeitungsstelle am Werkstück unterscheidet man Innenhonen, Außenhonen und Planhonen.

Beim *Langhubhonen* wird mit feinkörnigen, keramisch oder durch Kunststoff gebundenen Honsteinen, in vielen Fällen auch mit Diamant- oder Bornitrid-Honleisten, Werkstoff von der Werkstückoberfläche abgetrennt. Das Honwerkzeug, der Trägerkörper für die Honleisten, führt gleichzeitig eine Dreh- und eine Hubbewegung aus (Bild 4-26). Dabei werden die Honleisten durch einen Spreizmechanismus des Honwerkzeugs an die zu bearbeitende Fläche gedrückt. Dabei entstehen kleine Späne, die mit einem Kühlschmierstoff, dem Honöl, weggeschwemmt werden. Aus der dauernden Überlagerung der beiden Bewegungsrichtungen ergibt sich eine Überschneidung der Bearbeitungsspuren im Oberflächenbild. Die Honspuren werden immer wieder durch neu hinzukommende überdeckende Spuren in jeweils anderer Schnittrichtung überschrieben. Dies ergibt die spezielle Honstruktur der Oberfläche (Bild 4-26) [40].

Beim *Kurzhubhonen* wird ein feinkörniger Honstein auf das rotierende Werkstück gedrückt und dabei

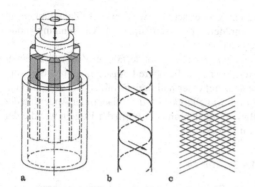

Bild 4-26. Arbeitsprinzip des Langhubhonens. a Arbeitsprinzip; b Honbewegung des Werkzeugs; c Oberflächenstruktur [39]

parallel zur Drehachse in Schwingungen versetzt (Bild 4-27). Die Schwingbewegung wird mit Druckluft oder elektromechanisch erzeugt. Das Anpressen erfolgt in der Regel mit Druckluft. Härte und Körnung der Honsteine werden so gewählt, dass sie sich selbsttätig schärfen. Der Abrieb wird mit gefiltertem Honöl weggespült [39].

Weitere Unterteilungen ergeben sich aus Lage und Form der zu honenden Flächen. Als Reihenfolge der Praxisbedeutung gilt für das Langhubhonen Folgendes [39]:

Innenrundhonen wird am häufigsten angewendet. Es ist das Honen kreiszylindrischer Innenflächen und kann für glatte und unterbrochene Durchgangsbohrungen und Stufenbohrungen mit gleicher Bohrungsachse eingesetzt werden.

Dornhonen wurde für die Herstellung hochgenauer zylindrischer Bohrungen entwickelt. Es lassen sich auch Bohrungen mit Unterbrechungen und komplizierten Konturen bearbeiten. Beim Dornhonen wird der Werkstoff in nur einem Arbeitshub abgetrennt.

Innenprofilhonen ist das Honen nicht zylindrischer, z. B. kegeliger oder unrunder Innenflächen. Hierzu kann auch die Bearbeitung von Axial- und Drallnuten sowie von Verzahnungen in kreiszylindrischen Innenflächen gerechnet werden. Das Honwerkzeug ist hierbei auf die Form der Innenfläche abgestimmt. Bei der Verzahnung wälzt sich ein als Zahnrad ausgebildetes Honwerkzeug mit Hubbewegung innen im sich drehenden Werkstück ab.

Außenprofilhonen wird im Wesentlichen zur Oberflächenverbesserung der Zahnflanken von Außenverzahnungen angewendet. Das Honwerkzeug ist als Zahnrad ausgebildet [39].

4.4.8 Läppen

Beim Läppen mit formübertragendem Gegenstück gleiten Werkstück und Werkzeug unter Anwendung losen Korns und bei fortwährendem Richtungswechsel aufeinander. Die vorzugsweise maschinell ausgeführten Läppverfahren können in vier Hauptgruppen (Bild 4-28) und verschiedene Sonderverfahren eingeteilt werden [41]:

Planläppen (Bild 4-28a) ist das Läppen von ebenen Flächen zur Erzeugung von sowohl geometrisch als auch hinsichtlich der Oberflächengüte hochwertigen

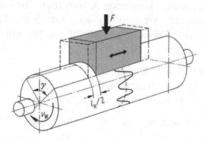

Bild 4-27. Arbeitsprinzip des Kurzhubhonens. F Anpresskraft des Honsteins, L_H Hublänge des Honsteins, v_w Umfangsgeschwindigkeit des Werkstücks, γ Umschlingungswinkel [39]

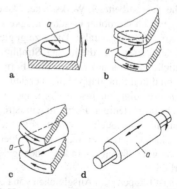

Bild 4-28. Hauptgruppen der Läppverfahren. a Planläppen; b Planparallelläppen; c Außenrundläppen; d Bohrungsläppen. *a* Werkstück [41]

Oberflächen. Hierzu dienen vorzugsweise Einscheibenläppmaschinen. *Planparallelläppen* (Bild 4-28b) ist das gleichzeitige Läppen zweier paralleler ebener Flächen. Hierbei werden geometrisch hochwertige Flächen, geringe Maßstreuungen innerhalb einer Ladung sowie von Ladung zu Ladung erreicht.

Außenrundläppen (Bild 4-28c) dient zur Bearbeitung kreiszylindrischer Außenflächen. Dabei werden die Werkstücke auf einer Zweischeibenläppmaschine radial in einem Werkstückhalter geführt und rollen unter Exzenterbewegung zwischen den beiden Läppscheiben ab. Das Verfahren wird zum Erzielen sehr genauer Kreiszylinder von hoher Oberflächengüte angewandt, wie beispielsweise bei Düsennadeln für Einspritzpumpen, Präzisions-Hartmetallwerkzeugen, Kaliberlehren und Hydraulikkolben.

Für das *Läppen von Bohrungen* (Bild 4-28d) sind spezielle Verfahren entwickelt worden, um hochwertige geometrische Formen und Oberflächengüten zu erreichen, die anders nicht zu erzielen sind. Dabei wird vorausgesetzt, dass die Werkstücke überwiegend vorgehont oder vorgeschliffen sind. Geläppt wird mit einer zylindrischen Läpphülse, die eine Dreh- und Hubbewegung ausführt. Beispiele sind die Bearbeitung von Zylindern für Einspritzpumpen und von Hydraulikzylindern. Außerdem kommt Bohrungsläppen auch für präzise Maschinenteile in Betracht, bei denen von feingedrehten oder geriebenen Oberflächen ausgegangen werden kann.

Zu den Sonderverfahren zählen die folgenden vier [41]: *Strahlläppen* erfolgt mit losem, in einem Flüssigkeitsstrahl geführten Korn zur Verbesserung der Oberfläche vorgearbeiteter Werkstücke. Dabei wird das Läppgemisch mit hoher Geschwindigkeit auf die Werkstückoberfläche gestrahlt. Diese zeigt gleichmäßige Bearbeitungsspuren, die je nach Strahlmittel unterschiedliche Struktur aufweisen. Eine Formverbesserung kann durch Strahlläppen nicht erzielt werden.

Tauchläppen erfolgt mit losem Korn, indem Werkstücke nahezu beliebiger Form in ein strömendes Läppgemisch eingetaucht werden. Es dient nur zur Oberflächenverbesserung. Die Oberflächen zeigen unregelmäßigen, geraden oder gekreuzten Rillenverlauf.

Einläppen ist Läppen zum Ausgleichen von Form und Maßabweichungen zugeordneter Flächen an Werkstücken. Als Läppmittel werden Pasten oder Flüssig-

keiten verwendet. So werden z. B. Zahnflanken an Stirnrädern oder Ventilsitze von Verbrennungsmotoren bearbeitet.

Kugelläppen ist ein Sonderfall der Zweischeibenmethode, bei dem die obere Läppscheibe plan, die untere aber mit einer halbkreisförmigen Nut versehen ist. Durch Kugelläppen wird bei dauernder Änderung der Bewegungsrichtung die Form der Kugeln wie die der Nut verbessert.

4.4.9 Polieren

Beim Polieren werden zwei Grundverfahren unterschieden. Das eine dient dem Erzeugen von Oberflächen extrem geringer Rauhtiefe, wobei die Ebenheit bzw. Parallelität von untergeordneter Bedeutung ist. Hierfür ist vom Polierfilz bis zu synthetischen Poliertüchern oder -folien eine Vielzahl von Hilfsmitteln üblich. Beim anderen Grundverfahren sollen Oberflächen mit sowohl extrem geringer Rauhtiefe als auch großer Ebenheit bzw. Parallelität erzeugt werden. Dazu werden Polierscheiben aus festeren Werkstoffen, z. B. Kupfer oder Zinn-Antimon, verwendet. Hiermit werden z. B. Hartmetall- und Keramiklaufringe, Ferrit-Tonköpfe und Endmaße bearbeitet [41].

4.4.10 Abtragen

Durch die mechanischen Eigenschaften der Werkstoffe sind spanenden Bearbeitungsverfahren Grenzen gesetzt. Insbesondere komplexe Formen in keramischen Werkstoffen, Superlegierungen, Hartmetallen und vergüteten Stählen können spanend wenn überhaupt, nur unter großem Aufwand realisiert werden. Die Fertigung komplexer Geometrien in schwer bearbeitbaren Werkstoffen hat zur Entwicklung abtragender Fertigungsverfahren geführt mit den Untergruppen

– thermisches Abtragen,
– chemisches Abtragen und
– elektrochemisches Abtragen.

Die Verminderung des Stoffzusammenhaltes erfolgt nichtmechanisch.

Thermisch werden die Werkstoffpartikel im festen, flüssigen oder gasförmigen Zustand abgetragen, wobei die Wirkenergie in thermischer Form zugeführt wird. Dies bedeutet jedoch nicht, dass das Herauslösen der Teilchen aus dem Werkstoffverbund in jedem Fall auf thermischem Wege erfolgt.

Funkenerosives Abtragen

Das Abtragprinzip der Funkenerosion (EDM, Electrical Discharge Machining) beruht auf der erodierenden Wirkung elektrischer Gasentladungen an ihren Fußpunkten auf den Elektroden [42]. Dabei wird jedes Mal ein mikroskopisch kleines Stoffvolumen abgetragen. Eine makroskopische Formgebung erfolgt durch unipolare Funkenentladungen hoher Frequenz zwischen zwei Elektroden. Eine Elektrode wirkt hierbei als Werkzeug, während das Werkstück die andere bildet. Der Bearbeitungsprozess muss so gesteuert werden, dass der Abtrag am Werkstück möglichst hoch und an der Werkzeugelektrode möglichst gering ist. Die Funkenerosion ist bei vielen Bearbeitungsaufgaben im Werkzeugbau heute von zentraler Bedeutung [43]. Neben dem nichtmechanischen Werkstoffabtrag ist die Kräftefreiheit ein weiterer Vorteil des Verfahrens. Hierdurch wird eine hohe Genauigkeit der Bearbeitung ermöglicht und bei spröden Materialien die Bruchgefahr erheblich vermindert.

In den vergangenen Jahren hat sich das Anwendungsspektrum der Funkenerosion durch die Entwicklung neuer hochharter und hochabrasiver nichtmetallischer Werkstoffe erheblich erweitert.

Sind diese elektrisch leitfähig, so sind sie für die funkenerosive Bearbeitung gut geeignet. Beispiele sind polykristalliner Diamant (PKD) sowie Nichtoxidkeramiken, wie SiC, B_4C und TiB_2 [44]. Die beiden Elektroden sind durch ein Dielektrikum, das aus einem Kohlenwasserstoff oder aus deionisiertem Wasser besteht, galvanisch getrennt. Nach Anlegen einer Spannung zwischen den Elektroden wird die Durchschlagfestigkeit des Dielektrikums örtlich überschritten, sodass ein Funkendurchschlag eintritt, der durch Verdampfung an den Elektrodenoberflächen kleine Krater erzeugt. Die Überlagerung dieser Krater ergibt die typische Struktur funkenerosiv bearbeiteter Flächen. Zum Erzeugen räumlicher Formen wird meist das funkenerosive Senken, für Durchbrüche überwiegend das funkenerosive Schneiden (mittels eines Messingdrahtes) angewendet.

Bild 4-29 zeigt das Schema einer Anlage zum funkenerosiven Senken mit ihren drei Hauptkomponenten:

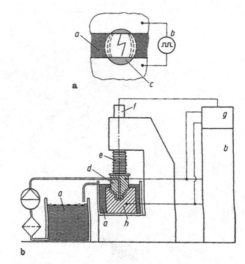

Bild 4-29. Funkenerosive Bearbeitung. **a** Abtragprinzip; **b** Maschinenschema. *a* Dielektrikum, *b* Impulsgenerator, *c* elektrische Entladung, *d* Werkzeug, *e* Pinole, *f* Pinolenantrieb, *g* Regeleinrichtung, *h* Werkstück

Die Maschine mit Werkstück- und Werkzeugaufspannung, die Dielektrikumeinheit zur Kühlung und Aufbereitung des Dielektrikums und den Generator, der die für die Bearbeitung notwendigen elektrischen Impulse liefert.

Laserstrahlbearbeitung

Für die Materialbearbeitung sind drei Eigenschaften der Laserstrahlung entscheidend: Die geringe Strahldivergenz, die hohe Strahlungsintensität sowie die gute Fokussierbarkeit [45]. Der Laser dient industriell überwiegend zum Schneiden, Schweißen und Oberflächenveredeln. Meistverwendet ist der CO_2-Laser ($\lambda = 10{,}6\,\mu m$), auf den 90% aller in der Materialbearbeitung eingesetzten Laser entfallen [46]. Bedingt ist dies durch seine hohen erreichbaren Leistungen (25 kW). Zunehmende Bedeutung gewinnt der Neodym-YAG Festkörperlaser, dessen Strahlung wegen seiner kleineren Wellenlänge ($\lambda = 1{,}06\,\mu m$) von den meisten Metallen stärker absorbiert wird. Darüberhinaus kann sie in Lichtleitern geführt werden, was die Anwendung des Lasers in der Produktion erleichtert.

Abhängig von der Laserleistung können Bleche bis zu Dicken um 20 mm und dünne Bleche mit einer Ge-

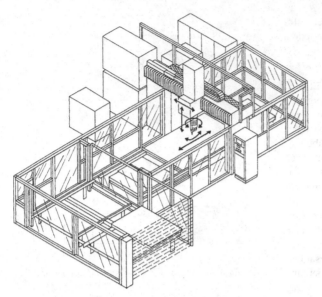

Bild 4-30. Laserstrahlbearbeitungszentrum zum Schneiden und Schweißen dreidimensionaler Werkstücke (Trumpf)

schwindigkeit um 10 m/min geschnitten werden. Die Schneidgeschwindigkeit nimmt bei Stahlblechen mit zunehmendem Gehalt an Legierungsbestandteilen ab [47]. Noch niedriger liegen die Schneidgeschwindigkeiten in Kupfer und Aluminium, die beide ein hohes Reflexionsvermögen und eine hohe Temperaturleitfähigkeit besitzen. Ferner lassen sich Kunststoffe sowie keramische Werkstoffe gut mit dem Laserstrahl schneiden.

Bild 4-30 zeigt ein Bearbeitungszentrum zur Bearbeitung dreidimensionaler, fast beliebig geformter Teile. Das Werkstück führt eine Bewegung in einer Richtung aus, während die übrigen vier Bewegungen durch den Laserstrahl realisiert werden. Bei dem zugrunde liegenden „Prinzip der fliegenden Optik" wird der Laserstrahl durch Verfahren von Umlenk- und Fokussierspiegeln auf die Bearbeitungsstelle gelenkt.

4.5 Fügen

Fügen ist nach DIN 8593 das dauerhafte Zusammenbringen von zwei oder mehr Werkstücken oder von Werkstücken mit formlosem Stoff (Bild 4-31).
Der Begriff Fügen umfasst ausschließlich Wirkvorgänge, die unmittelbar für das Zustandekommen einer dauerhaften Verbindung erforderlich sind. Dagegen fallen Vorgänge, die nur unmittelbar zum Herstellen einer Verbindung erforderlich sind, wie Handhabungs- und Kontrolloperationen, nicht unter den Begriff Fügen, ebenso nicht vorübergehendes Verbinden, wie Halten oder Spannen.

Unter Fertigen werden alle Vorgänge verstanden, die der Herstellung von geometrisch bestimmten Körpern dienen. Dies umfasst immer auch das „Bewirken von Materialfluss", insbesondere Handhaben, sowie das Kontrollieren. Unter diesem Gesichtspunkt ist zwischen Fügen und Montieren zu unterscheiden. *Montieren* umfasst die Gesamtheit aller Vorgänge, die dem Zusammenbau von geometrisch bestimmten Körpern dienen. Dabei kann zusätzlich formloser Stoff zur Anwendung kommen (Bild 4-32).

Die Einteilung der Fertigungsverfahren des Fügens in Gruppen erfolgt im DIN 8593 (09.85) nach dem Ordnungspunkt der „Art des Zusammenhalts unter Berücksichtigung der Art der Erzeugung". Hieraus ergeben sich die in Bild 4-31 dargestellten neun Gruppen, denen die folgenden Arten des Zusammenhalts entsprechen:

– Schwerkraft oder Federkraft,
– Einschluss,
– Kraftschluss,

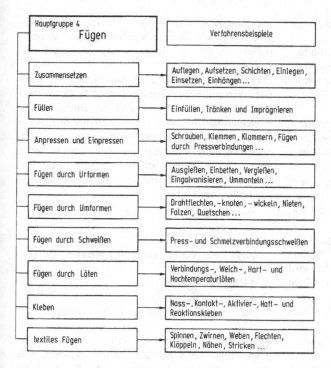

Bild 4-31. Verfahrenseinteilung des Fügens nach DIN 8593

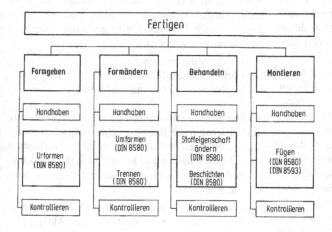

Bild 4-32. Einordnung der Begriffe Fügen und Montieren

– Formschluss, bewirkt durch Urformen,
– Formschluss, bewirkt durch Umformen,
– Stoffvereinigung,
– Stoffverbindung,
– Haftschluss sowie
– Form- und Kraftschluss bei textilen Werkstoffen.

Zusammensetzen ist ein Sammelbegriff für das Fügen von Werkstücken durch Auflegen, Einlegen, Ineinanderschieben, Einhängen und Einrenken. Das Verbleiben im gefügten Zustand wird i. Allg. durch Schwerkraft und/oder Formschluss bewirkt. Gelegentlich wird das Federn des Werkstücks oder eines Hilfsteils zur Sicherung von Fügeverbindungen benutzt.

Füllen ist für das Einbringen von gas- oder dampfförmigen, flüssigen, breiigen oder pastenförmigen Stoffen oder kleinen Körpern in hohle oder poröse Körper. Man unterscheidet zwischen Einfüllen, Tränken und Imprägnieren.

Anpressen und (*Einpressen*) umfasst die Verfahren, bei denen beim Fügen die Fügeteile sowie etwaige Hilfsfügeteile im Wesentlichen nur elastisch verformt werden und ungewolltes Lösen durch Kraftschluss verhindert wird, Untergruppen des Anpressens sind Schrauben, Klemmen, Klammern, Fügen durch Pressverbindung, Nageln (Einschlagen) und Verkeilen.

Fügen durch Urformen ist ein Sammelbegriff für Verfahren, bei denen zu einem Werkstück ein Ergänzungsstück aus formlosem Stoff gebildet wird oder mehrere Fügeteile durch dazwischengebrachten formlosen Stoff verbunden werden oder bei denen in den formlosen Stoff feste Körper eingelegt werden. Fügen durch Urformen umfasst Ausgießen, Einbetten (Eingießen, Einvulkanisieren), Vergießen, Eingalvanisieren, Ummanteln sowie Kitten.

Fügen durch Umformen umfasst die Verfahren, bei denen die Fügeteile örtlich, bisweilen auch ganz, umgeformt werden. Die Verbindung ist i. Allg. durch Formschluss gegen ungewolltes Lösen gesichert. Untergruppen sind:

- Fügen durch Umformen drahtförmiger, bandförmiger und ähnlicher Körper. Hierzu gehören Flechten, gemeinsam Verdrehen, Verseilen, Spleißen, Knoten und Wickeln mit Draht.
- Fügen durch Umformen bei Blech-, Rohr- und Profilteilen. Hierzu zählt das Fügen durch Körnen oder Kerben, gemeinsam Fließpressen, gemeinsam Ziehen, Fügen durch Weiten, Engen, Aufweiten, Rundkneten, Einhalsen, Sicken und Bördeln sowie Falzen, Wickeln, Verlappen, umformend Einspreizen und Rohreinwalzen sowie
- Fügen durch Umformen von Hilfsfügeteilen, das Nieten und Hohlnieten.

Fügen durch Schweißen ist nach DIN 1910 dadurch gekennzeichnet, dass der Zusammenhalt durch Stoffvereinigung unter Anwendung von Wärme und/oder Kraft mit oder ohne Schweißzusatz erzielt wird. Die Trennfuge zwischen zwei Werkstücken wird durch Verschmelzung ihrer Werkstoffe beseitigt. Dies kann durch Schweißhilfsstoffe, wie Schutzgase, Schweißpulver oder Pasten, ermöglicht oder erleichtert werden.

Pressschweißen erfolgt unter Anwendung von Kraft ohne oder mit Schweißzusatz. Örtlich begrenztes Erwärmen, auch bis zum Schmelzen, ermöglicht oder erleichtert das Schweißen. *Schmelzschweißen* ist ein Vereinigen bei örtlich begrenztem Schmelzfluss ohne Anwendung von Kraft mit oder ohne Schweißzusatz. Des weiteren wird in DIN 8593 nach dem Energieträger unterschieden zwischen Verbindungsschweißen durch

- feste Körper,
- Flüssigkeit,
- Gas,
- elektrische Gasentladung (Lichtbogen, Funken, Plasma),
- Lichtstrahl,
- Bewegung und
- elektrischen Strom (Widerstandsschweißen).

Fügen durch Löten ist durch Stoffverbinden gekennzeichnet. Hierbei wird die Trennfuge zwischen zwei Werkstücken durch ein flüssiges Metall vollständig ausgefüllt und so eine stoffschlüssige Verbindung hergestellt. Nach DIN 8505 wird zwischen folgenden Verfahren unterschieden:

- Weichverbindungslöten,
- Hartverbindungslöten und
- Hochtemperaturverbindungslöten.

Kleben ist nach DIN 16920 Fügen unter Verwendung eines Klebstoffs, d. h. eines nichtmetallischen Werkstoffs, der Fügeteile durch Flächenhaftung und innere Festigkeit (Adhäsion und Kohäsion) verbinden kann. Nach der Art des Klebstoffs werden Klebeverfahren unterteilt in

- Kleben mit physikalisch abbindenden Klebstoffen, also Nasskleben, Kontaktkleben, Aktivierkleben und Haftkleben sowie
- Kleben mit chemisch abbindenden Klebstoffen, wie Reaktionskleben.

Textiles Fügen, also das Fügen von oder mit textilen Werkstoffen, umfasst alle Fertigungsverfahren von der Erzeugung von Fäden, Garnen und Vliesen aus textilen Fasern bis zur Herstellung der Halb- und Fertigprodukte.

4.6 Beschichten

Beschichten ist nach DIN 8580 das Aufbringen einer fest haftenden Schicht aus formlosem Stoff auf ein Werkstück. Maßgebend ist der unmittelbar vor dem Beschichten herrschende Zustand des Beschichtungsstoffes (Bild 4-33).

Beschichten ist eine Veredelung, durch welche Oberflächen bestimmten Anforderungen besser genügen. Häufig wird dabei ein Verbundsystem angestrebt: Das Bauteil besteht dann aus einem Grundwerkstoff mit Stützfunktion sowie einem Oberflächenwerkstoff mit Schutzfunktion. Die Schutzfunktion umfasst nicht nur den unmittelbaren Schutz des Bauteils vor Korrosion oder Verschleiß, sondern z. B. auch die Verbesserung der Dauerfestigkeit durch Eigenspannungen in der Schicht. Die Schichtfunktionen lassen sich wie folgt einteilen:

– Verschleißschutz,
– Korrosionsschutz,
– Festigkeitsverbesserung,
– thermische Funktionen,
– elektrische und elektronische Funktionen,
– Signal-Funktionen.

Die einzelnen Funktionen können bei komplexer Beanspruchung in einer Vielzahl von Kombinationen auftreten. Zu diesen funktionellen Aufgaben haben Schichten bisweilen auch überwiegend dekorativen Charakter. Ein weiterer Ordnungsgesichtspunkt ergibt sich aus der stofflichen Natur der Schicht (Bild 4-34).

Beschichten aus dem flüssigen, pastenförmigen oder breiigen Zustand
Diese Verfahrensgruppe umfasst das Beschichten mit organischen, mit nichtmetallischen-anorganischen und mit metallischen Überzügen. Korrosionsschutzüberzüge für Eisenwerkstoffe werden überwiegend durch Eintauchen des Werkstücks in eine Schmelze des Überzugmetalls erzeugt. Beispielsweise sei das Feuerverzinken genannt. Ferner sind Zinn und Aluminium zu erwähnen, während Blei nur noch in Einzelfällen durch Schmelztauchen aufgebracht wird [48].

Typisch für das Beschichten mit nichtmetallisch-anorganischen Stoffen ist das *Emaillieren*, bei dem das

Bild 4-33. Verfahrenseinteilung des Beschichtens nach DIN 8580

Auftragen durch Spritzen, Tauchen und Elektrotauchen erfolgen kann.

Dem Auftragschweißen ähnliche Anwendungen hat das *thermische Spritzen*, das nach der Art des Energieträgers z. B. in Flammspritzen, Flammschockspritzen sowie Lichtbogen- und Plasmaspritzen (Bild 4-35) unterteilt werden kann. Ferner sei das Spritzen elektrisch leitender Schichten auf Kunststoffe erwähnt.

Beschichten aus dem festen, körnigen oder pulverförmigen Zustand

Diese Verfahren erlauben ebenfalls, Metalle und organische Schichten aufzubringen. Das *Aufhämmern*

wird noch in geringem Umfang genutzt, um beispielsweise auf Schüttgut Zinkschichten von 8 bis 26 μm aufzutragen. Die Werkstücke werden dazu mit dem Metallpulver und Glaskugeln von 0,05 bis 30 mm Durchmesser in eine sich drehende Trommel gegeben. Die Kugeln hämmern die Metallpartikel auf die Werkstückoberfläche und verschweißen sie dort.

Organische Schichten lassen sich durch *Pulverbeschichten* erzielen. Dabei liegt der Pulverlack als körnige Schüttung vor, die unter Anlegen eines elektrischen Feldes durch Sprühen auf das Werkstück gebracht wird. Erst beim Einbrennen schmilzt das Pulver und vernetzt sich zu einem geschlossenen Film.

Beim *Wirbelsintern* liegt der Schichtwerkstoff ebenfalls als Pulver vor und wird in einer Kammer oder einem Trog fluidisiert. Beim Eintauchen des vorgewärmten Werkstücks kommt es zu einem Aufschmelzen der Kunststoffpartikel an die Oberfläche.

Beschichten durch Schweißen

Die bekannten Schweißverfahren können für das Plattieren durch *Auftragschweißen* Verwendung finden. Anwendungen sind chemikalienbeständige Schichten im Apparatebau und verschleißbeständige Überzüge im Maschinenbau.

Beschichten aus dem gas- oder dampfförmigen Zustand

Durch *Aufdampfen* können fast alle Werkstoffe mit Metallen, Legierungen und auch vielen Nichtmetallen, wie Sulfiden, Oxiden und Carbiden, beschichtet werden. Die Schichtdicken betragen zwischen 0,1

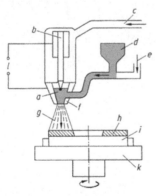

Bild 4-35. Plasmaspritzen nach DIN 32 530. *a* Lichtbogen, *b* Wolfram-Dauerelektrode, *c* Plasmagas, *d* Spritzzusatz, *e* Trägergas, *f* Spritzdüse, *g* Plasmastrahl, *h* Spritzschicht, *i* Grundwerkstoff, *k* Drehvorrichtung, *l* Stromquelle

und 2 µm, in Sonderfällen bis zu 20 µm. Anwendungen gibt es in der Optik, in der Elektronikindustrie, in der Schmuck- und Uhrenindustrie sowie beim Metallisieren von Kunststoffen und Papier.

Das Kathodenzerstäuben oder *Sputtern* führt zu Schichten mit besserer Haftfestigkeit als das Aufdampfen. Das Aufbringen hochschmelzender Metalle und Legierungen stellt keine Schwierigkeit dar, es können sogar Dielektrika durch Sputtern erzeugt werden. Wie beim Aufdampfen können zusätzliche Reaktionen mit Restgasen zu Oxid-, Nitrid-, Sulfid- oder Carbidschichten führen.

Durch energiereiche Ionen und Neutralteilchen wird beim *Ionenplattieren* der zuvor durch Elektronenstrahlen erschmolzene und verdampfte Schichtwerkstoff zur Kondensation gebracht. Noch höhere Haftfestigkeiten und das gezielte Beeinflussen von Schichtstruktur, -härte, -dichte und -porosität sind kennzeichnend für das Ionenplattieren, das ebenfalls zum Herstellen von Verschleißschutzschichten, Korrosionsschutzschichten und für dekorative Anwendungen geeignet ist. Im Gegensatz dazu steht das Verfahren der chemischen Abscheidung aus der Gasphase, das beim Herstellen von Halbleiterbauelementen, oxidationshemmenden Überzügen und verschleißfesten Schichten zur Anwendung gelangt. Die üblichen Schichtdicken liegen über 2 µm. Die Schichtbildung erfolgt in einem geschlossenen Behälter durch Reduktion eines metallhaltigen Gases an der erhitzten Substratoberfläche.

Beschichten aus dem ionisierten Zustand durch Galvanisieren

Metallische Schichten werden überwiegend aus wässrigen Lösungen, vereinzelt aber auch aus wasserfreien, lösemittelhaltigen Bädern oder aus Salzschmelzen abgeschieden. Beim elektrolytischen Metallbeschichten (*Galvanisieren*) werden metallische Überzüge auf ein als Kathode geschaltetes Werkstück aufgebracht. Der Anwendungsbereich des Galvanisierens wird durch die Möglichkeit erweitert, Legierungsschichten und Werkstoffverbunde zu erzeugen, um beispielsweise Siliciumcarbid oder Polytetrafluorethylen (PTFE) in eine metallische Matrix einzulagern, oder um eine Dispersion abzuscheiden. Hauptzweck des Galvanisierens ist der Korrosionsschutz und das Verbessern des Aussehens. Funktionelle Anwendungen erlangen aber immer größere

Bedeutung, wie für die Leiterplattentechnik, für elektronische und elektromagnetische Bauelemente oder für den Verschleiß- sowie Korrosionsschutz im Maschinenbau und in der Luftfahrttechnik. Vergleichbar mit der chemischen Metallabscheidung können nach geeigneter Vorbehandlung Kunststoffe mit Metallschichten versehen werden. Herausragende Bedeutung haben als Schichtmetalle Kupfer, Nickel, Chrom, Zink, Zinn, Silber, Gold und Rhodium erlangt. Das Galvanisieren kann entweder mithilfe von Warenträgern durchgeführt werden, die manuell oder automatisch von Badbehälter zu Badbehälter transportiert werden, oder bei schüttfähigem Galvanisiergut in Trommeln, Glocken, Sieben oder vibrierenden Gefäßen erfolgen [48].

4.7 Stoffeigenschaft ändern

Stoffeigenschaft ändern ist nach DIN 8580 Fertigen eines festen Körpers durch Umlagern, Aussondern oder Einbringen von Stoffteilchen, wobei eine etwaige unwillkürliche Formänderung nicht zum Wesen der Verfahren gehört (Bild 4-36).

Thermische Verfahren gehören zu den häufigsten stoffeigenschaftsändernden Fertigungsverfahren. Nach DIN 17014 ist eine *Wärmebehandlung* ein Vorgang, in dessen Verlauf ein Werkstück oder ein Bereich eines Werkstücks absichtlich Temperatur-Zeit-Folgen und gegebenenfalls zusätzlich anderen physikalischen oder chemischen Einwirkungen ausgesetzt wird, um ihm Eigenschaften zu verleihen, die für seine Weiterverarbeitung oder Verwendung erforderlich sind. Die Grundverfahren lassen sich einteilen in:

– Wärmebehandlung *ohne Veränderung der Randschichtzusammensetzung* (rein thermisches Verfahren), wobei durch Erwärmen und anschließendes Abkühlen das Gefüge des Werkstoffs ohne absichtliche Beeinflussung seiner chemischen Zusammensetzung verändert wird, wie z. B. beim Glühen, Anlassen und Härten.

– Wärmebehandlung *mit Veränderung der Randschichtzusammensetzung* (thermochemische Verfahren), die eine gezielte Änderung der chemischen Zusammensetzung durch Ein oder Ausdiffundieren eines oder mehrerer Elemente

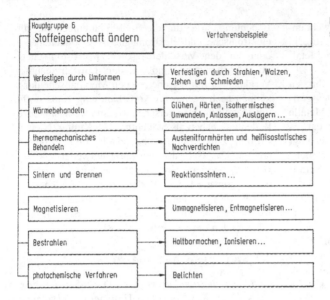

Bild 4-36. Verfahrenseinteilung Stoffeigenschaftändern in Anlehnung an DIN 8580

beinhaltet, wie z. B. Nitrieren, Borieren und Aufkohlen.

– Wärmebehandlung *in Verbindung mit Umformvorgängen* (thermomechanische Behandlungen, z. B. Austenitformhärten).

Für die Wärmebehandlung von Eisenwerkstoffen geben Zustandsschaubilder (Bild 4-37) Auskunft über die einzuhaltenden Temperaturen für die wichtigsten Glühbehandlungen.

Glühen ist Erwärmen auf eine bestimmte Temperatur und Halten dieser Temperatur mit nachfolgendem, in der Regel langsamem Abkühlen.

Normalglühen ist bei untereutektoiden Stählen ein Erwärmen auf eine Temperatur von 30 bis 50 °C oberhalb von Ac$_3$ (bei übereutektoiden Stählen oberhalb Ac$_1$) mit anschließendem Abkühlen in ruhender Luft. Es entsteht ein feinkörniges, feinlamellares perlitisches Gefüge, das sich bei Bedarf wieder auf ein Gefüge mit körnigen Carbide glühen lässt. Normalglühen wird angewendet, wenn grobkörniges Gefüge vermieden oder beseitigt werden soll. Alle durch Vergüten, Schweißen, Kalt- und Warmumformung bewirkten Gefüge und Eigenschaftsänderungen können durch Normalglühen rückgängig gemacht werden. Aufgetretene Werkstofffehler, wie Härterisse und Überlappungen, können dadurch jedoch nicht beseitigt werden.

Grobkornglühen ermöglicht es in Stählen mit geringem Kohlenstoffgehalt ein zerspantechnisch vorteilhaftes Gefüge zu erzeugen. Es erfolgt bei etwa 80 bis 150 °C oberhalb von Ac$_3$. Es wird angestrebt, dass sich beim Abkühlen eine geschlossene Ferrithülle um den Perlit bildet. Bei der Zerspanung des gleichmäßig grobkörnigen Gefüges erfolgt die Scherung vorwiegend im weichen Ferrit, dessen Verformungsfähigkeit nahezu erschöpft ist, wenn ihn die Schneide erreicht. Dadurch verringern sich Trennarbeit sowie Klebneigung und Spanstauchung [49].

Weichglühen ist ein längeres Halten dicht unter Ac$_1$ oder um Ac$_1$ pendelnd mit nachfolgender langsamer Abkühlung zur Erzeugung überwiegend kugliger Carbide. Es soll einen weichen und spannungsarmen Zustand erzeugen.

Rekristallisationsglühen ist Glühen oberhalb der Rekristallisationstemperatur. Dadurch können Verfestigungen, die durch Kaltumformungen entstanden sind, unter Bildung neuer, ungestörter Kristallite aufgehoben werden. Hierdurch erhält der Stahl z. B. seine Umformbarkeit zurück. Zu beachten ist, dass nur solches Gefüge rekristallisiert, dessen Formänderung größer als die kritische Formänderung ist; sonst tritt nur ein *Erholen* ein, was mit inhomogenen Werkstoffeigenschaften über dem Werkstückquerschnitt verbunden ist.

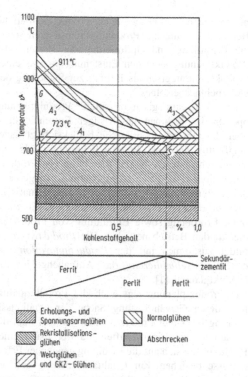

Ferrit

Perlit | Perlit

Sekundär-
zementit

<table>
<tr><td>Erholungs- und
Spannungsarmglühen</td><td>Normalglühen</td></tr>
<tr><td>Rekristallisations-
glühen</td><td>Abschrecken</td></tr>
<tr><td>Weichglühen
und GKZ-Glühen</td><td></td></tr>
</table>

Bild 4-37. Glühtemperaturen für Eisenwerkstoffe in Abhängigkeit vom C-Gehalt

Spannungsarmglühen ist das Erwärmen auf Temperaturen unter Ac$_1$ mit anschließendem langsamen Abkühlen zur Verringerung innerer Spannungen ohne beabsichtigtes Ändern des Gefüges. Bei Nichteisenmetallen wird Weich-, Rekristallisations-, Erholungs- und Spannungsarmglühen ebenfalls durchgeführt.

Härten, bei Stählen bestehend aus *Austenitisieren* und *Abschrecken*, bewirkt eine örtliche oder durchweisende Härtesteigerung durch Martensitbildung. Wird das Abschrecken in zwei verschiedenen Abkühlmitteln nacheinander, ohne zwischenzeitlichen Temperaturausgleich durchgeführt, so handelt es sich um *gebrochenes Härten*. Wird das Abkühlen unterbrochen, z. B. zum Temperatur- und/oder Spannungsausgleich über den Werkstückquerschnitt, so liegt *unterbrochenes Härten* vor. Je nach dem Abkühlmittel wird auch von Wasser-, Öl- oder Lufthärten gesprochen. *Randschichthärtung* verschleißbeanspruchter Bautei-

le erfolgt durch Austenitisierung mittels Gasbrenner beim Flammhärten, mittels Induktionswirkung beim Induktionshärten oder durch kurzzeitiges Eintauchen in heiße Metall- oder Salzbäder beim Tauchhärten.

Ausscheidungshärtung kann bei vielen NE-Metallen sowie bei einigen Stählen Härte und Festigkeit steigern. Bei dieser dreistufigen Wärmebehandlung wird zunächst durch Lösungsglühen eine homogene Lösung der Legierungselemente hergestellt. Anschließend erfolgt, meistens in kaltem Wasser, das Abschrecken. Das Kaltauslagern der Werkstücke bei Raumtemperatur, oder bei höheren Temperaturen das Warmauslagern, führt aufgrund von Ausscheidungsvorgängen zu einer merklichen Härte- und Festigkeitssteigerung.

Vergüten (von Stahl) bei mittleren und hohen Temperaturen ist eine Kombination von Härten und Anlassen. Beim Abschrecken von der Härtetemperatur entsteht Martensit. Die fast gleichmäßige Verteilung des Kohlenstoffs, wie sie beispielsweise im Austenit vorliegt, bleibt erhalten. Wird der Stahl anschließend bei einer Temperatur zwischen 250 °C und Ac$_1$ angelassen, so scheidet sich der Kohlenstoff zunächst in sehr fein verteilter Form im Carbid aus und erst bei höheren Temperaturen entstehen größere Carbidkörner. Vergütungsgefüge ergeben die gleichmäßigste Verteilung des Carbids. Durch das Anlassen nehmen mit steigender Temperatur Zugfestigkeit, Härte und Streckgrenze ab, während Bruchdehnung, Einschnürung und Kerbschlagzähigkeit zunehmen.

Wärmebehandlungsverfahren mit Veränderung der Randschichtzusammensetzung dienen zur Erzeugung harter Oberflächen. Mit zunehmender Härte und Verschleißfestigkeit der Randschicht wächst jedoch die Empfindlichkeit gegen schlagartige Beanspruchungen [50].

Beim *Einsatzhärten* in kohlenstoffabgebenden Mitteln diffundiert Kohlenstoff durch Glühen des Stahls bei 900 bis 1000 °C in die Randschicht. Die Dicke der aufgekohlten Schicht nimmt mit der Zeit und Temperatur zu. Nach dem Aufkohlen wird der Stahl gehärtet. *Nitrieren* beruht auf dem Anreichern der Randschicht eines Werkstücks mit Stickstoff. Nach dem Nitriermittel wird zwischen Gas-, Salzbad-, Pulver- und Plasmanitrieren unterschieden. *Borieren* bewirkt i. Allg. eine Steigerung des Widerstands gegen abrasiven und adhäsiven Verschleiß.

5 Produktionsorganisation

5.1 Produktplanung

Produktionstechnik, Produktionsinformatik und Produktionsorganisation gestalten gemeinsam den Produktionsprozess (Bild 1-2).
Organisation beinhaltet sowohl das Organisieren als auch dessen Ergebnis (vgl. M 4.3.1). Produktionsorganisation befasst sich mit der Aufbau- und Ablauforganisation sowie der Bewertung der Produktion. In der Betriebswirtschaftslehre sind diese Fragen Gegenstand der Produktionswirtschaft [1]. Produktionsorganisatorische Gestaltung erfordert eine enge Verknüpfung technischen und betriebswirtschaftlichen Wissens, wobei soziale und ökologische Ziele zu berücksichtigen sind.

Produktionsorganisation umfasst Produktionspersonalorganisation, Produktionsplanung, Produktionssteuerung und Produktionsbewertung (Bild 5-1). Als Managementaufgaben stehen vor allem dispositive Funktionen des Planens, Steuerns und Bewertens im Vordergrund. Dazu gehören die Personalentwicklung sowie die systematische Rationalisierung.

Die Gestaltung einer Produktion setzt produktbezogene Bewertungsprozesse als Teilfunktionen der *Produktplanung* voraus. Dazu gehört die Produktentwicklung als Innovationsaufgabe, die strategisch orientierte Produktprogrammplanung als Manage-

mentaufgabe, die Festlegung der Produktqualität, die Berücksichtigung der Produkthaftungsrisiken sowie die Ermittlung und Optimierung der Kosten. Die Produktplanung sieht den Entstehungsprozess eines Produktes strategisch als Beitrag zur Sicherung des Unternehmenserfolges.

Eine solche strategisch orientierte Produktplanung operiert im Rahmen langfristiger Entscheidungen über die Geschäftspolitik. Sie berücksichtigt dabei langfristig nutzbare Potenzialfaktoren sowie die Verbrauchsfaktoren. Die Vorbereitung von Produktinnovationen ist Teil des Innovationsmanagements des Unternehmens. Es umfasst die systematische Ideenproduktion, Planung, Forschung und Entwicklung, Erprobung sowie Einführung von Produkten, die für den Betrieb neu sind. Die *Produktvariation* bildet zusammen mit der *Produktinnovation* und der *Produkteliminierung* das Aufgabengebiet der Produktplanung [1].

Die Produktplanung legt auch die Produktqualität fest, deren Gewährleistung Sache der Qualitätssicherung ist. Unter Produktqualität versteht man die Gesamtheit von Eigenschaften und Merkmalen eines Produkts, die sich auf die Erfüllung gegebener Erfordernisse beziehen. Zur Qualitätssicherung gehören begleitende Planungs-, Steuerungs-, Durchführungs- und Kontrollaufgaben. Mit dem Inverkehrbringen von Produkten sind Risiken durch Produkthaftung verbunden. Die Haftung für Schäden aus dem Gebrauch

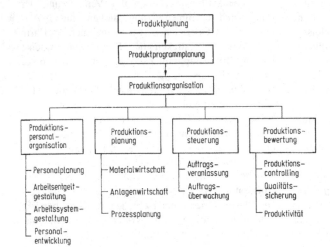

Bild 5-1. Gliederung der Produktionsorganisation

von Produkten ist gesetzlich geregelt. Zur möglichen Vermeidung einer Inanspruchnahme aus der Produkthaftung sind daher im Zusammenwirken mit Konstruktion und Produktion geeignete Maßnahmen zu planen, durchzuführen und zu überwachen.

Die *produktbezogene Kosten- und Erlösermittlung* liefert ein wichtiges Steuerungsinstrument für das Unternehmen und stellt eine Grundlage für kurz und mittelfristige Entscheidungen dar. Die Ermittlung dieser Größen wirft Grundsatzfragen auf, insbesondere hinsichtlich der verursachungsgerechten Erfassung und Zurechnung der Kosten. Zwischen Produktplanung und Produktionsorganisation steht die *Produktprogrammplanung*, die Mengen, Ort und Zeit der Produktion festlegt, Fertigungstiefen und Losgrößen bestimmt sowie die benötigten Kapazitäten ermittelt. Die *strategische* Produktprogrammplanung bestimmt den langfristigen Bedarf nach Art und Menge.

Die *operative* Produktprogrammplanung als Teil der Produktionsplanung bezieht diese Vorgaben auf mittel- und kurzfristige Zeitabschnitte. Selbstverständlich werden Produktprogramme in Abhängigkeit von den verfügbaren Produktionstechnologien und Produktionsmitteln geplant [6].

5.2 Produktionspersonalorganisation

Voraussetzung einer erfolgreichen Produktionsorganisation ist eine geeignete Personalorganisation (vgl. M 4.3.2), deren Aufgabe die Bereitstellung der benötigten Arbeitsleistung ist. Der Einsatz von Mitarbeitern wird durch eine unternehmensbezogene Personalplanung, Entgeltgestaltung, Arbeitssystemgestaltung und Personalentwicklung zur Qualifizierung von Mitarbeitern bestimmt.

Führung ist die aufgabenbezogene Einflussnahme von Vorgesetzten auf Mitarbeiter. Führen heißt also: das Handeln von Mitarbeitern auf Ziele zu lenken. Es dient der Steuerung von Verhalten.

Managen dagegen orientiert sich vornehmlich an den Aufgaben der Gestaltung von Gütern und Wirksystemen sowie der Steuerung von Prozessen. Die wichtigsten Managementaufgaben sind das Planen, Organisieren, Steuern und Überwachen der Produktionsprozesse. Führen und Managen werden häufig synonym verwendet.

Zur Führung in der Produktion gehören die Bestimmung und Verteilung von Aufgaben, Verantwortung und Kompetenzen sowie eventuell die Beteiligung der Mitarbeiter am Informations- und Entscheidungsprozess (vgl. M 4.3.3). Führung im Produktionsbereich unterliegt zunehmend folgenden Erfordernissen und Bedingungen:

- Flexibilität aufgrund neuer Produkte, kleinerer Stückzahlen, kürzerer Lieferzeiten, großer Variantenvielfalt, hoher Qualitätsanforderungen,
- Koordinierungserfordernisse aufgrund der häufig hohen organisatorischen Komplexität von Stückfertigungen,
- schnelle Reaktion auf kurzfristige Problemstellungen oder Störungen,
- veränderte Wertvorstellungen der Mitarbeiter und
- Einsatz innovativer Produktionstechnologien und Produktionsmittel.

Führung in der Wirtschaft erfordert neben der Verfolgung der Sachziele auch die Berücksichtigung mitarbeiterbezogener Ziele, wie Steigerung der Qualifikation, Förderung der Motivation und Gewährleistung eines leistungsfreundlichen Arbeitsumfeldes.

Die Zuordnung von Personen und Produktionsmitteln zu Aufgabenbereichen ist Gegenstand der Aufbauorganisation. Die Regelung der Aufgabenerfüllung wird durch die Ablauforganisation bestimmt. In dieser Zweiteilung von Beziehungsstrukturen (Aufbau) und Prozessstrukturen (Ablauf) ist die traditionelle arbeitsteilige Arbeitsorganisation sichtbar [2]. Unter dem Einfluss zunehmender Automatisierung, Dezentralisierung und Flexibilisierung der Produktion gewinnen jedoch Organisationsformen an Bedeutung, die durch innovativen Aufgabenzuschnitt eine Verringerung der Tiefe der Arbeitsteilung bezwecken. Angestrebt werden flache Organisationsstrukturen, die jedoch bei den Mitarbeitern eine höhere Kompetenz erfordern.

Die technische Entwicklung hat eine erhöhte Flexibilität der Produktionssysteme bezüglich ihrer Anpassung an die Mitarbeiter mit sich gebracht. Auf der organisatorischen Seite wurden hierzu folgende Formen der Arbeitsgestaltung entwickelt [3]:

Arbeitserweiterung (Job-enlargement)
Kennzeichen der Arbeitserweiterung ist eine Verringerung der horizontalen Arbeitsteilung. Dadurch wird

das Aufgaben- und Tätigkeitsspektrum der Mitarbeiter auf gleichem Qualifikationsniveau erweitert.

Arbeitsbereicherung (Job-enrichment)
Das Konzept der Arbeitsbereicherung zielt auf eine Verringerung der vertikalen Arbeitsteilung durch Vergrößerung des Handlungs- und Entscheidungsspielraumes unter Einbeziehung höher qualifizierter Funktionen. Die Arbeitsbereicherung ist eher als die Arbeitserweiterung geeignet, einen Mitarbeiter zu motivieren.

Die Maßnahmen der Arbeitserweiterung wie der Arbeitsbereicherung sollen Folgendes bewirken:

– Bessere Nutzung der Fähigkeiten der Mitarbeiter,
– Reduzierung von Monotonie und damit von Ermüdung und Desinteresse,
– Motivationssteigerung,
– Erhöhung der Flexibilität des Arbeitssystems,
– Verbesserung der Produktqualität,
– Steigerung von Qualität und Wirtschaftlichkeit.

Arbeits(platz)wechsel (Job-rotation)
Der Arbeits(platz)wechsel als Gestaltungsmaßnahme sieht einen planmäßigen Wechsel zu jeweils unterschiedlichen Tätigkeiten vor. Dies kann durch periodische Umrüstung des jeweiligen Arbeitsplatzes erfolgen, aber auch durch Wechsel des Mitarbeiters zwischen verschiedenen Arbeitsstationen (Arbeitsplatzwechsel). Dabei sind nicht nur breiteres fachliches Wissen und Können erforderlich sondern auch soziale Kompetenz, wie Kooperations- und Kommunikationsfähigkeit, für die der Mitarbeiter häufig erst qualifiziert werden muss.

Gruppenarbeit
Teilautonome Arbeitsgruppen erfüllen Aufgabenkomplexe in eigener Verantwortung. Die Gruppe regelt selbstständig, wie die Teilaufgaben unter ihren Mitgliedern verteilt werden. Dabei herrscht in der Regel keine feste Arbeitsteilung sondern es werden bestimmte Teilaufgaben im Wechsel ausgeführt. Voraussetzung dafür ist, dass innerhalb der Gruppe ein ausreichendes Mindestqualifikations- und -leistungsniveau besteht.

Teilautonome Arbeitsgruppen können Vorteile bieten, da in ihnen gleichzeitig neuere Formen der Arbeitsgestaltung wie Arbeitserweiterung, Arbeitsbereicherung und Arbeits(platz)wechsel realisiert werden können.

Arbeitsentgeltgestaltung
Wirtschaftlicher Ausdruck der Leistung der Arbeitspersonen ist das Arbeitsentgelt. Es kann auf der Basis der Anforderungen des Arbeitsplatzes der Arbeitsmenge, der geleisteten Arbeitszeit und/oder der Qualifikation des Mitarbeiters bestimmt werden. In der Fabrik verlieren im Zuge der Verbreitung rechnerunterstützter Produktionstechnik, aber auch der Gruppenarbeit, mengenbezogene Entgeltformen an Bedeutung. Häufig werden stattdessen Formen der Prämienentlohnung, wie Qualitäts- oder Ersparnisprämien, angewendet.

5.3 Produktionsplanung

Produktionsplanung ist die ablauforganisatorische Gestaltung eines Produktionsprozesses. Diese Aufgaben werden im Rahmen der Material- und Anlagenwirtschaft sowie der Prozessplanung wahrgenommen.

Grundlage der Produktionsplanung ist das operative Produktionsprogramm (Bild 5-2). Die Produktprogrammplanung bestimmt aufgrund der Kundenaufträge bzw. des Verkaufsprogramms den Primärbedarf an herzustellenden Erzeugnissen. Das Produktprogramm bildet den Ausgangspunkt für die Bestimmung des Bedarfs an Teilen und Werkstoffen für die Herstellung. Es wird so bestimmt, dass vorhandene Konstruktions-, Fertigungs-, Montage- und sonstige benötigte Kapazitäten möglichst optimal ausgelastet werden. Im Rahmen der Produktprogrammplanung werden die voraussichtlichen Liefertermine festgelegt. Eine umfassende Produktprogrammplanung beinhaltet außerdem die Vorlaufsteuerung der Arbeiten zur Erstellung

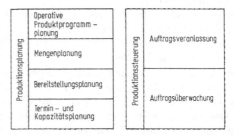

Bild 5-2. Einzelaufgaben der Produktionsplanung und -steuerung

der Konstruktionsunterlagen und Arbeitspläne. Aufgabe der *Materialwirtschaft* ist die Bereitstellung von Roh-, Hilfs- und Betriebsstoffen sowie Halb- und Zulieferprodukten für die Produktion. Sie behandelt auch Probleme der umweltgerechten Entsorgung von Abfällen.

Aufgaben der Materialwirtschaft sind Beschaffung, Lagerung, Transport und Entsorgung von Material, wobei insbesondere die Kapitalbindung in den Beständen eine wirtschaftliche Optimierung erfordert. Derartige Optimierungsaufgaben sind oft schwierig zu lösen, da unvollständige Informationen über Bedarf, Preis und Liefertermine verwendet werden müssen. Viele materialwirtschaftliche Bereitstellungsaufgaben sind mit innerbetrieblichen Dienstleistungen verbunden, wie Transport-, Montage- und Instandhaltungsleistungen, aber auch mit Rechenleistungen.

Mengenplanung hat die Ermittlung des Bedarfs an Materialien zur Erzeugnisherstellung sowie an Betriebs- und Hilfsmitteln zur Aufgabe. Aufgrund des operativen Produktprogramms wird zunächst die termin-, art- und mengenmäßige Bestimmung des Bruttobedarfs an Teilen und Werkstoffen (Sekundärbedarf) sowie an Betriebs- und Hilfsstoffen (Tertiärbedarf) vorgenommen. Unter Berücksichtigung verfügbarer Bestände wird der Nettobedarf ermittelt. Die Beschaffungsrechnung erarbeitet aufgrund dieser Daten Vorschläge für den Einkauf bzw. ein Programm für die Eigenfertigung benötigten Materials. Neben der buchhalterischen Erfassung der Bestände (Bestandsführung) ist die Mengenplanung auch für das Bestellwesen (Bestandsdisposition) zuständig. *Anlagenwirtschaft* umfasst Beschaffung, Bereitstellung, Bestandserhaltung, Werterhaltung und Instandhaltung, Verwaltung und Ausmusterung von Produktionsmitteln, weiterhin Planung und Neubau von Gebäuden. Insbesondere die Planung von Kapazitäten und des Layouts von Anlagen sowie die Instandhaltung erfordern die Anwendung betriebswirtschaftlicher Methoden, wie Investitionsrechnung, Kostenanalyse und Simulationsverfahren.

In der *Prozessplanung* werden die Ergebnisse der vorausgegangenen Planungen auf die Produktionsbedingungen abgestimmt. Im Rahmen der Termin- und Kapazitätsplanung wird der Ablauf der Fertigungsaufträge festgelegt. Dazu wird aufgrund der Arbeitsplandaten der Termin für den Beginn und den Abschluss

eines jeden Auftrages sowie der in ihm enthaltenen Arbeitsgänge ermittelt und anschließend ein Abgleich von Kapazitätsbestand und -bedarf vorgenommen. In der Durchlaufterminierung werden die Komponenten der Durchlaufzeit (Bearbeitungszeit, Transportzeit, Prüfzeit und Liegezeit) bestimmt. Danach kann für die einzelnen Arbeitsgänge der Kapazitätsbedarf berechnet und mit dem Auftragsvolumen abgestimmt werden. Mit statistischen oder heuristischen Methoden wird die optimale Bearbeitungsreihenfolge der Aufträge ermittelt. Diese Ergebnisse der Produktionsplanung sind Eingabegrößen für die Produktionssteuerung [6].

In der Produktionsplanung wird somit festgelegt, mit welcher Technologie, mit welchen Produktionsmitteln, in welchem Zeitraum und in welchen Mengen Teile, Baugruppen und Produkte hergestellt werden sollen. Sie umfasst auch die Planung von Transport und Lagerung sowie die Sicherung der Verfügbarkeit der Maschinenprogramme. Die Produktionsplanung kann langfristig-strategisch oder kurzfristig-operativ durchgeführt werden.

Zur Produktionsplanung werden neben konventionellen Hilfsmitteln zunehmend rechnerunterstützte Systeme eingesetzt. Breite Anwendung finden kommerzielle Softwarelösungen, die mit relativ geringem Aufwand an die Gegebenheiten des Unternehmens angepasst werden können.

5.4 Produktionssteuerung

Aufgabe der Produktionssteuerung ist die kurzfristige Realisierung des Produktprogramms unter Berücksichtigung von Abweichungen infolge von Störungen. Produktionssteuerung ist Ausführungsplanung innerhalb eines durch die Produktionsplanung vorgegebenen zeitlichen Rahmens. Sie kann auf einige Tage oder Stunden bezogen sein und enthält eine detaillierte Festlegung des Produktionsprozesses. Hierbei wird bestimmt, auf welchen Maschinen bestimmte Mengen von Teilen, unterteilt in Lose optimaler Größe, gefertigt werden sollen.

Die Produktionssteuerung gliedert sich in Auftragsveranlassung und Auftragsüberwachung. Zur *Auftragsveranlassung* gehört die Überprüfung der Verfügbarkeit der notwendigen Kapazitäten, Betriebsmittel und Programme. Ist das Ergebnis positiv, kann der Auftrag zur Ausführung freigegeben werden. Ferner werden die notwendigen Auftragspapiere zur Verfügung gestellt sowie der Material- und Transportfluss gesteuert.

Die *Auftragsüberwachung* beinhaltet die Zustandserfassung und -verwaltung der Aufträge sowie der zu ihrer Realisierung benötigten Kapazitäten. Durch die Auftragsüberwachung ist es möglich, aktuell die Belastung der Fertigungskapazitäten sowie den Bearbeitungsstand der Fertigungsaufträge zu ermitteln. Damit ist die Auftragsüberwachung eine wichtige Voraussetzung für die Berücksichtigung kurzfristig erforderlicher Änderungen des Produktprogramms.

Zur *Termin- und Kapazitätsplanung* ist eine Reihe von Verfahren entwickelt worden, die insbesondere bei den Zielkonflikten nützlich sind, die zwischen der Maximierung der Kapazitätsauslastung und der Minimierung der Durchlaufzeiten sowie der Kapitalbindung in Vorräten vor allem Halberzeugnissen entstehen. Sämtliche Teilziele sind mit den Mitteln des Stufenplanungskonzeptes (Sukzessivplanung) kaum erreichbar. Um die Durchgängigkeit von Produktionsplanung und -steuerung zu verwirklichen, werden u. a. folgende Konzepte der Produktionssteuerung angewendet [4]:

Belastungsorientierte Auftragsfreigabe
Die Auftragsfreigabe erfolgt bei der belastungsorientierten Auftragsfreigabe in Abhängigkeit von der aktuellen Belastungssituation. Die Grundidee des Verfahrens ist, den Arbeitsvorrat jedes Arbeitsplatzes, die Belastung, als Steuergröße zu verwenden, und diese so zu dosieren, dass an jedem Arbeitsplatz ein hinreichend hoher Belastungszustand erreicht wird. Arbeitsplätze und Produktionsmittel sind dabei durch eine spezifische Belastungsschranke gekennzeichnet. Aufträge werden zur Ausführung freigegeben, wenn alle Arbeitsgänge im Rahmen der aktuellen, möglichst hohen Belastungssituation ausgeführt werden können, ohne dass die Belastungsschranke überschritten wird. Die belastungsorientierte Auftragsfreigabe ist vor allem für die Werkstattfertigung, d. h. bei Einzel- und Kleinserienfertigung geeignet [5].

Kanban-Konzept
Das von japanischen Unternehmen entwickelte Kanban-Konzept orientiert sich am Prinzip horizontal vernetzter Regelkreise derart, dass ein übergeordnetes Steuerungssystem nicht erforderlich ist. Es ist allgemein nach dem Holprinzip organisiert, wobei Mindestbestände maßgeblich sind. Bei Unterschreitung des vorgegebenen Mindestbestandes in einer Produktionsstufe (Regelkreis) wird für die ihr vorgeschaltete Stufe ein Fertigungsauftrag erzeugt, der zur schnellstmöglichen Auffüllung der entstandenen Lücke führt. Damit kann das Kanban-Prinzip vor allem bei Fertigungen mit hoher und stetiger Produktion zu einer Reduzierung der Bestände führen.

Fortschrittszahlensystem
Eine Fortschrittszahl ist ein aus kumulierten Fertigungs- bzw. Bedarfsmengen berechneter Wert, der zur Steuerung des Fertigungsprozesses verwendet wird. Die Differenzen von Soll- und Ist-Fortschrittszahlen kennzeichnen Vorlauf bzw. Rückstand einzelner Produktionsstufen etwa in Produktionseinheiten oder in Tagen. Aufgrund der hohen Auftragswiederholhäufigkeit und des Vorhandenseins aufeinander abgestimmter Informationssysteme bei Zulieferern und Abnehmern, eignet sich das Fortschrittszahlensystem vorwiegend für die Steuerung von Mittel- und Großserienfertigungen in Unternehmen mit stabilen Zulieferbeziehungen.

OPT-Ansatz (Optimized Production Technology)
Dieser Ansatz zur Reduzierung der Planungskomplexität beruht auf der Teilung des Auftragsspektrums in kritische, z. B. engpassverdächtige, und unkritische Aufträge. Kritische Aufträge werden mit Vorwärtsterminierung eingelastet. Unkritische Aufträge werden mit Rückwärtsterminierung anschließend an die Termine der bereits eingeplanten Aufträge angepasst.
Für bestimmte Teile und Baugruppen kann es Ziel sein, eine montagesynchrone Fertigung und fertigungssynchrone Zulieferung („just-in-time") zu erreichen. Neben den behandelten Planungssystemen finden Anwendungen der Künstlichen Intelligenz Eingang in die Produktionssteuerung. Die Entwicklung konzentriert sich auf wissensbasierte Fertigungsleitstände und Simulationssysteme.
Der zentralen Produktionssteuerung mit einem hohen Maß an Arbeitsteilung und Spezialisierung ihrer Arbeitsplätze steht heute die dezentrale Werkstatterneuerung gegenüber. Hier werden Arbeitsplätze pro-

duktorientiert zusammengefasst, Arbeitsteilung abgebaut und Planungs-, Steuerungs- sowie Kontrollaufgaben von Werkern selbst übernommen.

5.5 Produktionsbewertung

Jedes Produktionsmanagement ist entscheidend von der Verfügbarkeit adäquater Informationen abhängig. Die Durchsetzung der Unternehmensziele setzt daher ein effektives Informationsmanagement voraus [1].

Die Produktionsbewertung hat ein Zahlen- und Mengengerüst zu schaffen, das die wirtschaftliche Bewertung betrieblicher Aktivitäten ermöglicht. Ausgangspunkt dabei sind die Betriebsdatenerfassung sowie die Erfassung der Input- und Outputgrößen, die zu Kosten-, Erfolgs- und Wirtschaftlichkeitsrechnungen herangezogen werden. Die Produktionsbewertung erfüllt die Aufgabe des sog. Controlling im Produktionsbereich. Planungs-, Steuerungs- und Kontrollaufgaben werden in allen Bereichen der Produktion wahrgenommen: Zielplanung, Produktgestaltung, Materialwirtschaft, Produktionsprozess, Instandhaltung bis hin zur Qualitätssicherung.

Die *Qualitätssicherung* als Bestandteil des *Qualitätsmanagements* kann einen entscheidenden Beitrag zum Unternehmenserfolg leisten. Sie ist eine gesamtbetriebliche Aufgabe, die insbesondere auch die Produktplanung betrifft. Qualitätssicherung umfasst die Funktionen Qualitätsplanung, Qualitätsprüfung sowie Qualitätslenkung.

Die *Qualitätsplanung* umfasst Auswahl, Klassifizierung und Gewichtung von Qualitätsmerkmalen eines Produktes. Bei der Planung von Merkmalswerten werden Einzelanforderungen an die Beschaffenheit eines Produktes (oder einer Tätigkeit) festgelegt. Bei der Qualitätsplanung geht es daher im Wesentlichen um die Auswahl der qualitätsbestimmenden Merkmale eines Produktes sowie um die Festlegung von Toleranzbereichen. Absatzentscheidende Qualitätsmerkmale leiten sich im Wesentlichen von den Nutzenerwartungen potenzieller Anwender ab. Weitere Qualitätsmaßstäbe setzt der Gesetzgeber, die Konkurrenz oder das eigene Unternehmensprofil.

Durch die *Qualitätsprüfung* wird festgestellt, inwieweit Produkte oder Tätigkeiten den Qualitätsforderungen genügen. Bei einer indirekten Bestimmung der Qualitätsmerkmale werden messbare Merkmale als Indikatoren benutzt und die Qualitätsmerkmalswerte aus ihnen errechnet. Zur Qualitätsprüfung gehören Prüfplanung, Prüfausführung sowie die Prüfauswertung. Die Prüfplanung umfasst die Prüfplanerstellung und -anpassung sowie die Programmierung der Messeinrichtungen. Im langfristigen Rahmen gehört zur Prüfplanung auch die Prüfmethodenplanung, die Prüfmittelplanung und -überwachung sowie die Versuchsplanung.

Anhand von Ergebnissen der Qualitätsprüfung ist es Ziel der *Qualitätslenkung*, die Anforderungen der Qualitätsplanung zu erfüllen, um damit die Qualitätssicherungsmaßnahmen überwachen und ggf. korrigieren zu können. Die unmittelbare Qualitätslenkung beeinflusst direkt den Fertigungsablauf, während die mittelbare Qualitätslenkung auf die Beseitigung von Fehlerursachen sowie auf die Qualitätsförderung zielt.

Zunehmend gilt bei der Qualitätssicherung, dass jeder Funktionsbereich für seine Aufgaben auch die Qualitätsverantwortung trägt, d. h., die Qualitätssicherung muss unmittelbar an der Stelle ansetzen, wo Fehler entstehen können. Damit verknüpft ist der Gedanke der vorbeugenden Qualitätssicherung. Dies führt zu einer zunehmenden Rechnerunterstützung der Qualitätssicherung, deren Ziel es ist, Fehlereinflüsse, vor allem bei manuellen Routinetätigkeiten der Qualitätsprüfung, zu minimieren.

6 Produktionsinformatik

6.1 Aufgaben

Produktionsinformatik ist die Anwendung der Informatik auf Aufgabenstellungen des Fabrikbetriebs [1]. Sie ermöglicht die Entwicklung und den Betrieb von Systemen zur integrierten Informationsverarbeitung in Industrieunternehmen. Man unterscheidet kommerzielle, administrative und technische Informatikanwendungen. Sie schließen textliche, geometrische, kaufmännische sowie verwaltende Datenverarbeitung ein. Die Aufgaben der Produktionsinformatik ergeben sich aus den Informationsverarbeitungserfordernissen moderner Fabriken. Wegen der Verknüpfung von Informations- und Materialflüssen kommt der Produktionsinformatik eine vergleichbare Bedeutung zu wie der Konstruktion und Fertigungstechnik und dem kaufmännisch-administrativen Bereich.

Der Einsatz rechnerunterstützter Systeme in der Produktionstechnik stellt neue Anforderungen an Entwickler und Benutzer moderner Steuerungssysteme und erfordert eine sehr qualifizierte Zusammenarbeit von Informatik und Maschinenbau.

Die Anwendersoftware ist ein Produktionsmittel von besonderer Bedeutung, weil sie den Informationsfluss und die Informationsverarbeitung im Fabrikbetrieb bestimmt. Rechnersysteme werden am Markt beschafft. Für Anwendersoftware gilt dies höchstens eingeschränkt, da in jedem Fall Anpassungs- und Weiterentwicklungsarbeiten erforderlich sind. Software als immaterielles Produkt verbraucht sich nicht, unterliegt keinem Verschleiß und erfordert keine Ersatzteile. Die Software als flexibelste Komponente in einem Fertigungssystem ermöglicht Anpassung und Integration durch relativ einfache Änderungen.

6.2 Informationsfluss

Bei der gewachsenen Leistungsfähigkeit der Informationstechnik ist es folgerichtig, die im Unternehmen verteilten informationsverarbeitenden Inseln zusammenzubinden. Eine Erschwerung der wirtschaftlichen Nutzung von Rechnern ist das wiederholte Eingeben derselben Daten. Sie sollen nur einmal ermittelt werden und dann den Nutzern zur Verfügung stehen. Informationsfluss kann z. B. durch programmmäßig nacheinander ablaufende Einzelaufgaben entstehen. Dies kann durch Verarbeitung jedes Programmmoduls und manuelle Eingabe der Daten für das nächste Modul oder durch programmierte Kopplung der Module erfolgen.

Die Hardwareausstattung einer Fabrik lässt sich einteilen in

– Rechnersysteme einschließlich ihrer Peripherie,
– Kommunikationssysteme,
– Benutzerstationen, wie Datenterminals, grafische Arbeitsstationen einschließlich Druckern und Plottern sowie
– maschinelle Benutzerstationen, wie Bearbeitungs-, Transport-, Handhabungs- und Messsysteme.

Bei hierarchischem Systemverbund werden Programme großer Komplexität auf Großrechner und kleine, benutzernahe Programme auf Kleinrechner übernommen. Wichtige Eigenschaften für die Auswahl der Hardwarekomponenten sind Bedienungskomfort, Zuverlässigkeit, Verfügbarkeit, Rechengeschwindigkeit und Kopplungsfähigkeit. Der aufgabenbezogene Informationsfluss kann unterschiedlich gestaltet werden, und zwar

– auf der Basis von Methoden bzw. Programmen,
– auf der Basis von Dateien oder
– unter Nutzung derselben Programme für verschiedene Aufgabenbereiche.

Ein integrierter Informationsfluss kann auch Datenbasen einbeziehen, sodass bei Programmketten Daten programmintern übergeben werden. Dabei sind zu unterscheiden die Kopplung

– mittels gemeinsamer Datenbasis,
– durch Kopplungsmodul und
– unter Verwendung von Datenformaten.

Eine zusammenhängende rechnerunterstützte Bearbeitung aller Einzelaufgaben zieht Änderungen des herkömmlichen technischen Informationsflusses nach sich:

– Darstellungsform,
– Vollständigkeit,
– Aktualität,
– Archivierung,
– Detaillierungsgrad,
– Verteilung,
– Zuverlässigkeit und
– Bereitstellung der Informationen.

Die Darstellung geometrischer Information wandelt sich beispielsweise von der Werkstattzeichnung zum rechnerinternen Werkstückmodell [2]. Für eine rechnerunterstützte Aufgabenbearbeitung müssen die benötigten Informationen ausreichend detailliert vorliegen. Die Rechnerunterstützung beschleunigt das Bereitstellen aktueller und archivierter Daten. Durch Mehrfachverwendung von Daten vermindert sich die Häufigkeit von Eingabefehlern, woraus eine höhere Zuverlässigkeit des Informationsflusses resultiert.

6.3 Rechnerintegrierter Fabrikbetrieb

Eine einheitliche rechnerunterstützte Informationsbereitstellung ist wesentliche Voraussetzung für eine koordinierte Bearbeitung von Aufgaben der gesamten Produktion. In der Fabrik wird die Realisierung von Konzepten angestrebt, die durch einen umfassenden produktionsbezogenen Rechnereinsatz neue Werkzeuge bieten, welche nicht nur der Rationalisierung im Sinne einer Mengen- und Qualitätssteigerung dienen. Vielmehr unterstützen diese Konzepte in der modernen flexiblen Fabrik auch die an Bedeutung gewinnende Aufgabe des Zeitmanagements durch eine effiziente Nutzung aller Kapazitäten. Der Übergang zur rechnerintegrierten Fabrik geschieht als Evolution. Vorteile der rechnerintegrierten Produktion sind höhere Produktionsgeschwindigkeiten, Flexibilität, Qualität und Zuverlässigkeit. Rechnerintegrierte, flexibel automatisierte Fabriken umfassen eine informationstechnische Kopplung aller informationsverarbeitenden Maschinen, Fertigungsprozesse, Transportsysteme und Rechner. Die Entwicklung zu rechnerintegrierten Produktionsstrukturen muss jedoch von einer Analyse der bisherigen Stückfertigung und Montage, der Unternehmensorganisation und des Produktprogramms begleitet werden. Bei der Vielfalt der Informationen ist eine allseitige Nutzung der Datenbestände nur dann möglich, wenn alle Beteiligten dieselben Konventionen und Abläufe erhalten. Die rechnerintegrierte Fertigung beruht auf der Kopplung und Integration der technischen und der administrativen Informationsprozesse. Daten erzeugende und Daten verarbeitende Anlagen oder Maschinen sind in einen durchgängigen Informationsstrom eingebunden, um möglichst alle betrieblichen Prozesse transparent, verfügbar und redundanzfrei abzubilden.

In integrierten Fabriken verbindet die Datenverarbeitung mit einem bereichsübergreifenden Informationssystem (Product Lifecycle Management – PLM) alle mit der Produktion zusammenhängenden Betriebsbereiche: Vom Entwurf des Produktes über seine Herstellung bis zum Versand. Die rechnerintegrierte Fabrik gliedert sich in die rechnerunterstützte Konstruktion und Entwicklung (CAD & CAE), die rechnerunterstützte Arbeitsplanung (CAP), die rechnerunterstützte Fertigung (CAM) und die rechnerunterstützte Qualitätssicherung (CAQ) (Bild 6-1). Der Begriff Computer Aided Design (CAD) umfasst das rechnerunterstützte Konstruieren und bezieht sich auf die grafisch-interaktive Erzeugung, Modellierung und Darstellung von Gegenständen (Produkt, Produktionsmittel und Fabrikgebäude) mit dem Rechner sowie alle rechnerunterstützten Tätigkeiten bei der Konstruktion. Für die Berechnung und Simulation werden CAE-Systeme (Computer Aided Engineering) verwendet. Typische Berechnungsmethoden sind FEM (Finite Elemente Methode), CFD (Computational Fluid Dynamics) oder MKS (Mehrkörpersimulation) [8]. Diese Methoden werden zunehmend auch für die Absicherung der Fertigungsprozesse und Prozessregelungsentwürfe eingesetzt.

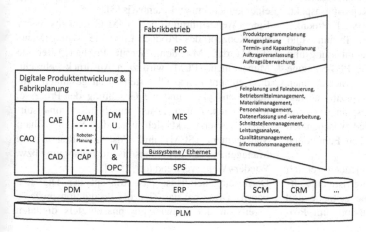

Bild 6-1. Rechnerintegrierte Planung und Betrieb einer Fabrik

Ein bedeutender Schritt zur rechnerintegrierten Fabrik ist die Möglichkeit Konstruktionsdaten in den nachfolgenden Prozessschritten direkt zu verarbeiten. Die rechnerunterstützte Arbeitsplanung wird auch als CAP (Computed Aided Planning) oder CAPP (Computer Aided Process Planning) bezeichnet. Hierbei handelt es sich um Planungsaufgaben, die auf Arbeitsergebnisse der Konstruktion zurückgreifen, um rechnerunterstützt Arbeitsvorgänge zu planen sowie die Produktionstechniken und Produktionsmittel auszuwählen [3, 4]. CAP-Systeme greifen dabei auf eine vereinfachte geometrische Repräsentation der CAD-Modelle zu, dem DMU (Digital Mock-Up) [5]. Diese müssen sowohl für das Produkt als auch für sämtliche Produktionsmittel erstellt werden.

Als CAM (Computer Aided Manufacturing) wird die rechnerunterstützte Erstellung von Steuerungsprogrammen von Arbeitsmaschinen, verfahrenstechnischen Anlagen, Handhabungsgeräten sowie von Transport- und Lagersystemen bezeichnet.

Eine Sonderrolle spielt die Roboterplanung, bei der einerseits die Arbeitsplanung, Layoutplanung und das Zusammenspiel mit weiteren Produktionsmitteln (z. B. Fördermittel, Spannvorrichtungen etc.) berücksichtigt werden. Andererseits werden die Roboterprogramme erstellt (CAM) sowie Berechnungsmethoden (MKS) herangezogen, um Roboter-Kinematik, -Abläufe und Kollisionen sowie Geschwindigkeitsprofile berechnen zu können.

Rechnerunterstützte Produktionsplanungs- und Steuerungssysteme (PPS) dienen der Planung, Steuerung und Überwachung der Produktionsabläufe unter dem Mengen-, Termin- und Kapazitätsaspekt. Die wesentlichen PPS-Funktionen sind Produktprogrammplanung, Mengenplanung, Termin- und Kapazitätsplanung sowie Auftragsveranlassung und -überwachung. Der Einsatz geeigneter PPS-Systeme ermöglicht Bestandsreduzierungen, ferner können Durchlaufzeiten, Termintreue und Kapazitätsauslastung verbessert werden. Produktionsplanungs- und Steuerungssysteme sind ein Bindeglied zwischen den organisatorischen und den technischen Funktionen der Fabrik [4–7].

Der Fokus der PPS-Systeme liegt jedoch zeitlich auf der Planung von mittel- bis langfristigen Zeithorizonten (Tage bis Monate). Eine zeitnahe und ganzheitliche Erfassung der Produktion, um Prozesse und Anlagen in nahezu Echtzeit steuern zu können, fehlte. Diese und weitere Aufgaben werden von einem Fertigungsmanagementsystem (MES – Manufacturing Execution System) übernommen.

Weitere Aufgaben des MES sind Feinplanung und Feinsteuerung, Betriebsmittelmanagement, Materialmanagement, Personalmanagement, Datenerfassung und -verarbeitung, Schnittstellenmanagement, Leistungsanalyse, Qualitätsmanagement und Informationsmanagement [10].

Unter CAQ (Computer Aided Quality Assurance) wird die Aufstellung von Prüfplänen, Prüfprogrammen und Kontrollwerten verstanden sowie auch die Durchführung rechnerunterstützter Mess- und Prüfverfahren. CAQ hat sich an den in Konstruktion, Planung und Fertigung erfassten geometrischen technologischen und organisatorischen Daten zu orientieren.

Die Integration von Konstruktion und Entwicklung (CAD & CAE), von Arbeitsplanung (CAP), von Steuerung und Überwachung der Arbeitsmaschinen und technischer Systeme (CAM) sowie den jeweiligen Qualitätssicherungen (CAQ) auf einer gemeinsamen durchgängigen Datenbasis wird noch immer angestrebt. Flexible Fertigungssysteme sind eine Variante der Anwendungen von CAM. Der integrierte Einsatz der Informationsverarbeitung in allen mit der Produktion zusammenhängenden Betriebsbereichen wird als Computer Integrated Manufacturing (CIM) bezeichnet. Nach einer verbreiteten Definition ist CIM das rechnerunterstützte Zusammenwirken von CAD, CAP, CAM, CAQ und PPS durch Nutzung einer gemeinsamen Datenbasis [3].

Eine Weiterführung des CIM-Gedankens stellt das Konzept des Product Lifecycle Managements (PLM) dar. Mit dem Begriff Product Lifecycle Management (PLM) wird zum Ausdruck gebracht, dass entsprechende IT-Systeme den gesamten Produktlebenszyklus und die Gestaltung der Prozesse, Informationen und Daten durchgängig unterstützen. Dies erstreckt sich über das Supply Chain Management (SCM) und Customer Relationship Management (CRM) hinaus bis zur Entsorgung bzw. Wieder-/Weiterverwendung [15, 9].

Darin eingebettet ist das Konzept der Digitalen Fabrik. Diese hat das Ziel, die Produktionsprozesse bereits in der Entwicklungsphase mittels digitalen

Simulationsmodellen zu optimieren und abzusichern, wodurch sich jedoch besondere Herausforderungen im Zusammenspiel zwischen Produktentwicklung und Produktionsplanung ergeben [11, 13, 15]. Der Digitale Fabrikbetrieb, als Teil der Digitalen Fabrik, baut auf diesen Planungsergebnissen auf. Ziel des Digitalen Fabrikbetriebs ist es, neben einer Verkürzung des Anlaufs auch eine kontinuierliche digital abgesicherte Verbesserung der Produktion zu erreichen [12].

In diesem Zusammenhang ist die Virtuelle Inbetriebnahme (VI) einzuordnen. Diese ermöglicht die Kopplung von realen/virtuellen Anlagen mit der realen/virtuellen Steuerung der Anlage. Das Modell des Produktionsmittels besteht aus Mechanik, Elektrik und Informationstechnik. Ziel der Virtuellen Inbetriebnahme ist das frühzeitige Anlagenverhalten abzusichern und mögliche Fehlerquellen bereits vor der realen Inbetriebnahme auszuschließen. Dies wird mittels einer Kommunikationsschnittstelle, der OPC-Schnittstelle (OLE-Process Control) erreicht.

Literatur

Allgemeine Literatur

Hiersig, M.: Produktions- und Verfahrenstechnik. Düsseldorf: VDI-Verlag 1995

Kern, W. (Hrsg.): Handwörterbuch der Produktionswirtschaft. Stuttgart: Poeschel, 2. Aufl. 1996

Spur, G.; Stöferle, Th. (Hrsg.): Handbuch der Fertigungstechnik. Bd. 1: Urformen (1981); Bd. 2/1: Umformen (1983); Bd. 2/2: Umformen (1984); Bd. 2/3: Umformen und Zerteilen (1985); Bd. 3/1: Spanen (1979); Bd. 3/2: Spanen (1980); Bd. 4/1: Abtragen und Beschichten (1987); Bd. 4/2: Wärmebehandeln (1987); Bd. 5: Fügen, Handhaben und Montieren (1986); Bd. 6: Fabrikbetrieb (1994). München: Hanser

Spur, G.: Vom Wandel der industriellen Welt durch Werkzeugmaschinen. München: Hanser 1991

Spur, G.: Die Genauigkeit von Maschinen. München: Hanser 1996

Spur, G.; Krause, F.-L.: Das virtuelle Produkt. München: Hanser 1997

Spezielle Literatur

Kapitel 1

1. Gutenberg, E.: Grundlagen der Betriebswirtschaftslehre, Bd. 1: Die Produktion. 24. Aufl. Berlin: Springer 1983
2. Kern, W. (Hrsg.): Handwörterbuch der Produktionswirtschaft. Stuttgart: Poeschel, 2. Aufl. 1996

Kapitel 2

1. Kern, W. (Hrsg.): Handwörterbuch der Produktionswirtschaft. Stuttgart: Poeschel, 2. Aufl. 1996
2. Fischer, C.; Mareske, A.: Energietechnik. In: Dubbel: Taschenbuch für den Maschinenbau. (K.-H. Grote u. J. Feldhusen, Hrsg.). 21. Aufl. Berlin: Springer 2005
3. Reuther, E.-U.: Einführung in den Bergbau. Essen: Glückauf 1982

Kapitel 3

1. Dialer, K.; u. a.: Grundzüge der Verfahrenstechnik und Reaktionstechnik. München: Hanser 1984
2. Winnacker, K.; Harnisch, H.; Steiner, R.: Chemische Technologie, Bd. 1. München: Hanser 1984
3. Hemming, W.; Verfahrenstechnik. 6. Aufl. Würzburg: Vogel 1991
4. Grassmann, P.; Einführung in die thermische Verfahrenstechnik. Berlin: de Gruyter 1982

Kapitel 4

1. Spur, G.: Die Genauigkeit von Maschinen. München: Hanser 1996
2. Taniguchi, N.: Current status and future trends of ultraprecision machining and ultrafine materials processing. Ann. CIRP 32 (1983), 2, 573–582
3. Spur, G.: Optimierung des Fertigungssystems Werkzeugmaschine. München: Hanser 1972
4. Spur, G.; Stute, G.; Weck, M.: Rechnergeführte Fertigung. München: Hanser 1977
5. Merchant, M. E.: Welttrends moderner Werkzeugmaschinenentwicklungen und Fertigungstechnik. ZwF 76 (1981) 2–7
6. Höner, K. E.: Gießen. In: [Spur/Stöferle, 1]
7. Meins, W.: Handbuch der Fertigungs- und Betriebstechnik. Braunschweig: Vieweg 1989

8. Zapf, G.: Pulvermetallurgie. In: [Spur/Stöferle, 1]

9. Warnecke, H.-J.: Galvanoforschung. In: [Spur/Stöferle, 1]

10. Winkler, L.: Galvanoformung. Metalloberfläche 21 (1967) 225–233; 261–267; 329–333

11. Carrington, E.: The electrodeposition of copper and bi-metal sheets. Electroplating and Metalfinishing 13 (1960), 9, 80–84; 126–129; 143

12. Metzger, W.; Ott, R.: Anwendungsbeispiele von elektrolytisch und stromlos abgeschiedenen Dispersionsschichten. Metalloberfläche 31 (1977) 404–408

13. Lange, K.: Lehrbuch der Umformtechnik. Berlin: Springer 1972

14. Kübert, M.: Verfahrensbeschreibung und Anwendungsbeispiele zum Tiefziehen dicker Bleche mit und ohne Faltenbildung. Bleche, Rohre, Profile 28 (1981) 405–408

15. Spur, G.: Drehen. In: [Spur/Stöferle, 3/1]

16. Stöferle, Th.: Bohren, Senken, Reiben. In: [Spur/Stöferle, 3/1]

17. Gunsser, O.: Berechnungsverfahren. In: [Spur/Stöferle, 3/1]

18. König, W.: Fertigungsverfahren, Bd. 1: Drehen, Fräsen, Bohren. 3. Aufl. Düsseldorf: VDI-Verlag 1990

19. Schweitzer, K.: Räumen. In: [Spur/Stöferle, 3/2]

20. Müller, K. G.: Sägen. In: [Spur/Stöferle, 3/2]

21. Bauschert, A.: Feilen. In: [Spur/Stöferle, 3/2]

22. Müller, K. G.: Schaben. In: [Spur/Stöferle, 3/2]

23. ISO 3002-5. Basic quantities in cutting and grinding – Part 5: Basic terminology for grinding processes using grinding wheels (1989-11-01)

24. VDI 3390: Tiefschleifen von metallischen Werkstoffen (10.91)

25. Saljé, E.: Feinbearbeitung als Schlüsseltechnologie. In: Tagungsbd. 5. Int. Braunschweiger Feinbearbeitungskoll. Braunschweig: 1987, 1–61

26. Spur, G.: Keramikbearbeitung. München: Hanser 1989

27. Saljé, E.: Abrichtverfahren mit unbewegten und rotierenden Abrichtwerkzeugen. In: Jahrbuch Schleifen, Honen, Läppen und Polieren. 50. Ausg. Essen: Vulkan-Verlag 1981

28. Uhlig, U.; Redecker, W.; Bleich, R.: Profilschleifen mit kontinuierlichem Abrichten. wt-Werkstattstechnik 72 (1982) 313–317

29. Becker, G.; Dziobek, K.: Bearbeitung mit Schleifmitteln auf Unterlage. In: [Spur/Stöferle, 3/2]

30. Pahlitzsch, G.; Windisch, H.: Einfluss der Schleifbandlänge beim Bandschleifen. Metall. Wissenschaft und Technik 9 (1955) 27–33

31. Stark, Chr.: Technologie des Bandschleifens. Düsseldorf: Dt. Industrieforum f. Technologie 1992

32. Dennis, P.: Hochleistungsbandschleifen. Düsseldorf: VDI-Verlag 1989

33. König, W.: Fertigungsverfahren, Bd. 2: Schleifen, Honen, Läppen. 2. Aufl. Düsseldorf: VDI-Verlag 1989

34. Stark, Chr.: Werkzeug- und Verfahrensentwicklung beim Hochleistungsbandschleifen. VDI-Z. 129 (1987), 11, 67–71

35. Becker, K.: Hochleistungsbandschleifen. Düsseldorf: Dt. Industrieforum f. Technologie 1992

36. Buchholz, W.; Dennis, P.: Späne machen mit dem Band. tz für Metallbearbeitung 83 (1989), 10, 55–58

37. Stark, Chr.: Aufbau, Herstellung und Anwendung von Schleifmitteln auf Unterlage. Düsseldorf: VDI-Bildungswerk 1988

38. Merkel, P.: Viel mehr Schneiden pro Schleifkorn. Ind.-Anz. 113 (1991), 7, 10–12

39. Haasis, G.: Honen. In: [Spur/Stöferle, 3/2]

40. Haasis, G.: Moderne Anwendungstechnik beim Diamanthonen. Tech. Mitt. HdT 67 (1974), 1/2, 23–28

41. Blum, G.; Läppen. In: [Spur/Stöferle, 3/2]

42. Zolotych, B. N.: Physikalische Grundlagen der Elektro-Funkenbearbeitung von Metallen. Berlin: Verl. Technik 1955

43. König, W.; Klocke, F.: Fertigungsverfahren, Bd. 3: Abtragen. 3. Aufl. Düsseldorf: VDI-Verlag 1997

44. König, W.; et al.: EDM: Future steps towards the machining of ceramics. Ann. CIRP 37 (1988), 2

45. Weber, H.; Herziger, G.: Laser. Weinheim: Physik-Verlag 1972

46. Benzinger, M.; Göbel, C.: Integration von CO_2 - Lasern in Fertigungssysteme für die Blechbearbeitung. VDI-Z. 132 (1990), 1, 40–45

47. Nuss, R.: Untersuchungen zur Bearbeitungsqualität im Fertigungssystem Laserstrahlschneiden. Diss. Univ. Erlangen-Nürnberg 1989

48. Thomer, K. W.; Ondratschek, D.: Beschichten. In: [Spur/Stöferle, 4/1]

49. Vieregge, G.: Zerspanung der Eisenwerkstoffe. Düsseldorf: Verlag Stahleisen 1959

50. Bergmann, W.; Dengel, D.: Bedeutung der Wärmebehandlungs- und Werkstofftechnik in der Produktionstechnik. ZwF 75 (1980) 301–304

Kapitel 5

1. Hahn, D.; Lassmann, G.: Produktionswirtschaft. Controlling industrieller Produktion. Bd. 1, 2. Aufl. 1990; Bd. 2, 1989

2. Kosiol, E.: Aufbauorganisation. In: Grochla, E. (Hrsg.): Handwörterbuch der Organisation. Stuttgart: Poeschel 1980

3. Blohm, H.; u. a.: Produktionswirtschaft. Herne: Verlag Neue Wirtschafts-Briefe 1987

4. Eversheim, W.: Organisation in der Produktionstechnik. Springer 1997

5. Wiendahl, H.-P.: Belastungsorientierte Fertigungssteuerung. München: Hanser 1990

6. [Spur/Stöferle, 6]

7. Warnecke, H.-J.: Der Produktionsbetrieb, Bd. 1-3. 2. Aufl. Berlin: Springer 1993

8. Spur, G.: Technologie und Management – Zum Selbstverständnis der Technikwissenschaft. München, Wien: Carl Hanser 1998

Kapitel 6

1. Spur, G.; Krause, F.-L.: CAD-Technik. München: Hanser 1986

2. Spur, G. (Hrsg.): CIM – Die informationstechnische Herausforderung. Produktionstechnisches Kolloquium Berlin: IPK/IWF 1986

3. AWF (Ausschuss für wirtschaftliche Fertigung e.V.): Integrierter EDV-Einsatz in der Produktion. CIM Computer Integrated Manufacturing. Begriffe, Definitionen, Funktionszuordnungen. Eschborn: Eigenverlag 1985

4. [Spur/Stöferle, 6]

5. Spur, G.; Krause, F.-L.: Das virtuelle Produkt. München, Wien: Carl Hanser 1997

6. Wiendahl, H. P.; u. a.: Planung modularer Fabriken. München: Hanser 2005

7. Krause, F.-L.; Tang, T.; Ahle, U.: Integrierte virtuelle Produktionsentwicklung. Stuttgart: Fraunhofer IRB-Verlag 2002

8. Vajna, S.; Bley, H.; Hehenberger, P.; Weber, C.; Zeman, K. (2009): CAx für Ingenieure. Eine praxisbezogene Einführung. 2., völlig neu bearb. Aufl. Berlin, Heidelberg: Springer 2009 (Springer-11774/Dig. Serial). Online verfügbar unter http://dx.doi.org/10.1007/978-3-540-36039-1

9. Eigner, M.; Stelzer, R.: Product Lifecycle Management. Ein Leitfaden für Product Development und Life Cycle Management. 2., neu bearb. Aufl. Berlin, Heidelberg: Springer 2009 (Springer-11774 /Dig. Serial]). Online verfügbar unter http://dx.doi.org/10.1007/b93672.10

10. Kletti, J.: Manufacturing Execution Systems (MES). Berlin, London: Springer 2007

11. VDI Richtlinie 4499 Blatt 1, 02-2008: VDI 4499 Digitale Fabrik Grundlagen

12. VDI Richtlinie 4499 Blatt 2, 05-2011: VDI 4499 Digitale Fabrik Digitaler Fabrikbetrieb

13. Bracht, U.; Geckler, D.; Wenzel, S.: Digitale Fabrik. Berlin, Heidelberg: Springer 2011

14. Stark, R.; Hayka, H.; Israel, J.H; Kim, M.; Müller, P.; Völlinger, U.: Virtuelle Produktentstehung in der Automobilindustrie. In: Informatik Spektrum 34(1) (2011) 20–28

15. Stark, R.; Kim, M.; Rothenburg, U.: Vom Virtuellen Produkt zur Digitalen Fabrik: Potentiale und Herausforderungen. In: Seliger, G.; Uhlmann, E. (Hg.): Produktionstechnik – Motor aus der Krise. Vorträge zum PTK 2010, XIII. Internationales Produktionstechnisches Kolloquium. Berlin, 4.–5. Oktober. Berlin: Fraunhofer-Institut für Produktionsanlagen und Konstruktionstechnik IPK 2010, S. 87–97

Erratum

Erratum zu: Das Ingenieurwissen: Entwicklung, Konstruktion und Produktion

Karl-Heinrich Grote, Frank Engelmann, Wolfgang Beitz, Max Syrbe, Jürgen Beyerer, Günter Spur

Erratum zu:

Karl-Heinz Grote et al., Das Ingenieurwissen: Entwicklung, Konstruktion und Produktion,
DOI 10.1007/978-3-662-44393-4

Leider wurden die Vornamen von Professor Karl-Heinrich Grote und Professor Günter Spur auf Seite II und auf Seite IV in der zuerst veröffentlichen Version falsch aufgeführt. Dies wurde in der nun vorliegenden Version korrigiert.

Karl-Heinrich Grote
Universität Magdeburg,
Magdeburg, Deutschland
karl.grote@ovgu.de

Frank Engelmann
Fachhochschule Jena,
Jena, Deutschland
Frank.Engelmann@fh-jena.de

Wolfgang Beitz †
TU Berlin,
Berlin, Deutschland
eva.hestermann@springer.com

Max Syrbe †
Frauenhofer Gesellschaft zur Förderung
der angewandten Forschung e. V,
Karlsruhe, Deutschland
max.syrbe@t-online.de

Jürgen Beyerer
Frauenhofer Institut für Informations-
und Datenverarbeitung,
Karlsruhe, Deutschland
beyerer@iitb.fraunhofer.de

Günter Spur
TU Berlin,
Berlin, Deutschland
eva.hestermann@springer.com

Karl-Heinrich Grote et al., *Das Ingenieurwissen: Entwicklung, Konstruktion und Produktion*,
DOI 10.1007/978-3-662-44393-4_3, © Springer-Verlag Berlin Heidelberg 2014

Printed in the United States
By Bookmasters